Projektmanagement im Hochbau mit BIM und Lean Management

Hans Sommer

Projektmanagement im Hochbau

mit BIM und Lean Management

4. Auflage

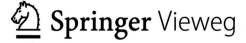

Hans Sommer
Drees & Sommer AG
Stuttgart, Deutschland

ISBN 978-3-662-48923-9   ISBN 978-3-662-48924-6 (eBook)
DOI 10.1007/978-3-662-48924-6

Die Deutsche Nationalbibliothek verzeichnet diese Publikation in der Deutschen Nationalbibliografie; detaillierte bibliografische Daten sind im Internet über http://dnb.d-nb.de abrufbar.

Springer Vieweg
© Springer-Verlag Berlin Heidelberg 1994, 1998, 2009, 2016

Springer Vieweg ist Teil von Springer Nature
Die eingetragene Gesellschaft ist Springer-Verlag GmbH Berlin Heidelberg

VORWORT

Ist das Bauen so schwierig geworden, dass es fast unmöglich erscheint, Großprojekte im vorgesehenen Zeit- und Kostenrahmen zu erstellen? Die Diskussion darüber, wieso in Deutschland vor allem öffentliche Großprojekte so häufig aus dem Ruder laufen, nimmt auch international zu. Dabei müsste das wirklich nicht sein, denn im Grunde geht es immer um die gleichen Probleme:

- Unklare Nutzerprozesse und Planungsvorgaben
- Unklare Zuständigkeiten beim Bauherrn
- Wunschkosten, fehlende Risikobetrachtungen
- Ineffiziente Planungs- und Bauprozesse
- Langwierige Genehmigungsverfahren
- Intransparenz und falsche Kommunikation

In der Regel genügt schon eines dieser Probleme, um ein komplexes Projekt aus dem Tritt zu bringen. Kommen mehrere dieser Probleme zusammen, so schaukeln sie sich gegenseitig auf und treiben das Projekt immer ins Chaos. Dies ließe sich vermeiden, wenn die Bauherren folgende Voraussetzungen schaffen würden:

- ihre Ziele professionell zu definieren,
- sich an die gesetzten Ziele zu halten,
- sich professionell zu organisieren,
- zügige und klare Entscheidungen zu treffen.

Werden diese Voraussetzungen erfüllt, dann wird ein professionelles Team aus Projektmanagement, guten Architekten und Ingenieuren mit den richtigen Werkzeugen und Prozessen auch Qualität, Kosten und Termine sicherstellen.

Und bei diesen Werkzeugen und Prozessen gab es seit der 3. Auflage dieses Buches eine Entwicklung, die das Projektmanagement im Vergleich mit den seitherigen Prozessen bei der Planung und Ausführung einen großen Schritt weiterbringen wird. Dabei geht es zum einen um die Planungsmethode „Building Information Modeling" – kurz BIM genannt –, die neben einer deutlich verbesserten Qualität auch industrialisierte und damit auch wirtschaftlichere Prozesse ermöglicht. Zum anderen hält das Lean-Prinzip in Form von Lean Construction Management Einzug in die Planungs- und Bauprozesse.

An dieser Stelle möchte ich mich ganz herzlich bei den Kollegen von Drees & Sommer für ihre inhaltliche Unterstützung bei folgenden Themen bedanken:

- Cradle to Cradle: Peter Mösle
- Gebäudetechnik: Veit Thurm
- Building Information Modeling: Mirco Beutelspacher, Philipp Dohmen, Peter Liebsch, Veit Thurm und Prof. Marc Volm
- Lean Construction Management: Patrick Theis
- Planungsbegleitendes FM: Thomas Häusser
- Inbetriebnahme: Mirko Weiss, Thomas Berner

Außerdem gilt mein besonderer Dank Dr. Volkmar Hovestadt vom Büro digitales bauen in Karlsruhe für seine Unterstützung zum Thema des modularen Planungsansatzes.

In gemeinsamer Anstrengung ist es gelungen, die neuen Themen in das Buch zu integrieren, ohne auf die bewährten und in der Mehrzahl am Markt angewendeten Methoden und Prozesse zu verzichten. Das Buch soll weiterhin alle Baubeteiligten in anschaulicher Weise über den aktuellen Stand der Möglichkeiten informieren, ohne zu weit ins Detail zu gehen.

Für die Qualität des Layouts und der Abbildungen sowie ihre große Geduld mit der Einarbeitung ständig neuer Ideen bedanke ich mich ganz herzlich bei Angela Reitmaier.

Stuttgart, im Januar 2016

INHALT

1 TRENDS BEI GEBÄUDEN UND PROZESSEN

Will man den aktuellen Zustand des Bauens und des dafür erforderlichen Projektmanagements beschreiben, ist ein Blick in die Vergangenheit nützlich. Was ist in der Zwischenzeit passiert und warum hat sich alles so entwickelt, wie es sich heute darstellt? Man kann daraus lernen, wie man die Zukunft des Bauens positiv mitgestalten kann.

Das gilt ebenso für die Auswirkungen der Konzeption von zukünftigen Neubauten wie für neue Methoden und Prozesse, die das Bauen und den Betrieb der Gebäude nachhaltig verändern werden.

1.1 Entwicklung des Bauens seit 1960

Anders als die Branchen Automotive und Maschinenbau, die sich durch eine hohe Entwicklungsgeschwindigkeit auszeichnen, tut sich die Baubranche schwer, eine ähnliche Entwicklung zu vollziehen. Begründet wird dies stets mit dem Gebäude als Unikat. Dabei hat sich in den letzten 50 bis 60 Jahren in Bezug auf die Anforderungen an Gebäude viel getan, ohne dass sich deshalb aber der Planungs- und Bauprozess wesentlich weiterentwickelt hätte.

Teils überlappende und aufeinander aufbauende Entwicklungsstufen haben über die Jahre das Baugeschehen mit jeweils neuen Ansätzen geprägt und dadurch immer komplexer gemacht. Die erstellten Gebäude werden durch diese Ansätze zunehmend besser auf die Bedürfnisse der Menschen und die Erhaltung einer intakten Natur ausgerichtet (siehe Abb. 1–1).

Der ab Anfang der 60er-Jahre vorherrschende Trend zum schnellen und günstigen Erstellen von möglichst vielen Neubauten für die Wirtschaft und das Wohnen wurde ab Anfang der 80er-Jahre durch den Trend zur besseren Arbeitsorganisation und zu besseren Arbeitsbedingungen abgelöst.

Zwar zeigte der erste Ölpreisschock Anfang der 70er-Jahre nur vorübergehend Wirkung, aber in Verbindung mit einem gestiegenen Umweltbewusstsein setzte ein massiver Trend zum Energiesparen ein, der sich bis heute weiter verstärkt hat.

Erstaunlicherweise hat es bis heute gedauert, um die Diskussion über die Verschwendung von Rohstoffen beim Bauen in Gang zu bringen und über die Stoffkreisläufe nachzudenken. Alle diese Trends haben die Anforderungen an Gebäude verändert, ohne aber zu einer wirklichen Vernetzung und zu einer eigentlich zu erwartenden massiven Veränderung bei den Planungs- und Bauverfahren zu führen.

Um hierbei eine Entwicklung der Prozesse in Gang zu bringen, erfordert es einen Blick auf die Eigenschaften zukünftiger Gebäude und die Auswirkung von Digitalisierung und KAIZEN-Ansätzen auf Planungs-, Herstellungs- und Bauprozesse unter Beachtung des gesamten Lebenszyklus.

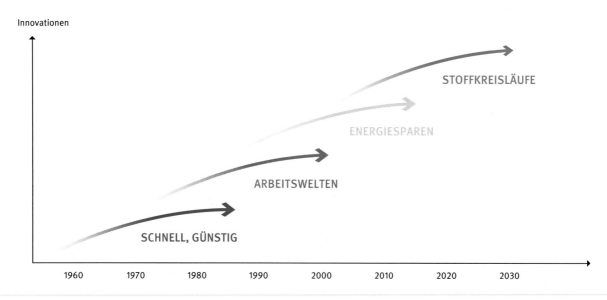

Abb. 1–1 Trends in der Bauwirtschaft

ab 1960	ab 1985	ab 1995	aktuell
INDUSTRIALISIERUNG	**NUTZUNG**	**CO$_2$-REDUZIERUNG**	**STOFFKREISLAUF**

ABRISS Ersatz der bestehenden Bausubstanz **Bestand**	**RENOVIERUNG** funktionale und technische Optimierung **Bestand**	**REVITALISIERUNG** energetische und funktionale Optimierung **Bestand**	**GESUNDUNG** Ersatz ungesunder Baustoffe durch C2C-Produkte **Bestand**
⌃	⌃	⌃	⌃
Schnell und preiswert verfügbare Wohn-/Nutzflächen	**Funktionale Ansätze und wirtschaftlicher Betrieb**	**Green Building Energieausweis und Zertifizierung**	**Geschlossene Stoffkreisläufe Cradle to Cradle**
⌄	⌄	⌄	⌄
Neubau Systembauten industriell/kostengünstig ENERGIEFRESSER	**Neubau CI-Building** gestalterisch/wirtschaftlich ARBEITSWELTEN	**Neubau Green Building** funktional/energetisch ENERGIESPARER	**Neubau Rohstofflager** aktiv nachhaltig TEIL DER NATUR

Abb. 1–2 Trend-Inhalte

1.2 Analyse der Trends

Die Inhalte, Ziele und Ergebnisse der einzelnen Trends lassen sich in der oben stehenden Grafik zusammenfassen: Jeder dieser Trends hat für sich die Anforderungen an Gebäude verändert, teils autark, teils aber auch kumulierend. Von diesen Trends wurden logischerweise zunächst die Neubauten erfasst, während der Bestand mit großen Zeitversätzen nachhinkte beziehungsweise noch nachhinkt (siehe Abb. 1–2).

1.2.1 Trend ab 1960: industrielles Bauen, Energieverschwendung

Spätestens seit Mitte der 1960er-Jahre wurden Wohn- und Bürogebäude, Shopping Malls und Krankenhäuser, Betreiberimmobilien und Industriebauten nur so aus dem Boden gestampft. Wo der Bestand im Weg war, wurde ohne viel Federlesens planiert. Ein Großteil der Architektur aus dieser Zeit ist alles andere als eine Augenweide, wird aber heute teilweise unter Denkmalschutz gestellt.

Gefördert wurde damals vor allem das sogenannte technisierte Bauen, das stark durch Betonfertigteilbau geprägt war (siehe Abb. 1–3).

Abb. 1–3 Fertigteilbau

Der Ausbau wurde vor allem im öffentlichen und im Gewerbebau mit vorgefertigten Fußböden, Wand- und Deckensystemen durchgeführt. Leider wurden die Bedürfnisse der Menschen dabei häufig vernachlässigt und die verwendeten Materialien meist ohne Rücksicht auf gesundheitliche Schäden verwendet. Die einge-setzten Stoffe waren häufig mit problematischen Löse-, Binde- oder Konservierungsmitteln, mit Stabilisatoren, Weichmachern oder Isoliermitteln belastet.

Ein berühmt-berüchtigtes Beispiel aus dieser Zeit ist das Asbest, das heute als Sondermüll mit hohen Ent-sorgungskosten eingestuft ist. Weitere Beispiele sind Mineralwolle mit zu kleinen Faserlängen oder formalde-hydhaltige Holzbau- und Innenausbaustoffe. Dieses „Erbe" ist bis heute in einem Großteil unserer Altbau-substanz enthalten.

Die Fassaden waren für Architekten und Ingenieure großzügig verglaste Hüllen mit schlechter Wärmedäm-mung. Die dadurch implizierten Wärmeverluste im Winter und die Überhitzung im Sommer eliminierte man durch überdimensionierte Klimaanlagen mit giganti-schem Energieverbrauch.

Allerdings entstanden in dieser Trendphase der 60er-Jahre auch interessante Ansätze. Im Grundsatz nämlich waren die Entwicklungen mit der Trennung von Konstruktions- und Ausbauraster für flexible Grundrisse durchaus zukunftsweisend, da sie durch eine gewisse Modularisierung spätere Umnutzungen und Revitalisie-rungen unterstützten.

Zudem wurden interessante Ansätze für das industrielle Bauen mit standardisierten Bauteilen entwickelt, wobei allerdings leider oftmals mit Verbundwerkstoffen gear-beitet wurde.

1.2.2 Trend ab 1980: Arbeitsplatzoptimierung und CI-Buildings

Die von standardisierten Grundrissen, technisierten Bauverfahren, Schnelligkeit, Wirtschaftlichkeit und günstigen Energiepreisen geprägten Gebäude aus den vorausgehenden Jahrzehnten fanden seit den 1980er-Jahren immer weniger Fürsprecher. Kaum ein Eigen-tümer oder Mieter, der mit diesen Gebäuden wirklich zufrieden war. So setzte etwa bei Büro- und Verwal-

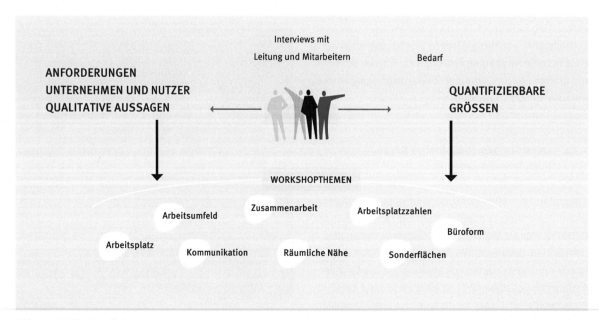

Abb. 1–4 Arbeitsplatzoptimierung

tungsgebäuden ein ganz neuer Trend ein. Dabei standen die Bedürfnisse der Menschen im Arbeitsprozess im Vordergrund. Die Devise lautete: „Nur zufriedene Mitarbeiter an optimalen Arbeitsplätzen bringen gute Leistungen" (siehe Abb. 1–4).

Aus dieser Haltung leitete man Forderungen nach individuellen und flexiblen Grundrissen ab. Die Entwicklung ging weg vom klassischen Großraum- oder Zellenbüro. Dies hatte natürlich Auswirkungen auf die Architektur: Sie erhielt nun die Aufgabe, sowohl auf die funktionalen Veränderungen im Inneren zu reagieren als auch den Repräsentationswünschen der Bauherrn und Unternehmen nach außen Ausdruck zu verleihen. Es entstanden die sogenannten CI-Buildings, die mit unterschiedlichsten architektonischen Mitteln einen speziellen Charakter verkörperten.

Die Entwicklung ab den 80er-Jahren brachte einerseits deutliche funktionale Verbesserungen in den Grundrissen der Gebäude und der Arbeitsplatzoptimierung, neue Arbeitswelten entstanden. Auch der Städtebau ging besser auf die menschlichen Bedürfnisse ein und anstatt der konsequenten Einhaltung rigider Bebauungspläne erfolgte zunehmend eine gelungene Integration von Bauvorhaben in die städtebauliche Umgebung im Rahmen von städtebaulichen Architektenwettbewerben.

Die stoffliche Zusammensetzung der verwendeten Baumaterialien hat sich jedoch leider nur zögerlich verändert – im Gegenteil! Der Anteil gesundheitsschädlicher Inhalte hat sich durch den steigenden Anteil an Verbundwerkstoffen weiter erhöht.

1.2.3 Trend ab 1990: massive Energieeinsparung und CO_2-Reduzierung

Schon in den 80er-Jahren wurden die ersten Anforderungen an die Wärmedämmung der Gebäude gestellt. Die sogenannten Wärmeschutzverordnungen bildeten die Grundlage für den Beginn eines zunehmend energiebewussten Bauens. In den 90er-Jahren begann man, erste Zertifizierungssysteme zur Messung und Bewertung von Nachhaltigkeitskriterien zu entwickeln

wie BREEAM in Großbritannien und LEED in den USA. Das Ziel war damals – und ist es bis heute geblieben –, Ökonomie und Ökologie „unter einen Hut" zu bringen und so die Verbreitung des nachhaltigen Denkens und Handels zu fördern.

2007 wurde in Deutschland schließlich das Zertifizierungssystem der Deutschen Gesellschaft für Nachhaltiges Bauen (DGNB) eingeführt, bei dem Drees & Sommer als Gründungsmitglied aktiv mitgewirkt hat. Es bewertet Gebäude in den sechs Themenfeldern Ökologie, Ökonomie, soziokulturelle und funktionale Aspekte, Technik, Prozesse und Standort und zielt damit auf die Gesamtperformance eines Gebäudes. Die Bewertungen basieren stets auf dem gesamten Lebenszyklus eines Gebäudes, das Wohlbefinden des Nutzers steht mit im Fokus.

Auch der Energiepass für Gebäude wurde 2007 in Deutschland eingeführt. Spätestens damit verschob sich der Blickwinkel sehr stark zugunsten des Themas Energie. In aller Munde sind seither Schlagworte wie Energiesparen und Verbrauchsreduzierung, Erderwärmung und CO_2-Emissionen. Die „Energiewende" rückte in den folgenden Jahren das Thema Energie noch weiter in den Vordergrund. Vor allem in Deutschland werden spätestens nach der Atomkatastrophe von Fukushima erneuerbare Energien massiv gefördert und gleichzeitig die Kernkraftwerke nach und nach abgeschaltet. Diese Entwicklung wirkt sich nachdrücklich auf das Bauen und den Gebäudebestand aus. Die Folgen reichen von der Entwicklung neuer Energiespeichertechniken bis zum Boom bei der dezentralen Energieerzeugung. In den nächsten Schritten sollen die Gebäude zu sogenannten Smart Cities vernetzt werden. Hier ist man also auf dem sogenannten „Energieeffizienzpfad" weit gekommen (siehe Abb. 1–5).

Das Energiesparen prägt den Trend in dieser Phase aufgrund der massiven Verteuerung der Energie und des politischen Drucks zur Reduzierung des CO_2-Ausstoßes durch Wärmeschutz und die Verwendung erneuerbarer Energien. Flankierend wirken Vorschriften wie die Energiesparverordnung und Marktanreize wie die Green-Building-Zertifizierungen.

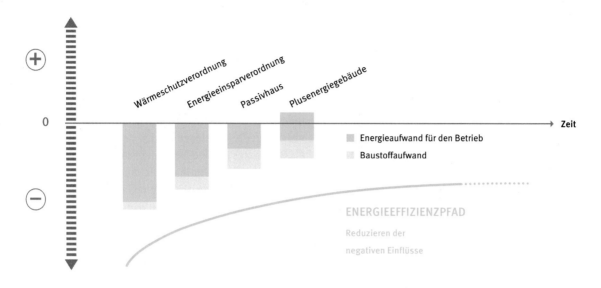

Abb. 1–5 Energieeffizienzpfad

Der Schwerpunkt des Energieeffizienzpfades liegt allerdings recht einseitig auf der Vermeidung negativer Einflüsse auf den CO_2-Ausstoß, wobei die Beschäftigung mit den Auswirkungen auf die ökologische Qualität im Hintergrund steht. Die Wärmedämmung wird immer weiter verbessert, allerdings leider verbunden mit einer weiteren Zunahme der Abfallmengen von gesundheitsschädlichen Verbundwerkstoffen.

1.2.4 Aktueller Trend: Wiederverwertung von Baustoffen, Stoffkreisläufe

Was zunehmend Sorgen machen wird, ist die Abhängigkeit von Rohstoffen – ausgehend von einer gigantischen Verschwendung. Ausgangspunkt ist dabei die Bedeutung der Rohstoffe für unsere Branche, denn 85 % der Unternehmen im Bausektor leiden unter den steigenden Rohstoffpreisen. Der Anteil des globalen Rohstoffverbrauchs, der durch die Baubranche verursacht wird, liegt bei 40 bis 50 %! Außerdem ist das Bauwesen für rund 60 % des Abfallaufkommens verantwortlich.

Für die Vermarktung von Bauprodukten wurde deshalb auf EU-Ebene im Jahr 2010 die Bauproduktenverordnung erlassen, nach der das Recycling aller Baustoffe, die Verwendung umweltfreundlicher Roh- und Sekundärstoffe sowie die Dauerhaftigkeit des Bauwerks geregelt werden.

Beim Begriff Recycling wird aber nicht unterschieden, ob es sich tatsächlich um eine Wiederverwendung auf derselben Qualitätsstufe handelt oder – wie in den meisten Fällen – um ein sogenanntes Downcycling, also eine Wiederverwendung, die mit einem Qualitätsverlust einhergeht. Das bedeutet aber, dass im Recyclingprozess wertvolles Material verloren geht und für zukünftige Produkte nicht mehr genutzt werden kann.

Hier setzt die Idee *Cradle to Cradle (C2C)* an, die vor allem durch den deutschen Chemiker Michael Braungart und den amerikanischen Architekten William McDonough bekannt geworden ist. Unsere bisherigen *Stoffströme,* die alle nach dem Prinzip „Von der Wiege bis zur Bahre" (Cradle to Grave) fließen, sollen künftig durch *Stoffkreisläufe* (Cradle to Cradle) ersetzt werden, also ökoeffektiv sein (siehe Abb. 1–6).

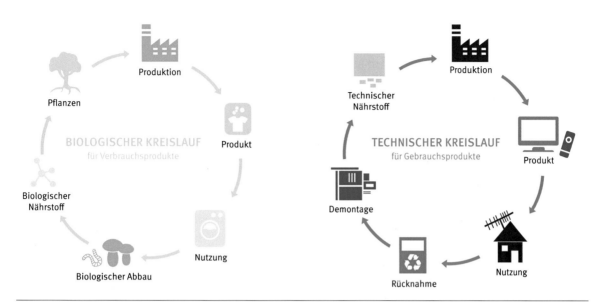

BIOLOGISCHER KREISLAUF
für Verbrauchsprodukte

TECHNISCHER KREISLAUF
für Gebrauchsprodukte

Verbrauchsgüter sind Bestandteile eines biologischen Kreislaufs. Als biologisch abbaubare Produkte stellen sie Nährböden für neue natürliche Rohstoffe dar.

Gebrauchsgüter sind Teil eines technischen Kreislaufs. Die technischen Nährstoffe zirkulieren in geschlossenen Systemen auf einem beständig hohen Qualitätsniveau.

Abb. 1–6 Stoffkreisläufe

Dabei wird unterschieden in biologische und technische Stoffkreisläufe.

Damit eine solche Kreislaufwirtschaft funktionieren kann, müssen bestimmte Regeln für Bauelemente eingehalten werden: Sortenrein trennbar, demontierbar, regenerierbar, zertifiziert, Inhaltsstoffe müssen zugelassen sein. Im Grunde sind unsere Gebäude also große Rohstofflager (siehe Abb. 1–7).

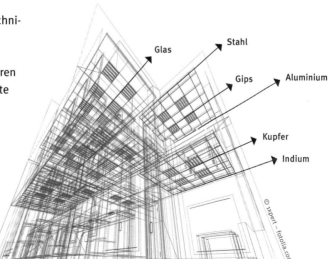

Abb. 1–7 Gebäude als Rohstofflager

Ein klassischer Kreislauf findet bereits heute bei der Kupferverarbeitung statt: Im Jahr 2013 lag die weltweite Nachfrage nach Kupfer bei etwa 20 Millionen Tonnen, wovon drei Millionen Tonnen (15 %) aus recyceltem Material gewonnen wurden. Die Menge von weltweit im Gebrauch befindlichem Kupfer (in Gebäuden, Elektronik, Transformatoren etc.) wird auf 350 bis 500 Millionen Tonnen geschätzt, stellt also ein gigantisches Rohstofflager dar.

Aus dem Gedanken einer Kreislaufwirtschaft heraus könnten beispielsweise auch Gebrauchsgüter nach dem Leasing-Prinzip gegen eine Gebühr genutzt werden. Das Gebäude oder bestimmte Teile würden dann weiterhin dem Hersteller gehören – sozusagen als Materiallager für die Zukunft. Nach einer vereinbarten Nutzungsdauer könnten die Materialien zurück an den Hersteller gehen, der sie wieder als Ausgangsbasis für neue Produkte ver-

wendet. Die Idee ist, dass der Hersteller als „Besitzer" des Materiallagers von vornherein geneigt ist, höherwertigere Materialien zu verwenden, da er sie später zur Wiederverwendung zurückerhält.

Mit dem neuen Trend hat ein intensives Nachdenken über die Schonung von Stoffressourcen und gesunde Baustoffe eingesetzt. *Cradle to Cradle* erfordert eine konsequente Abkehr von Verbundwerkstoffen und den Einsatz möglichst schadstofffreier Materialien. Aus der seither ausschließlichen Reduktion negativer Einflüsse wird so durch den Übergang vom *linearen Effizienzpfad* die aktive Optimierung positiver Einflüsse im Sinne einer Kreislaufwirtschaft als *Circular Economy,* bei der Gebäude Energieüberschüsse produzieren und ihre Baustoffe wieder in einen Stoffkreislauf zurückkehren (siehe Abb. 1–8).

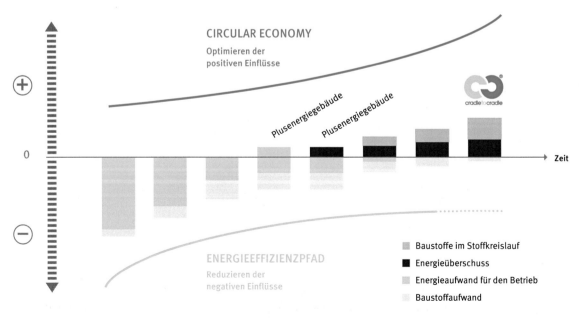

Abb. 1–8 Auf dem Weg zur Circular Economy

1.3 Die Konzeption zukünftiger Neubauten

Wie werden nun Gebäude der Zukunft aussehen und funktionieren? Die Antwort klingt einfach: Sie sind smart vernetzt, energieautark, emissionsneutral, biologisch gesund, modular und flexibel. Vor allem müssen sie dabei aber auch ökonomisch in der Herstellung und im Betrieb sein. Die Projektmanager von Drees & Sommer nennen solche Gebäude deshalb „Blue Buildings" – nämlich ökologisch und ökonomisch. Den Weg zu ihrer Herstellung bezeichnen sie als „the blue way" (siehe Abb. 1–9).

Diese Gebäude passen sich den Bedürfnissen ihrer Nutzer flexibel an, fördern deren Gesundheit und machen den Alltag für sie bequemer, effizienter und sicherer. Negative Auswirkungen in Form von Emissionen vermeiden sie. Passive Energiesparmaßnahmen und die aktive Erzeugung „sauberer" Energie aus regenerativen Quellen spielen zusammen und sorgen dafür, dass die Umwelt geschont wird.

Genauso wichtig wie ein geringer Energieverbrauch und möglichst hohe Unabhängigkeit der Energieversorgung sind die Baumaterialien. Für giftige Weichmacher, Lösungs- und Bindemittel ist kein Platz. Ganz im Sinne des Cradle-to-Cradle-Prinzips besteht ein Blue Building aus Materialien, die sich problemlos in den biologischen oder technischen Stoffkreislauf einfügen und immer wieder neu verwenden lassen. Das ist gesund und wirtschaftlich zugleich.

Daraus ergeben sich allerdings zahlreiche Anforderungen, die alles andere als einfach umzusetzen sind. Denn zukunftsfähig wird ein Gebäude erst, wenn es alle diese Eigenschaften vereint und sich dennoch wirtschaftlich produzieren lässt, sodass die Rendite stimmt.

Die voraussichtlichen Spezifika der zukünftigen Gebäude sind nachstehend kurz beschrieben:

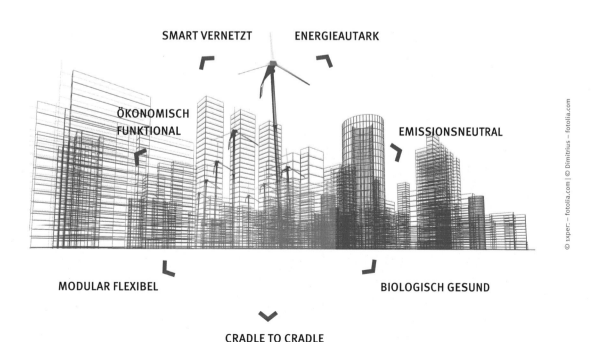

SMART VERNETZT   ENERGIEAUTARK

ÖKONOMISCH FUNKTIONAL   EMISSIONSNEUTRAL

MODULAR FLEXIBEL   BIOLOGISCH GESUND

CRADLE TO CRADLE

© 1xpert – fotolia.com | © Dimitrius – fotolia.com

Abb. 1–9 Attribute von Blue Buildings

1.3.1 Smart vernetzt = intelligent

Experten sind sich sicher: In Zukunft spielen vernetzte Immobilien im Alltag eine wichtige Rolle, ganz egal, ob wir darin wohnen, in den Gebäuden arbeiten oder dort unsere Freizeit verbringen. Man muss nicht Zukunftsforscher sein, um bereits heute diesen Trend zu erkennen, der auch als Internet der Dinge beschrieben wird (siehe Abb. 1–10).

Im Gebäudebereich bedeutet Vernetzung zweierlei: Erstens werden alle wichtigen Hausfunktionen intern miteinander verschaltet und über eine Bedieneinheit an Ort und Stelle gesteuert. Dies erlaubt auch eine schnelle Abfrage der momentanen Betriebswerte. Zweitens „erweitert" die Vernetzung das Gebäude nach außen. Das kann bedeuten, dass künftige Nutzer mehr und mehr Funktionen über Tablets oder Mobiltelefone regulieren. So könnten sie bereits auf dem Heimweg von der Arbeit den Backofen für ihre Pizza vorheizen. Die Komponenten eines vernetzten Gebäudes – meist Geräte wie Fernseher und Kühlschrank, aber auch Beleuchtung, Heizung, Türen und Fenster – lassen sich präzise aufeinander abstimmen. Fast noch wichtiger ist, dass sich das Gebäude der Zukunft außerhalb der eigenen vier Wände vernetzt, z. B. mit Gebäuden in der Nachbarschaft, um Energie auszutauschen.

Fast nebenbei generiert die Vernetzung die Datengrundlage für ein umfassendes Monitoring zentraler Betriebswerte. Das Zauberwort heißt Smart Metering. Nach einer Untersuchung von Experten können schon jetzt ca. zehn Prozent eingespart werden, indem Messsysteme aktuelle Verbräuche visualisieren und über Tageszeiten mit einem günstigen Stromtarif informieren.

Vernetzung ist übrigens schon beim Bauen selbst angesagt: Einzelne Bauteile können auf Basis der RFID-Funktechnik mit speziellen Chips ausgerüstet werden. Bestellung, Anlieferung, fachgerechte Zwischenlagerung und abschließender Einbau greifen so lückenlos ineinander und können stets feingesteuert und überwacht werden.

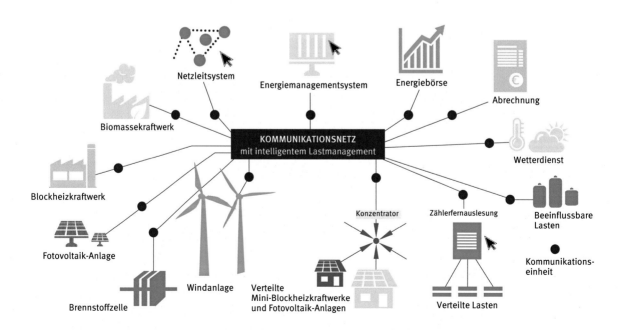

Abb. 1–10 Smart Grid

1.3.2 Weitgehend energieautark und emissionsneutral

Unabhängiger von Energie zu sein, die von außen kommt, bedeutet, dass Gebäude künftig noch weniger Energie als heute verbrauchen dürfen und dass sie gleichzeitig selbst zu Kraftwerken werden müssen. Auf Hausdächern sind Fotovoltaik- und Solarthermieanlagen zum gewohnten Anblick geworden, vielerorts wird auf diese Weise lokal Strom produziert und das Wasser geheizt (siehe Abb. 1–11).

In Städten und Ballungszentren teilen sich Straßenzüge, größere Liegenschaften und mitunter ganze Quartiere immer öfter energieeffiziente Blockheizkraftwerke. Der Anfang ist also gemacht. Bei einem Nullenergiehaus wird der durchschnittliche Jahresenergiebedarf komplett durch regenerative und lokale Quellen gedeckt. Voraussetzung für solch aktiv wirksame Technologien ist, dass in der Planung der spätere Energiebedarf des Gebäudes mittels „passiver" Maßnahmen minimiert wird. Eine weitere zentrale Bedeutung kommt der Technischen

Gebäudeausrüstung (TGA) zu: Eine effiziente Beleuchtung mittels LED-Lampen, eine besonders sparsame IT-Technik oder – bei einem Wohngebäude – stromsparende Küchen- und Haushaltsgeräte können den Strom- und Energiebedarf gegenüber heute verbreiteten Technologien nochmals deutlich reduzieren. Bedingung ist allerdings, dass der Nutzer mitdenkt und die erzielten Effizienzgewinne nicht in Maßnahmen steckt, die ihrerseits wieder zu Mehrverbräuchen führen.

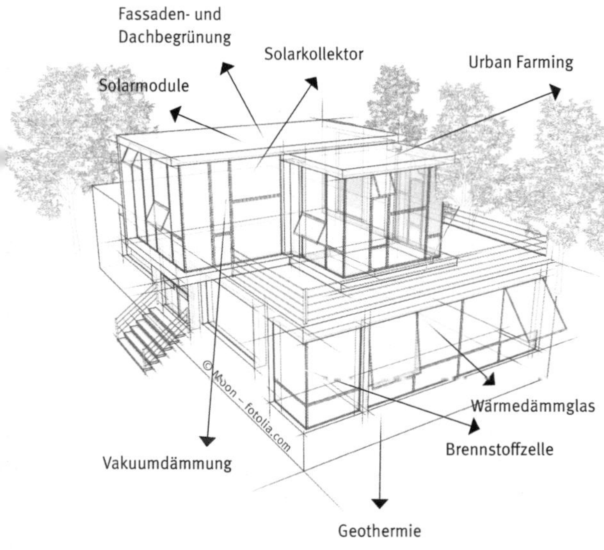

Während des ersten Betriebsjahres eines solchen Gebäudes werden alle wichtigen Stellschrauben für seine energetische Unabhängigkeit einer Feinjustierung unterzogen. Dazu findet in der Regel ein genaues Betriebsmonitoring und – darauf aufbauend – eine begleitende Optimierung seiner Anlagen statt. Erst danach, im zweiten und dritten Jahr, zeigt sich, was das Gebäude wirklich kann. Erst dann können langfristig aussagekräftige Daten zum energetischen Verhalten gesammelt werden.

Die Grenze zwischen einem energieautarken Gebäude und einem Plusenergiehaus ist in der Praxis fließend: Faktoren wie Wetterlage, Jahreszeit und Belegung oder, anders gesagt, die momentan herrschenden Voraussetzungen für die Energieproduktion und den Verbrauch werden den Ausschlag geben. Doch vom Grundgedanken her versorgt ein sogenanntes Plusenergiehaus eben nicht nur sich und seine Bewohner mit Energie, sondern produziert systemisch einen ständigen Überschuss, den es wiederum in andere Netze einspeist.

Um das Ziel Emissionsneutralität zu erreichen, soll das Gebäude der Zukunft seine Energie zu 100 % aus regenerativen Energiequellen beziehen.

Abb. 1–11 Zero-Emissionsgebäude

1.3.3 Gesunde Baustoffe

Lacke, Teppiche, Teppichkleber, geklebte Tapeten, imprägniertes Holz, Dämmstoffe – Materialien, die die Gesundheit beeinträchtigen, können überall im Gebäude verbaut sein. Zu den gefährlichen Stoffen zählen beispielsweise Aldehyde oder Lösungsmittel wie aromatische Kohlenwasserstoffe oder Alkohole sowie Weichmacher. Diese finden sich etwa in PVC-Fußbodenbelägen, Vinyltapeten, Lacken, Beschichtungsmitteln, Dichtungsmassen und Klebstoffen.

Noch heute werden Wärmedämmverbundsysteme (WDVS) verwendet. Bei Neubauten gilt es sicherzustellen, dass belastete Stoffe erst gar nicht zum Einsatz kommen. Die Verwendung umweltfreundlicher Roh- und Sekundärstoffe sowie die Dauerhaftigkeit des Bauwerks halten Einzug in die Bauproduktenverordnung. Die Industrie reagiert bereits mit entsprechenden Angeboten wie Teppichböden ohne PVC bzw. ohne Klebstoffe oder voll recyclingfähige Fenster.

Der wirtschaftliche Vorteil gesunder Baustoffe liegt auf der Hand. Die verbauten Materialien verursachen bei Sanierungen oder Rückbauten keine hohen Entsorgungskosten. Stattdessen können sie nach ihrer Nutzungsdauer ohne Qualitätsverlust wiederverwendet werden. Das spart Kosten und gleicht die höheren Anschaffungskosten aus.

1.3.4 Kreislauffähig – Cradle to Cradle

Die Gebäude der Zukunft werden keinen Müll mehr produzieren. Zerbricht beispielsweise eine Glasscheibe, wird das Glas nicht verschrottet, sondern hochwertig weiterverarbeitet. Dazu darf das Fensterglas aber nicht beschichtet sein! Während der übliche Wiederverwertungsprozess zu Qualitätseinbußen führt (Fensterglas wird zu Behälterglas), bleibt das Material bei Cradle to Cradle in seiner Ausgangsqualität erhalten.

Die Gebäude werden zu Rohstofflagern. Damit Stoffe, die im Gebäude lagern, nach ihrer Nutzungsdauer optimal verwendet werden können, gilt es bereits bei Planung und Bau einiges zu beachten. So sind Verbundwerkstoffe tabu. Die verschiedenen Materialien sind sortenrein trennbar und leicht zu demontieren (siehe Abb. 1–15).

Und: der Eigentümer des Gebäudes der Zukunft muss die verbauten Materialien nicht zwangsläufig besitzen. Welchen Vorteil bringt ihm der Besitz einer Lampe, also letztlich Glas, Kabel, Wolfram etc.? Geht es nicht um die Leistung, also Licht? Er kauft das Licht für eine definierte Dauer ein. Nachdem die Leistung erbracht wurde, nimmt der Lampenhersteller die Lampen zurück, bereitet sie auf und stellt sie erneut zur Verfügung. Das wirkt sich positiv auf die Qualität aus. Schließlich hat der Produzent ein Interesse an hochwertigen Materialien, da er mit diesen weiterarbeitet.

1.3.5 Flexibel nutzbar

Ein Gebäude ist dann zukunftsfähig, wenn es in Abhängigkeit von unterschiedlichen Nutzern weiterentwickelt werden kann. So sollten sich beispielsweise Wohnkonzepte innerhalb definierter Raster ohne Abbruchkosten verändern können (siehe Abb. 1–12).

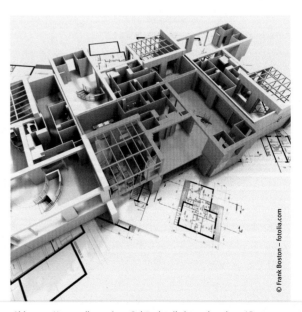

Abb. 1–12 Umwandlung eines Gebäudeteils im vorhandenen Raster

Flexible Achsraster (siehe Abb. 1–13) ermöglichen eine problemlose Veränderung der Raumaufteilung. Trennelemente sind so gestaltet, dass sie sich leicht versetzen lassen. In einer Studie zur Bewertung der Flexibilität bei Bürohochhaus-Neubauten empfiehlt der Autor eine Raumtiefe zwischen Kern und Fassade von 8 bis 8,50 Metern, da sich dann die meisten Büroformen (Einzelbüro, Zellenbüro, Kombibüro, Business-Club etc.) effizient umsetzen ließen. Das Fassadenraster sollte zwischen 1,20 Meter und 1,55 Meter liegen, die lichte Raumhöhe mindestens drei Meter betragen.

Neben der Fähigkeit, sich mit unterschiedlichen Nutzungen weiterzuentwickeln, ist das Gebäude der Zukunft generell auch drittverwendungsfähig. Für Ver-

mieter hat das den Vorteil, dass sie beim nächsten Mieter nicht wieder komplett umbauen müssen. Sie können auf dem bestehenden Raumkonzept aufbauend schnell und kostengünstig den Anforderungen der neuen Nutzer Rechnung tragen. Das gleiche Prinzip gilt für Eigennutzer. Wenn ein Unternehmen den Standort schließt und das leere Gebäude auf den Markt bringen will, ist dessen Flexibilität ein echter Wettbewerbsfaktor. Sollte es gerade wenig Nachfrage nach Büroimmobilien, aber umso mehr nach Wohnimmobilien geben, punktet ein flexibles Bürogebäude auch als Wohnimmobilie.

Das Gebäude der Zukunft bringt auf diese Weise Eigentümern und Nutzern wirtschaftliche Vorteile.

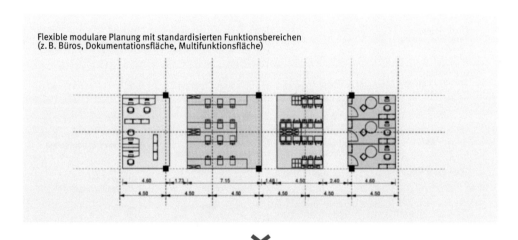

Flexible modulare Planung mit standardisierten Funktionsbereichen (z. B. Büros, Dokumentationsfläche, Multifunktionsfläche)

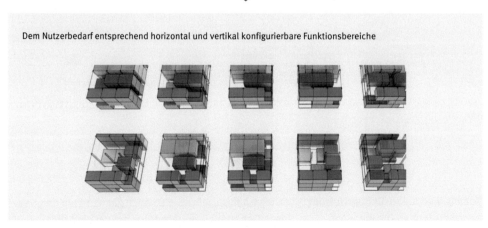

Dem Nutzerbedarf entsprechend horizontal und vertikal konfigurierbare Funktionsbereiche

Abb. 1–13 Anwendungsmöglichkeiten flexibler funktionaler Module

1.4 Neue Methoden und Prozesse

Die in den vorangehenden Kapiteln genannten Eigenschaften würden mit den heute noch gängigen Planungs- und Bauprozessen die aufzubringende Investitionssumme erhöhen, bedeuten also einen Mehraufwand gegenüber dem Standard.

Damit die Wirtschaftlichkeit insgesamt gewährleistet werden kann, müssen also schon bei Planung und Bau intelligente Methoden und effiziente Prozesse eingesetzt werden. Es gilt, die beim Bauprozess leider noch übliche Verschwendung zu vermeiden, den Material- und Ressourceneinsatz sowie den Energieaufwand zu minimieren, die Qualität zu steigern und dennoch Kosten und Termine im Griff zu behalten.

Die neuen Prozesse betreffen den gesamten Lebenszyklus von der Projektvorbereitung bis zum Nutzungsende wie in Abb. 1–14:

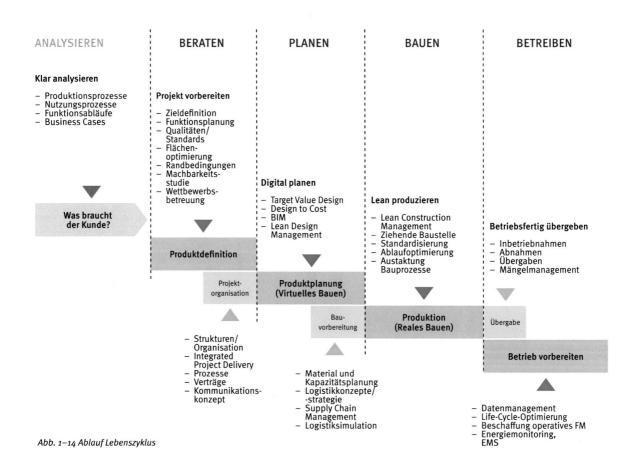

Abb. 1–14 Ablauf Lebenszyklus

Analysieren
Bevor es zum Projekt kommt, wird die zukünftige Nutzung weit mehr im Fokus stehen als bisher. Die Planungsanforderungen werden vom Ende her gedacht. In einer ersten Analyse geht es also noch gar nicht um den Bau eines Gebäudes, sondern zunächst um die Arbeits- und Produktionsprozesse des Bauherrn bzw. des Nutzers.

Projekt vorbereiten

Auf der Grundlage der Analyse werden die Ziele und die geeignete Abwicklungsstrategie definiert. Bereits zu diesem Zeitpunkt muss beispielsweise die Entscheidung fallen: Planen wir konventionell oder mit BIM? Davon hängen die Prozesse, das Datenmanagement und die Verträge ab.

Planen mit BIM und Lean Design Management

Die Methode, mit der man den Planungsablauf revolutionieren kann, heißt Building Information Modeling (BIM). Mit BIM wird das Gebäude in einem integrierten Planungsprozess zunächst komplett durchgeplant und abgestimmt, bevor man mit dem Bauen beginnt. Begleitet wird das Planen mit BIM von einem neuen Steuerungsprozess, dem Lean Design Management (LDM). Dieses basiert auf einer kooperativen Zusammenarbeit aller Beteiligten beim Abstimmen und Festlegen der Termine.

Bauen mit Lean Construction Management

Damit die innovativen Ergebnisse aus der Planung in der Baupraxis umgesetzt werden können, muss eine neue Prozesskette entstehen. Anstatt Hersteller, Lieferanten und Montagefirmen wie beim herkömmlichen Prozess erst nach Fertigstellung der Planungsergebnisse in Form einer Ausschreibung einzubeziehen, muss deren Know-how sehr viel früher und intensiver in die Ausführungsplanung eingebunden werden. Das ist möglich, da die wesentlichen Planungsschritte abgeschlossen und koordiniert sind. Für die Bauausführung werden mit Lean Management die Planungs-, Logistik- und Bauprozesse aufeinander abgestimmt und nach dem KAIZEN-Prinzip optimiert.

Inbetriebnahme, Abnahme und Übergabe erfolgen auf der Basis von BIM-Bestandsplänen und BIM-Protokollen.

Betrieb vorbereiten auf der Basis von BIM

Auch im Betrieb hilft BIM, wenn die Daten über den gesamten Lebenszyklus fortgeschrieben und weitergenutzt werden. Das macht eine aufwendige und fehleranfällige Wiedereingabe überflüssig, unterstützt das Facility Management und schafft Transparenz.

Abb. 1–15 Business Park 2020 bei Amsterdam Schiphol – Green Wall (Quelle: Delta Development Group)

KLÄRUNG DER ZIELE UND PROJEKT- VORBEREITUNG

In dieser ersten Phase entscheidet sich die Zukunft eines Projektes grundsätzlich. Bei allem, was in dieser Phase falsch gemacht wird, kann in den späteren Phasen nur noch Kosmetik betrieben werden.

Ob Nutzerprozesse oder Planungsidee, ob Projektorganisation oder Auswahl der richtigen Personen, ob Planungsverfahren oder Vergabestrategie – nur eine hohe Qualität der Lösung all dieser Themen wird zu einem guten oder sehr guten Projekt führen. Schon eine falsche Grundsatzentscheidung kann in der Folge massive Auswirkungen haben. Deshalb ist viel Prozesserfahrung, Kenntnis der Methoden oder Prozesse, Planungs- und Bauerfahrung sowie gesunder Menschenverstand bei der Beratung des Bauherrn erforderlich. Auch sollte gerade diese Phase nicht unter Zeitdruck oder unter ungelösten Problemen in den Kernprozessen oder Geschäftsmodellen leiden.

2.1 Nutzerprozesse analysieren

Die entscheidenden Weichen für das Gelingen eines Bauvorhabens in Bezug auf die Inhalte und die Abwicklung werden zu Beginn eines Projektes und in der Planungsphase gestellt. Alles was hier versäumt oder falsch gemacht wird, kann während der Bauausführung nur noch in ganz geringem Umfang repariert werden. Leider wird sehr häufig in dieser Phase die Zeit verschenkt, was dann zu Hektik im Ablauf und versäumten Chancen führt. Deshalb wird diese Phase nachstehend sehr ausführlich behandelt.

2.1.1 Bedarfsklärung

Die ersten Schritte sind entscheidend: Was will ich ändern oder erreichen? Wie sind meine zukünftigen Prozesse und Ansprüche? Wie werde ich dem am besten gerecht? – Das sind ganz zentrale Fragen, die sich die wenigsten stellen. Doch die jahrzehntelange Arbeit in der Baubranche lehrt, dass man gerade am Anfang eines Projekts kaum genug Fragen stellen kann. Und wenn – dann sollten es die richtigen sein!

Aufgabenstellung klären, Bedarf analysieren
Die Ziele und Wünsche des Bauherrn sind anfangs den meisten Projektbeteiligten unbekannt. Der Bauherr weiß im Prinzip, was er will. Aber er weiß es nicht konkret. Und schon gar nicht so, dass er es Dritten als Briefing erklären kann. Deshalb lohnt es sich, eine Checkliste durchzugehen:

- Was sind meine eigentlichen Kernprozesse?
- Für wen und zu welchem Zweck baue ich eigentlich?
- Wer sind die späteren Nutzer? Wie sieht ihr Arbeitsalltag aus?
- Was will, was kann ich investieren?
- Welcher Zeitrahmen steht mir bei Planung und Bau zur Verfügung?
- Was soll mit dem fertiggestellten Gebäude in den kommenden Jahren passieren? Und was soll langfristig nach Ende der Nutzung damit geschehen?
- Welche Alternativen zu einem Neubau/einer Sanierung habe ich eventuell?

- Welche Interessenkonflikte können sich möglicherweise ergeben?

Zu diesen Fragen können letztlich nur neutrale Berater eine grundsätzliche Klärung bringen. In aller Regel werden sie das in einem ersten Schritt durch eine systematische Bedarfsanalyse tun. Dabei werden zunächst die betrieblichen Kernprozesse des Bauherrn und ihre geplanten Veränderungen Punkt für Punkt analysiert. Das Ergebnis dieser Funktions- und Prozessanalyse ist die Basis für alle weiteren Schritte.

Entscheidend für die Berater ist dabei, sich vom ureigenen Geschäft des möglichen Bauherrn ein Bild zu machen. Und das funktioniert nur dann, wenn sie seine „Sprache sprechen". Nur dann und mit der praktischen Branchenerfahrung können die Berater überhaupt die konkreten Anforderungen an das Projekt definieren und in der Folge die richtigen Leute an den Tisch bringen. Dabei geht es zunächst noch überhaupt nicht ums Bauen, sondern um die Entscheidungsgrundlagen dafür, in welcher Form die Pläne verwirklicht werden sollen. Das kann ein Umbau sein oder ein Umzug, vielleicht ist ein Neubau oder ein Teilneubau die beste Lösung. Die Entscheidung wird am besten anhand verschiedener Szenarien zur Umsetzung der Bedarfsanalyse getroffen.

In Workshops die Mitarbeiter einbinden
Die Bedarfsanalyse greift in der Regel in die Arbeitskultur eines Unternehmens ein, da sich aus ihr heraus die eigentlichen Anforderungen an ein Gebäude ergeben. Unter den Begriff Arbeitskultur fallen z. B. die organisatorischen Abläufe, die Führungskultur, herrschende Arbeitszeitmodelle oder das Wissensmanagement einer Firma. Mithilfe spezieller Methoden – wie z. B. einem speziellen Programming – können Schlüsselfaktoren der Arbeitseffizienz und Produktivitätshemmer identifiziert werden. All dies wird besser mit der Belegschaft als im stillen Kämmerlein entwickelt (siehe Abb. 2–1).

Die Teilergebnisse erarbeiten die Berater gemeinsam mit Mitarbeitern in Workshops vor Ort im Unternehmen. Diese Teilergebnisse werden bereits während der

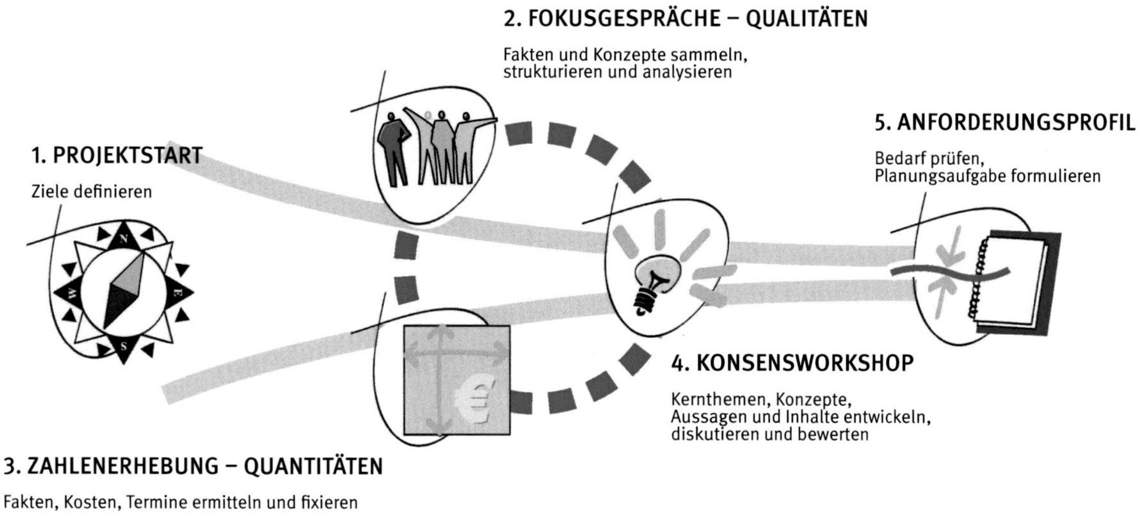

2. FOKUSGESPRÄCHE – QUALITÄTEN

Fakten und Konzepte sammeln,
strukturieren und analysieren

5. ANFORDERUNGSPROFIL

Bedarf prüfen,
Planungsaufgabe formulieren

1. PROJEKTSTART

Ziele definieren

4. KONSENSWORKSHOP

Kernthemen, Konzepte,
Aussagen und Inhalte entwickeln,
diskutieren und bewerten

3. ZAHLENERHEBUNG – QUANTITÄTEN

Fakten, Kosten, Termine ermitteln und fixieren

Abb. 2–1 Methodisches Vorgehen beim Programming

Sitzungen visualisiert und dokumentiert, wodurch die unterschiedlichen Nutzerbedürfnisse schnell sichtbar werden. In der Summe lässt sich daraus ein stimmiges Anforderungsprofil formen, das als Grundlage für das weitere Vorgehen dient.

Die Bedarfsanalyse bildet somit die Basis für die weitere Konzeption und Planung eines Bauvorhabens. Sie veranschaulicht, was ein Gebäude leisten soll, welche Umgebungen – beispielsweise spezielle Medien wie eine Druckluftversorgung oder Wegenetze – die Arbeitsprozesse unterstützen, unter welchen Bedingungen Mitarbeiter produktiv arbeiten und Funktionen optimal angeordnet sind.

2.1.2 Business Case klären

Das Thema Business Case betrifft vor allem Betreibermodelle. Die gemäß den vorgenannten Modellen gewonnenen Informationen sind umfassend und zugleich detailliert genug, um den beabsichtigten Nutzen des anvisierten Bauprojekts seinen betriebswirtschaftlichen Kosten gegenüberzustellen. Der Business Case muss letztlich unter Beachtung aller Parameter zu einem positiven wirtschaftlichen Ergebnis führen. So müssen

die jährlichen Aufwendungen für eine Erlebniswelt ebenso durch Eintrittsgelder und Übertragungsrechte wieder eingespielt werden wie die bei einem Fußballstadion etc.

2.1.3 Programming

Am Beispiel eines Büroneubaus kann man die Kriterien, die an das Programming gestellt werden, recht gut beschreiben (siehe Abb. 2–2):

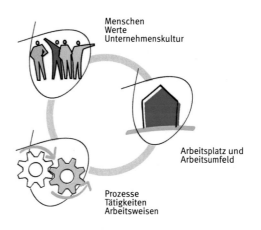

Menschen
Werte
Unternehmenskultur

Arbeitsplatz und
Arbeitsumfeld

Prozesse
Tätigkeiten
Arbeitsweisen

Abb. 2–2 Kriterien beim Programming

Damit Mitarbeiter motiviert und produktiv arbeiten können, sollten die Arbeitsorganisation und die Gebäudestruktur die Arbeitsweise bestmöglich unterstützen.

Arbeitsweise, Organisation und Räume unterliegen ständigen Veränderungen. Wenige Arbeits- und Raumkonzepte entsprechen diesen Anforderungen an eine zukunftsorientierte und prozessunterstützende Arbeitsumgebung.

Kommunikation, Wissenstransfer und abteilungsübergreifende Zusammenarbeit gewinnen zunehmend an Bedeutung und können durch die Gebäudestruktur und die Arbeitsumgebung maximal gefördert werden.

Zukunftsfähige Gebäudestrukturen sollten flexibel und mit geringem Aufwand an neue Anforderungen angepasst werden können. Die Neukonzeption eines Gebäudes oder von Bestandsflächen ist immer eine Chance, die Zukunft zu gestalten. Eine qualitativ hochwertige und nachhaltige Planung ist deshalb unabdingbar.

Die erforderlichen Räume werden in einem Flächenprogramm nach einzelnen Nutzungsbereichen zusammengestellt, wozu auch Aussagen zu Achsmaß, Raumabmessungen sowie Raum- und Geschosshöhen gehören. Die Nutzungsvorgaben sollen die komprimierten Zielvorstellungen der Nutzer darstellen und das gesamte Raum- und Funktionsprogramm in einer Übersicht zusammenfassen, die als Grundlage für erste Gestaltungsüberlegungen ausreichend ist. Am Beispiel der Messe Stuttgart wurden die Nutzungsvorgaben in den Grafiken in Abb. 2–3 dargestellt.

Die Anforderungen an die neue Messe bezogen sich hier beispielsweise auf zwei Bereiche:
– Ausstellung und Beschickung
– Besucherführung

Allem zugrunde lag hier die Forderung nach einer „Messe der kurzen Wege". Von größter Wichtigkeit war die Trennung zwischen Ausstellungs-/Beschickungsverkehr und der Besucherführung. Auch die Parkierungszonen für diese zwei Gruppierungen mussten voneinander unabhängig angelegt sein.

AUSSTELLUNG UND BESCHICKUNG

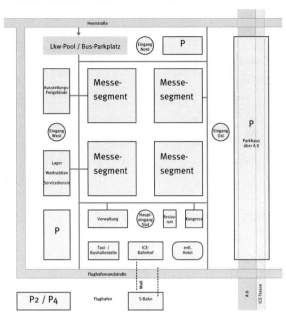

BESUCHERFÜHRUNG

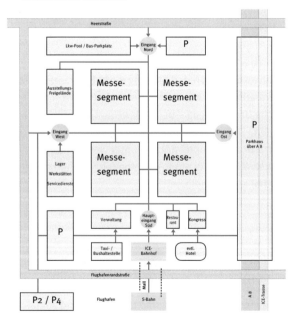

Abb. 2–3 Funktionale Konzeption (Messe Stuttgart)

2.2 Erarbeiten der Planungsidee

Die Phase von der Klärung des Bedarfs bis zur Planungsidee ist von großer Bedeutung für die Qualität eines
Projektes. Getroffene Entscheidungen haben weitrei-
chende Folgen für die Architektur und den Städtebau
sowie für die ökonomische und ökologische Qualität
der Gebäude. Der Ablauf lässt sich so grob beschreiben
wie in Abb. 2–4:

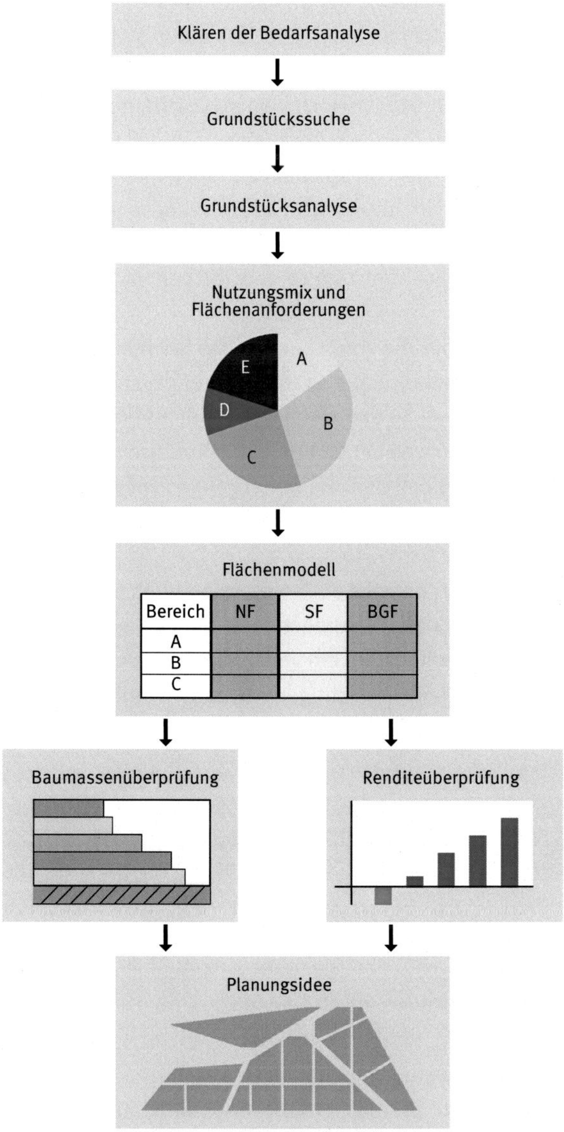

Über die Bedarfsanalyse und das Programming steht
die gewünschte Nutzung fest und muss in einem Pflichtenheft mit allen Randbedingungen definiert werden.
Danach oder auch parallel wird nach einem geeigneten
Grundstück gesucht und über ein Flächenmodell die
Rendite und die aus der Kombination von Flächenanfor-
derungen und Grundstücksgröße entstehende Baumas-
se in einer Machbarkeitsstudie überprüft.

Ist das Ergebnis positiv, dann können dazu Planungs-
ideen z. B. über einen Architektenwettbewerb eingeholt
werden.

2.2.1 Pflichtenheft, funktionale Anforderungen

Das Vorgehen bis zu diesem Punkt zeigt: Wenn ein
Gebäude funktionieren – und sich für den Bauherrn
„rechnen" – soll, muss es von innen, von seinen beabsichtigten Aufgaben her, gedacht werden. Dazu, die
daraus erwachsenden Anforderungen final festzuschrei-
ben, dient das Pflichtenheft, das in manchen Branchen
auch Lastenheft oder Nutzerbedarfsprogramm heißen
kann. In ihm werden Kerngrößen wie die für unterschiedliche Bereiche notwendigen Flächen oder deren
funktionale Zusammenhänge verbindlich festgehalten.

An einem fiktiven Beispiel lassen sich die in einem
Pflichtenheft abgebildeten komplexen Zusammenhän-
ge gut zeigen: Die Abteilung eines Unternehmens soll
neue Räume beziehen. Dabei soll ein gesonderter Raum
für Drucker, der gleichzeitig als Lager für Büromaterial
fungiert, eingerichtet werden. Aus dieser einfachen
Aufgabenstellung ergeben sich eine ganze Reihe von
Fragen, z. B.: Wie muss der Zugang bemessen sein?
Wie werden die Wege der Mitarbeiter zum Druckerraum
möglichst kurz geplant? Wie lassen sich Belüftung und
Wärmeabfuhr des Raumes richtig dimensionieren?
Müssen zukünftige Entwicklungen und Technologien
berücksichtigt werden, etwa, wenn die Firma in einigen
Jahren zusätzlich 3-D-Drucker anschaffen möchte?
Sämtliche hierzu notwendigen Angaben wandern in das
Pflichtenheft.

Abb. 2–4 Von der Bauaufgabe zur Planungsidee

Die bisherigen Analysen, die die räumlichen Beziehungen von Teams und Abteilungen beschreiben, sowie wissenschaftliche Erkenntnisse aus der Arbeitsorganisationsforschung bilden die Grundlage für detaillierte Raum- und Organisationskonzepte. Sie beschreiben die räumliche Verteilung der Arbeitsplätze, Erschließungswege, Sonderflächen sowie Kunden- oder Besucherzonen. Grafiken und Schemadarstellungen dokumentieren darin alle wichtigen Abläufe.

2.2.2 Grundstücksanalyse

Eine der schwierigsten und aufwendigsten Aufgaben ist sicherlich die Suche nach einem geeigneten Grundstück in möglichst guter Lage (siehe Abb. 2–5).

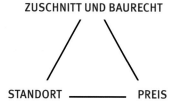

Abb. 2–5 Grundstücksparameter

Dabei spielt der Grundstückspreis in der Renditekalkulation eine entscheidende Rolle. Er hängt vor allem vom Standort (Zentrum oder Randlage, Verkehrsanbindung, Einkaufsmöglichkeiten, öffentliche Einrichtungen) und vom Grundstückszuschnitt sowie vom vorhandenen Baurecht (Bebauungsmöglichkeiten) ab.

Bei der zunehmenden Bebauungsdichte in unseren Ballungsräumen hat jeder Bauwillige heute große Schwierigkeiten, ein für seine Zwecke geeignetes, bebautes oder unbebautes Gewerbegrundstück zu finden. Ausreichende Größe, eine gute Lage sowie ein erschlossenes Gelände und funktionierende Infrastruktur sind notwendig. Ist man schließlich fündig geworden, kann ein Grundstück immer noch mit unangenehmen Überraschungen aufwarten. Gerade in Ballungszentren ist mit vielerlei Gefahren zu rechnen, sodass professionelle Standortanalysen im Rahmen der Grundstückssuche unverzichtbar sind.

Auch bei bereits vorhandenen Grundstücken sind solche Standortanalysen in etwas abgewandelter Form zur Absicherung der Planung dringend zu empfehlen. Nachfolgend sollen kurz die wesentlichen Kriterien angesprochen werden, die bei einer solchen Standortanalyse zu prüfen sind.

Baurecht: Im Bereich der Ballungszentren sollte zumindest ein Flächennutzungsplan vorhanden sein, der eine Bebauung des entsprechenden Grundstücks zulässt. Damit besteht jedoch noch keinerlei Sicherheit der Bebaubarkeit, die allein durch einen gültigen Bebauungsplan gegeben ist. Ein solcher Bebauungsplan kann allerdings nicht nur von Vorteil sein, insbesondere wenn zum Zeitpunkt seiner Erstellung, aus welchen Gründen auch immer, sehr restriktive Vorgaben gemacht wurden.

Stadtplanung: Die Vorstellungen des Stadtplanungsamtes sind zwar für die spätere Planung nicht unbedingt verbindlich, dennoch ist es für den Ablauf nützlich zu wissen, in welcher Richtung die für diesen Bereich Verantwortlichen denken. Dabei geht es vor allem um die Einbindung eines neuen Projektes in die Umgebung.

Infrastruktur: Bei großen Projekten empfiehlt es sich dringend, vor dem eigentlichen Planungsbeginn durch ein qualifiziertes Büro ein Verkehrsgutachten anfertigen zu lassen. Weiterer wichtiger Bestandteil der Infrastruktur sind die ausreichende Versorgung des Baugebiets mit Energie und Wasser sowie die Entsorgung.

Grundstücksbelastungen: Erst wenn die Bebaubarkeit des Grundstücks in Art und Umfang geklärt ist, kann der vorgesehene Grundstückspreis bewertet werden. Er ist letztlich als eine Belastung pro m² Nutzfläche bzw. pro Arbeitsplatz zu sehen. Ein weiterer erheblicher Kostenfaktor beim Erwerb des Grundstücks sind die Erschließungskosten. Hierbei wird in der Regel unterschieden zwischen verbrauchsabhängigen Anschlusskosten für Strom, Heizungsmedien und Wasser und pauschalen Ablösungen, wie sie heute zumeist für Verkehrserschließung und Abwasseranschluss vereinbart werden.

Ist das Gelände im innerstädtischen Bereich noch bebaut, so können sich die Abbruchkosten vor allem dann in erheblichen Dimensionen bewegen, wenn ein Industriebetrieb Produkte mit kontaminierten Rückständen produziert hat.

Auch das Umlegen oder Ersetzen vorhandener Leitungen kann zu einem erheblichen Kosten- und Zeitfaktor werden, da in der Regel neue Trassen gesucht werden müssen, die zum Teil eigene Genehmigungsverfahren bedingen. Vor allem im Zusammenhang mit Leitungen der Deutschen Telekom AG oder anderer Netzbetreiber sowie der Deutschen Bahn AG sind hier langwierige Verhandlungen die Regel. Als Ausweg werden häufig ein Verbleib auf dem Gelände und eine damit notwendige Integration in das zu planende neue Gebäude als das kleinere Übel angesehen, obwohl auch damit erhebliche Kosten verbunden sind. Besonders intensiv muss auf den Liegenschaftsämtern danach geforscht werden, ob für das Grundstück besondere zusätzliche Eigentums-, Nutzungs- oder Zufahrtsrechte bestehen. Solche Belastungen entpuppen sich in aller Regel als große Gefahr, wenn man vom bestehenden Planungsrecht abweichen will und ein Bebauungsplan-Änderungsverfahren vorgesehen ist.

Baugrund: Einen wesentlichen Einfluss vor allem auf die Untergeschosse sowie die Gründung von geplanten Gebäuden haben die Beschaffenheit des Baugrunds, die Lage des Grundwassers sowie benachbarte Gebäude, Verkehrstrassen und Leitungstrassen.

Altlasten: Ergibt sich während der Recherche der Verdacht auf kontaminierten Boden, so ist dringend eine chemische Analyse zu empfehlen. Stellt sich eine Sanierungsbedürftigkeit heraus, so gilt im Grunde das Verursacherprinzip. Allerdings ist grundsätzlich der Eigentümer für die Sanierung verantwortlich. Während bei normalem Aushubmaterial heute die Transportprobleme aus den verstopften Innenstädten sowie die Möglichkeiten des Recyclings im Vordergrund stehen, sind es bei kontaminierten Böden die unterschiedlichen Möglichkeiten der Behandlung. Dabei ist derzeit davon auszugehen, dass der Abtransport von hochkontaminierten Böden bis zu 1.000,– €/t betragen

kann, während eine mögliche Dekontamination vor Ort Kosten von 20,– bis 600,– €/t verursacht. Je früher man sich mit diesem Problem auseinandersetzt, umso mehr kann man die Auswirkung bei der späteren Planung und Ausführung begrenzen. So ist es in der Regel sinnvoller, teilweise auf eine Bebauung des Grundstücks zu verzichten und den Boden an Ort und Stelle zu belassen. Dazu muss jeweils die aktuelle Gesetzgebung bezüglich der Entsorgungspflicht für das gesamte Grundstück geprüft werden.

Grundwasserspiegel, Quelleinzugsgebiet: Entscheidend für die Bebaubarkeit des Grundstücks in den Untergeschossen, z. B. für Tiefgaragen, Technikzentralen und Lagerflächen, ist heute der Grundwasserspiegel. Bauen oder Gründen im Grundwasser verursacht erhebliche Mehrkosten, sodass man vor dem Grundstückskauf versuchen sollte, den Grundwasserspiegel im Bereich des Grundstücks bei den Behörden zu erfragen. Letztendliche Sicherheit hierüber gibt natürlich nur ein Bodengutachten, das jedoch vor Grundstückserwerb zu teuer und zu zeitaufwendig ist, da gesicherte Aussagen über das Grundwasser nur durch Dauerbrunnen gemacht werden können. Besondere Vorsicht ist in jedem Fall dann geboten, wenn das Grundstück im Bereich eines Quelleinzugsgebietes liegt.

Umweltauflagen: Von Umweltschutzbehörden werden im Wesentlichen die folgenden Themen in die Bebauungsplanverfahren eingebracht:

- Erhaltung von Frischluftschneisen
- Reduzieren von Emissionen
- Gewässerschutz
- Baumschutz
- Vermeidung von Oberflächenversiegelung

In einer Grundsatzbesprechung mit den entsprechenden Behörden kann geklärt werden, welche übergeordneten Vorstellungen für diesen Bereich vorliegen.

Beweissicherungsverfahren: Grenzen direkt an das Grundstück Gebäude, S-Bahn- oder U-Bahn-Trassen sowie Ver- und Entsorgungsleitungen, und hat man vor, im Bereich der Grundstücksgrenze tiefer gehende

Baumaßnahmen durchzuführen, so sind zum Teil aufwendige Beweissicherungsmaßnahmen empfehlenswert, wenn sie nicht sogar vorgeschrieben werden. Die Kosten für solche Beweissicherungsmaßnahmen können sich vor allem im innerstädtischen Bereich, wo häufig 100 % der Grundstücksfläche unterkellert werden, zu erheblichen Beträgen summieren, die ebenfalls die Grundstückskosten belasten. Dabei sind gerade die Trassen von S- und U-Bahn wegen der Ungenauigkeit der Schienenverlegung ebenso wie große Abwasserkanäle höchst riskante Nachbarn.

2.2.3 Machbarkeitsstudie und Renditeprüfung

Flächenmodell
Aus dem Raumprogramm (Nettoflächen) kann über nutzungsabhängige Faktoren ein Bruttoflächenmodell mit zugeordneten Kostenkennwerten und Mieten erstellt werden (siehe Abb. 2–6).

Abb. 2–6 Die Renditewaage

In Kenntnis der zu erwartenden Grundstückskosten sowie der Bau- und Betriebskosten aus dem Flächenmodell können eine zu erwartende Produktivitätsverbesserung oder Mieterträge gegenübergestellt und die Rentabilität des geplanten Projekts ermittelt werden. Ein Investor wird ein Projekt nur starten, wenn zu erwartende Einnahmen größer als die Ausgaben sind. Dazu müssen neben den Ausgaben und Einnahmen weitere Daten wie beispielsweise die Verzinsung des eingesetzten Kapitals, der Cashflow und das Risiko der geplanten Investition als Entscheidungshilfe ermittelt werden.

Baumassenüberprüfung
Häufig sind die Vorstellungen der Bauherren nicht mit den Vorstellungen der jeweiligen Kommunen kompatibel. Auch vorhandene Bebauungspläne sind in den seltensten Fällen bei Großprojekten geeignet, die richtige Lösung zu finden. Fast immer soll eine möglichst dichte Bebauung erfolgen, was allerdings oft ein verhängnisvoller Fehler für die spätere Nutzung und Vermarktung sein kann. Deshalb ist es wichtig, zunächst zu untersuchen, welche Bebauungsdichte denn überhaupt möglich und sinnvoll ist. Durch geeignete Verfahren kann man die Konsequenzen solcher unterschiedlicher Dichten darstellen und damit eine neutrale Diskussionsbasis schaffen, die in aller Regel zu vernünftigen Vereinbarungen sowohl für den Bauherrn als auch für die Kommune und ihre Bürger führt (siehe Abb. 2–7).

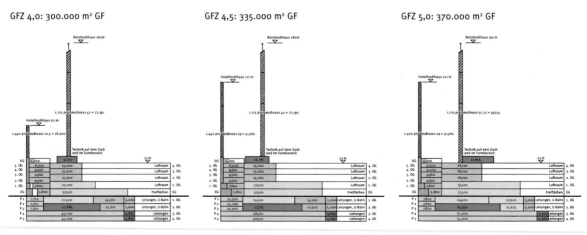

Abb. 2–7 Prüfen von Varianten der Bebauungsdichte (Potsdamer Platz in Berlin)

Machbarkeitsstudie

Häufig wird zur weiteren Absicherung einer Projektentwicklung eine Bebauungsstudie entwickelt. Diese stellt in Varianten die mögliche Bebauung der infrage kommenden Flächen dar. Diese Darstellungen werden sowohl auf Plänen als auch durch die Verwendung von Computeranimationen anschaulich dargestellt (siehe Abb. 2–8).

Im Anschluss an die Entwicklungskonzeption wird die technische Durchführbarkeit geprüft. Auf Grundlage der Bebauungsstudien werden Erschließungs- sowie Ver- und Entsorgungskonzepte untersucht und bei Bedarf Baugrunduntersuchungen integriert. Mit den Behörden erfolgt eine planungsrechtliche Vorabstimmung, die sich mit Themen wie Baumassenverteilung, Geschossflächenzahl oder städtebaulicher Akzeptanz befasst. Anschließend wird ein Konzept für die Parzellierung erarbeitet.

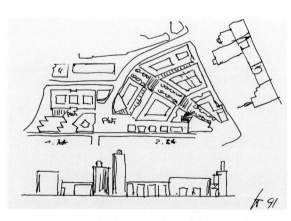

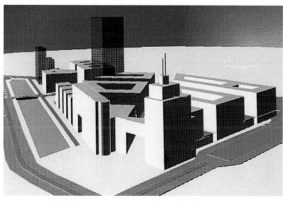

Abb. 2–8 Erste Machbarkeitsstudie als Skizze und Modell (Potsdamer Platz in Berlin)

Eine Risikoanalyse schließt die Machbarkeitsstudie ab. Mit der Machbarkeitsstudie liegt somit ein technisch realisierbares und mit den Behörden vorabgestimmtes Bebauungskonzept vor. Diese Gesamtkonzeption für die Grundstücke ermöglicht die Diskussion mit möglichen Entwicklungs- und Finanzierungspartnern sowie eine abgesicherte Grundlage für eine Planungsidee.

2.2.4 Architekten- und Investorenwettbewerbe

Ideenfindung über Architektenwettbewerbe

Hat man sämtliche Randbedingungen geklärt, so wird ein Architekt gesucht, der in der Lage ist, das vorgegebene Raumprogramm unter Beachtung des Kostenrahmens und der bestehenden Randbedingungen in eine bestechende Planungsidee umzusetzen. Grundsätzlich stehen hier drei Möglichkeiten zur Verfügung:

– direkte Beauftragung eines bestimmten Architekten
– Mehrfachbeauftragung von drei bis vier Architekten
– Wettbewerbsverfahren nach GRW (Grundsätze und Richtlinien für Wettbewerbe der Architekten- und Ingenieurkammern)

Für die direkte Einschaltung nur eines Architekten spricht, dass die Aufgabe vom ersten Moment an im Dialog zwischen Bauherr und Architekt schrittweise gelöst werden kann. Es ist allerdings sinnvoll, nicht nur auf Empfehlung hin zu entscheiden, sondern sich durch Besichtigung von Bauten des betreffenden Architekten und durch Befragung der Bauherren ein eigenes Bild zu machen.

Für einen Architektenwettbewerb spricht, dass man das Know-how und die Ideen einer größeren Anzahl von Architekten mobilisieren kann. Außerdem haben dabei auch junge Architekten die Chance, zum Zuge zu kommen.

Die Architekten liefern auf der Grundlage einer sogenannten Auslobung (Pflichtenheft) ihre Entwürfe sowie ein Modell ab, die nach einer Vorprüfung von einem Preisgericht begutachtet und bewertet werden.

Schließlich wird eine Reihenfolge festgelegt und möglichst ein 1. Preisträger benannt, dessen Entwurf zur Ausführung durch den Investor empfohlen wird.
Es können Wettbewerbe nach GRW oder Mehrfachbeauftragungen durchgeführt werden (siehe Abb. 2–9).

Bei Wettbewerben nach GRW, die auch die europäischen Dienstleistungsrichtlinien einbeziehen, sind die Randbedingungen für Architektenwettbewerbe festgelegt; unter anderem wird grundsätzlich von einem anonymen Verfahren ausgegangen. Die einzige Ausnahme – das kooperative Verfahren nach GRW – eignet sich für besonders schwierige Projekte, bei denen die Lösung der Aufgabe im Meinungsaustausch zwischen Auslober, Preisgericht und Teilnehmer erarbeitet wird. Für die Einhaltung der „Spielregeln" sorgen die Wettbewerbsausschüsse der Architektenkammern und bei öffentlichen Auftraggebern zusätzlich behördliche Instanzen.

Bei Mehrfachbeauftragungen ist sowohl ein kooperatives als auch ein anonymes Verfahren möglich. Im ersten Fall stehen die Architekten dem Bauherrn sozusagen in direkter Abstimmung gegenüber. Beim anonymen Verfahren dagegen entscheidet ein neutrales Preisgericht über die Qualifikation der Arbeiten; in der Regel folgt der Bauherr der Empfehlung des Preisgerichts, er hat aber auch die Möglichkeit, einen der weiteren Preisträger zu beauftragen.

Als besonderes Verfahren in der GRW ist derzeit der kombinierte Wettbewerb in der Erprobung. Diese Kombination von Planung und Bauleistung hat zum Ziel, die Baukosten zu senken.

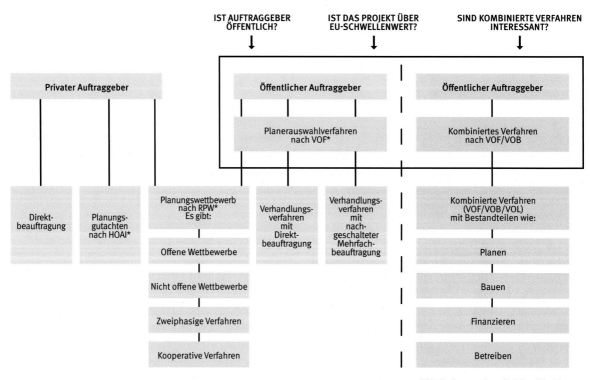

Abb. 2–9 Aufzeigen von möglichen Verfahrensarten und Abwicklungsmöglichkeiten

*VOF = Verdingungsordnung für freiberufliche Leistungen
* HOAI = Honorarordnung für Architekten und Ingenieure
* RPW = Richtlinien für Planungswettbewerbe

Abb. 2–12 Diskussion des Preisgerichts beim Wettbewerb

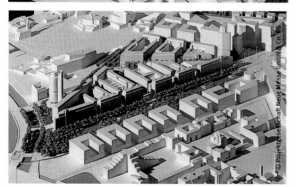

Abb. 2–10 Alternative Entwürfe (Potsdamer Platz in Berlin)

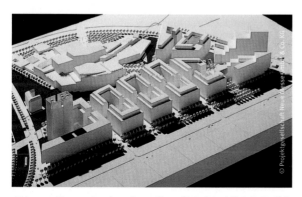

Abb. 2–11 Siegerentwurf von Renzo Piano (Potsdamer Platz in Berlin)

In der Praxis ist es im Preisgericht oft schwierig, den richtigen Konsens zwischen Sachpreisrichtern als Vertretern des Investors (Ziele: Funktion, Wirtschaftlichkeit, Vermarktungsfähigkeit) und den Architekten als Fachpreisrichtern (Ziele: Städtebau, Architektur, ökologische Einbindung) zu finden. Ein gutes Ergebnis hängt im Wesentlichen davon ab, dass zum einen die Anforderungen in der Auslobung professionell und

vernünftig formuliert sind und zum anderen die Vorprüfung richtige und verständliche Basisdaten für die Entscheidung liefert (siehe Abb. 2–10 bis 2–12).

Ideenfindung über Investorenwettbewerbe
Bei sogenannten Investorenwettbewerben wird in der Regel ein Grundstück von einer Kommune oder einem sonstigen Grundstücksbesitzer zur Überplanung ausgelobt. Die Investoren haben sowohl Bebauungsmöglichkeiten als auch Vermarktungs- und Finanzierungskonzepte zu liefern (ein Beispiel sind die Friedrichstadtpassagen in Berlin). Den Zuschlag erhält die städtebaulich beste Lösung in Verbindung mit einem Kaufpreisangebot für das Grundstück oder einer entsprechenden Beteiligung. Anders dagegen verhält es sich bei dem in der Erprobung befindlichen Investorenwettbewerb nach GRW: Dieser beinhaltet die Bedingung, dass die Überlassung des Grundstücks an den Investor nur dann erfolgt, wenn damit auch der preisgekrönte Wettbewerbsentwurf realisiert wird.

2.2.5 Bewertung der Entwürfe nach Lean-Kriterien

Die einzelnen Entwürfe werden bereits in diesem Stadium nach Lean-Kriterien überprüft wie am Beispiel eines Projektes mit Revitalisierungsbereich und Neubaubereich. Dabei wurden folgende Kriterien untersucht (siehe Abb. 2–13):

– Können Neu- und Rückbau parallel erfolgen? Dazu ist die Anordnung von zwei getrennten Baukörpern erforderlich.
– Kann das Projekt gut in unterschiedliche Ausbaumodule unterteilt werden? Dazu darf es möglich wenig Schnittstellen bzw. Überschneidungen der Bereiche geben.
– Wie hoch kann der Vorfertigungsgrad sein? Er ist umso höher, je weniger unterschiedliche Typologien verwendet werden.

– Ist die Planung für eine optimale Logistikeinrichtung geeignet? Dazu sind angemessene Flächen, deren Zuschnitt und Verbindung für Transportwege entscheidend.
– Wie gut sind die Taktungsmöglichkeiten? Dies ist abhängig von der Anordnung und der Gleichheit der Ausbaumodule. Je mehr identische Module, umso besser die Taktungsmöglichkeiten.
– Ist die Aufteilung der Baustelle in Teilabschnitte möglich? Dies ist vor allem vom Standort der Technikzentralen und von der Technikanbindung abhängig.
– Ist eine Teilinbetriebnahme möglich? Erforderlich ist eine autarke Versorgungsmöglichkeit getrennter Teilabschnitte mit eigenem Zugang.
– Wie werden die Auswirkungen auf den Terminplan eingeschätzt? Hierzu sind Ablaufstudien zu den einzelnen Entwürfen unter Beachtung der vorstehenden Aussagen erforderlich.

Abb. 2–13 Bewertung Masterplan nach Lean-Kriterien

2.3 Projektorganisation

Abb. 2–14a Projektorganisation

2.3.1 Bauherrenorganisation

Die gebräuchlichen Organisationsformen liegen alle in der Regel zwischen einem streng hierarchischen Aufbau und dem gewollten oder ungewollten Chaos (siehe Abb. 2–14b).

Die als „gruppendynamisch" bezeichnete Struktur zeichnet sich durch die Zusammenarbeit von „Individualisten" aus, die nicht in einer geordneten Hierarchie organisiert sind. Falls sich ein „Anführer" herauskristallisiert, folgen die Gruppenmitglieder diesem –

oder auch nicht. Dies ist oft abhängig davon, ob dessen Ziele mit den eigenen übereinstimmen. Gemeinsame Operationen werden meist von Begeisterung getragen und führen häufig zu kreativen Ansätzen, bleiben aber in der Regel ohne Ergebnis. Diese Organisation ist durchaus geeignet, um Projektgrundlagen zu erarbeiten und Ziele zu definieren. Für die eigentliche Projektabwicklung ist sie aber unbrauchbar.

Die Erfahrung zeigt, dass – unabhängig von der präferierten Führungsmethode des Projektleiters – eine klare und einfache Struktur für eine geordnete Abwicklung nötig ist. Jeder Beteiligte muss wissen, an wen er sich wenden kann, wenn Probleme auftreten. Er muss auch überblicken, für welche Bereiche und Mitarbeiter er Verantwortung trägt und wem er Aufgaben zuordnen kann.

Diese Anforderungen werden am besten in der hierarchischen Struktur erfüllt. Dies gilt allerdings nur dann, wenn diese auf einer aufgabenbezogenen Kompetenz aufgebaut ist und mit den Zielvorgaben auch die entsprechende Eigenverantwortung delegiert wird. Außerdem muss die Anzahl der Hierarchieebenen so gering wie möglich gehalten werden.

Bei allen hierarchisch aufgebauten Strukturen sollte immer darauf geachtet werden, dass sie nicht durch immer neue Anforderungen ihren klaren und einfachen Aufbau einbüßen und sich zu „konzerngigantischen" Gebilden entwickeln. Findet der Projektleiter bereits solche unübersichtlichen Strukturen bei Projektbeginn vor, so muss er alles versuchen, das Projekt „auszukoppeln".

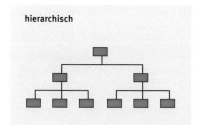
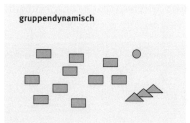

Abb. 2–14b Unterschiedliche Organisationsformen

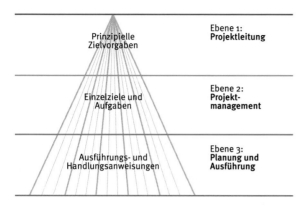

Abb. 2–15 Klare Entscheidungshierarchie

Wie auch immer: Eine klare Entscheidungshierarchie ist unverzichtbar. Dabei muss immer sichergestellt werden, dass dieselbe Struktur durchgängig von der Projektleitung über das Projektmanagement bis zu den Ausführungs- und Handlungsanweisungen durchgehalten wird. Nur dadurch ist gewährleistet, dass die Anweisungen unverfälscht bei den Ausführenden ankommen und auch der Ausführungsreport an die Projektleitung innerhalb dieser Struktur erfolgt (siehe Abb. 2–15).

Das Projektmanagement ist für den Bauherrn ein unverzichtbares Instrument zur Ablaufkoordination und

Kostenkontrolle. Deshalb sollte es auch direkt bei der Gesamtprojektleitung angesiedelt werden. Es ist allerdings abzuwägen, ob diese Funktion in der Projektstruktur in einer Linien- oder einer Stabsfunktion angeordnet werden soll.

In der Linienfunktion kann das Projektmanagement direkte Weisungen und Aufgabenverteilungen an die Planungs- und Baubeteiligten weitergeben, soweit es sich um ablauf- und kostenrelevante Angelegenheiten handelt. Im Sinne eines effektiven und stringenten Ablaufes ist dieser Variante ganz eindeutig der Vorzug gegeben, vor allem weil es ganz klare Verantwortlichkeiten gibt (siehe Abb. 2–16a).

Anders verhält es sich, wenn das Projektmanagement dem Auftraggeber in einer Stabsfunktion zuarbeitet. In diesem Falle müssen die von der Projektsteuerung erarbeiteten Unterlagen von den Mitarbeitern der Projektleitung weitergegeben und durchgesetzt werden. Neben erhöhtem Personalaufwand kommt es dabei zu einer Art indirekten Steuerung mit eingeschränkter Eigenverantwortung. Die Projektsteuerung arbeitet in diesem Falle mehr als Zuarbeiter der Projektleitungen und als internes Controlling (siehe Abb. 2–16b).

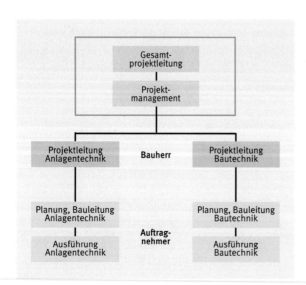

Abb. 2–16a Projektmanagement in Linienfunktion

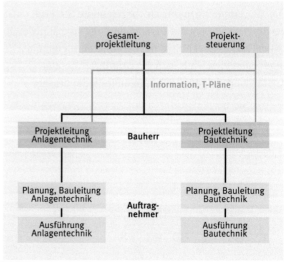

Abb. 2–16b Projektsteuerung in Stabsfunktion

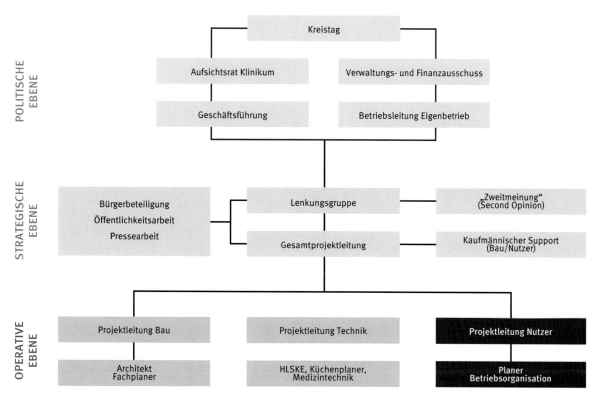

POLITISCHE EBENE

Kreistag

Aufsichtsrat Klinikum

Verwaltungs- und Finanzausschuss

Geschäftsführung

Betriebsleitung Eigenbetrieb

STRATEGISCHE EBENE

Bürgerbeteiligung
Öffentlichkeitsarbeit
Pressearbeit

Lenkungsgruppe

„Zweitmeinung"
(Second Opinion)

Gesamtprojektleitung

Kaufmännischer Support
(Bau/Nutzer)

OPERATIVE EBENE

Projektleitung Bau

Projektleitung Technik

Projektleitung Nutzer

Architekt
Fachplaner

HLSKE, Küchenplaner,
Medizintechnik

Planer
Betriebsorganisation

Abb. 2–17 Beispiel einer Aufbauorganisation mit Nutzerintegration

Bei sehr großen Projekten ist die Bauherrenorganisation nicht immer so ganz einfach abzubilden. Vor allem wenn wie im Falle der Abb. 2–17 ein Landkreis als Investor und ein Klinikverbund als Nutzer und Betreiber fungiert, empfiehlt es sich, parallel zum Bauprojektmanagement ein sogenanntes Nutzermanagement zu platzieren.

Damit kann sichergestellt werden, dass Bau- und Nutzerprojekt eng miteinander verzahnt werden und das Bauprojekt die richtigen Vorgaben vom Nutzerprojekt erhält. Im vorliegenden Fall bilden Investor und Nutzer eine Lenkungsgruppe, die auch für Bürgerbeteiligung und Öffentlichkeitsarbeit zuständig ist. Die Anforderungen und Inputs kommen von den Nutzern und Betreibern,

und der Landkreis muss bezahlen, was zwangsläufig zu gegensätzlichen Vorstellungen führt, die von der Gesamtprojektleitung zusammengeführt werden müssen. Hinzu kommen die Anforderungen von Behörden, vor allem zu den Raumordnungs- und Genehmigungsverfahren. Den Gesetzen des Projektes angepasst, muss dann auch das Projektmanagement organisiert werden.

Damit jeder den richtigen Ansprechpartner hat, wird das Projektmanagementteam unter dem Gesamtprojektmanagement aufgeteilt in Projektleitung Bau und Technik und separat davon die Projektleitung Nutzer. Analog dazu werden dann ebenfalls konsequent die Planung, Objektüberwachung und Bauausführung strukturiert.

2.3.2 Zielvorgaben und Zielfortschreibung

Eindeutig definierte Zielvorgaben sind die Grundlage
jeder geordneten, dennoch kreativen Projektabwicklung. Basis der Zieldefinition ist die Problemanalyse.
Das heißt die Lösung der Frage: „Was wollen wir?"
Dabei ist häufig zunächst einfacher zu fragen:
„Was wollen wir auf keinen Fall oder nur ganz ungern?"
Mangelhafte Zielvorgaben führen häufig zu Ergebnissen, welche der ursprünglichen Aufgabenstellung nur
unzureichend entsprechen.

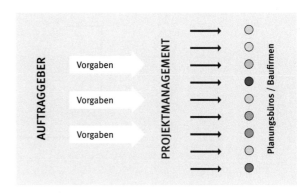

Abb. 2–18 Projektmanagement durch Zielvorgaben

Die Vorgaben des Projektleiters werden von der Projektsteuerung in Form von Aufgabenstellungen und Terminplänen an die Fachbereiche, Planungsleiter und Bauleiter weitergegeben. Diese wiederum disponieren und
überwachen auf der Basis dieser Aufgabenstellungen
die Abwicklung der Planung und der Baudurchführung.
Durch diese Vorgehensweise entsteht eine stufenweise
Verfeinerung der Zielvorgaben des Projektleiters über
die einzelnen Hierarchieebenen. So ist es möglich, dass
die konzentrierten und mit wenig Zeitaufwand formulier-
baren prinzipiellen Zielvorgaben des Projektleiters präzise
durchformuliert und terminiert durch eine Vielzahl von
Beteiligten umgesetzt werden (siehe Abb. 2–18).

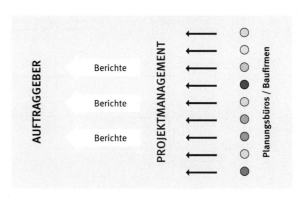

Abb. 2–19 Rückmeldung verdichteter Informationen

Die einzelnen Aktivitäten und ihre Erledigung ebenso
wie dabei auftretende Probleme werden von der Planungs-
und Ausführungsebene an die Projektsteuerung berich-
tet. Diese fasst die Einzelberichte in einem konzentrierten Bericht für den Projektleiter zusammen, in dem
insbesondere auftretende Probleme in der Abwicklung
und Vorschläge zu ihrer Lösung dargestellt werden
(siehe Abb. 2–19).

Alle diese Kommunikationsvorgänge sind linear und
mehrstufig. Damit ist die Gefahr des Informationsver-
lusts durch Transformation nicht mehr auszuschließen,
und es kann passieren, dass einige Zielvorgaben nicht
im Sinne des Projektleiters erledigt werden.

Abb. 2–20 Direkte Kommunikation nur bei Abstimmungsbedarf

Es ist deshalb erforderlich, neben dem linearen System
der Aufgabenverteilung über Terminpläne oder Aufga-
benkataloge mit entsprechender Rückmeldung auch die
direkte Kommunikation in Form von Besprechungen mit

dem Projektleiter zu suchen. Entscheidend ist dabei,
dass sich diese Besprechungen auf die wesentlichen Inhalte beschränken, deren Klärung der Anwesenheit des
Projektleiters bedarf. Jede dieser Besprechungen muss
sorgfältig durch die Projektsteuerung vorbereitet, protokolliert und kommuniziert werden (siehe Abb. 2–20).

2.3.3 Projekt- und Plangliederung

Die Organisation eines Großprojektes kann nicht einfach durch Ausweitung von herkömmlichen Strukturen zu einer Monsterorganisation erfolgen. Sie erfordert vielmehr ein Zerlegen in Teilprojekte, bis überschaubare Größenordnungen und Einheiten entstehen, die mit üblichen organisatorischen Methoden abgewickelt werden können.

Eine Möglichkeit ist die Aufteilung in eine Matrixorganisation mit Teilprojekten und Fach- oder Expertenbereichen. Dabei werden die Teilprojekte jeweils von

einem Teilprojektleiter geführt, während die Fachbereichsleiter übergreifend mit allen Teilprojektleitern zusammenarbeiten (siehe Abb. 2–21).

Natürlich muss zusätzlich eine übergeordnete Gesamtorganisation installiert werden (Organisation der Organisation). Dies ist auch der Grund dafür, dass die Organisation eines Großprojektes von › 100 Mio. € deutlich aufwendiger ist als die Organisation von kleineren Projekten. Durch die zusätzliche Organisationsebene steigt der spezifische Aufwand bei sehr großen Projekten exponentiell an und kann nur durch höchste Professionalität der Beteiligten im Griff behalten werden.

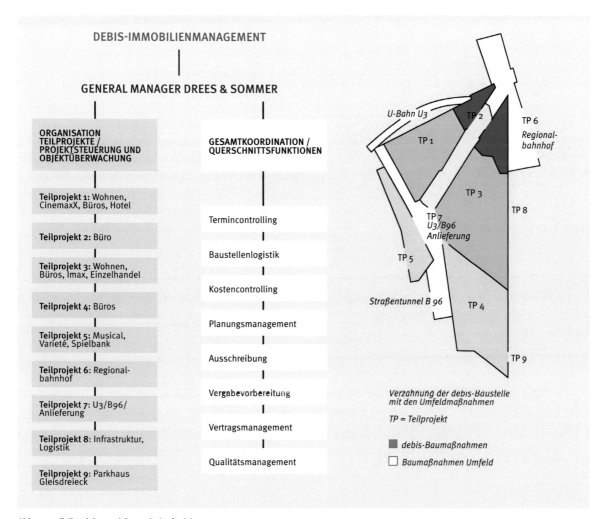

Abb. 2–21 Teilprojekte und Querschnittsfunktionen

Als nächste Aufgabe im Rahmen der Projektorganisation muss die Grundlage für die Verständigung untereinander geschaffen werden. Dies geschieht, indem das Projekt nach einzelnen Abschnitten strukturiert wird.

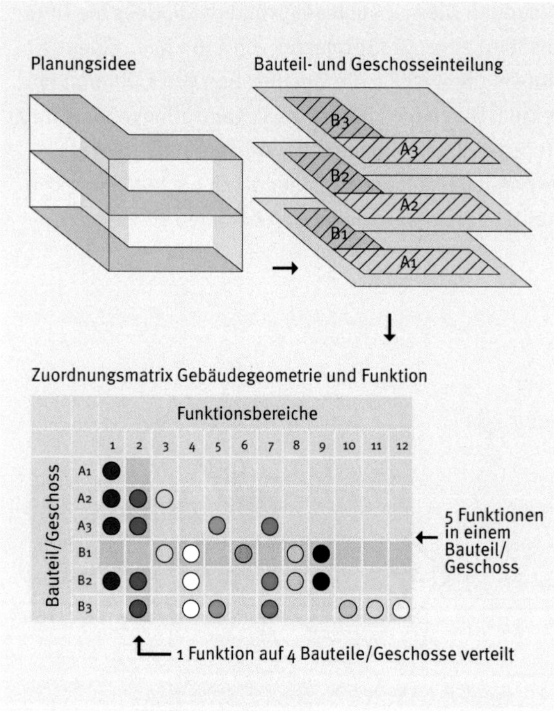

Planungsidee

Bauteil- und Geschosseinteilung

Zuordnungsmatrix Gebäudegeometrie und Funktion

Abb. 2–22 Objektgliederung und Codierung

Dazu wird das Projekt zunächst nach konstruktiven Gesichtspunkten in Bauteile und Geschosse aufgegliedert, die ihrerseits über eine Matrix den einzelnen Funktionsbereichen zugeordnet werden müssen. Diese Funktions-

bereiche sollten bereits so bezeichnet werden, wie es im späteren Betrieb vorgesehen ist. Auf der Grundlage der Bauteil- und Geschossgliederung erfolgt eine durchgängige Planaufteilung für alle Maßstäbe und alle Teilgewerke (siehe Abb. 2–22).

Die Information kann durch eine Systemzeichnung Lageplan weiter verdeutlicht werden. Dabei ist der jeweils dargestellte Bauteil durch Umrandung oder Hinterlegen (A) zu kennzeichnen (siehe Abb. 2–23).

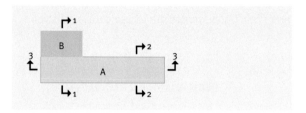

Abb. 2–23 Systemzeichnung Lageplan

Da alle Planunterlagen erfahrungsgemäß im Verlauf der Planung einer Veränderung unterliegen, kommt einer klaren und eindeutigen Dokumentation der Änderungen große Bedeutung zu. Es ist wichtig, dass alle Planungsbeteiligten als Grundlage Pläne mit dem gleichen Index verwenden. Eine Änderungsdokumentation wird in etwa so aufgebaut wie im Schema Änderungsdienst (siehe Abb. 2–24).

In prinzipiell gleicher, jedoch vereinfachter Form sind auch die übrigen Dokumente (Aktennotizen, Briefe usw.) zu codieren, um neben der Verbesserung der Kommunikation auch die Ablage (z. B. Mikrofilm) zu ermöglichen.

Index	Datum	KZ	Art der Änderung	Veranlasser
01	22.01.1997	Oh	Aussparungen 9, 12, 15, 27 verlegt bzw. vergrößert	Ingenieur TA
02	17.02.1997	Mai	Wand in Achse D/8-12 versetzt um 45 cm	Bauherr/PM

Abb. 2–24 Schema Änderungsdienst

Weiterhin werden der durchgängige Änderungsdienst sowie die spätere Wartung und Instandhaltung durch klare Dokumentation der Unterlagen erheblich vereinfacht. Für den Einsatz von Planlistenverfahren zur terminlichen Abwicklung sind diese Vorarbeiten unerlässlich.

2.3.4 Die Projektbeteiligten

Die Beteiligten lassen sich im Wesentlichen in vier Gruppen (siehe Abb. 2–25) zusammenfassen:

- Auftraggeber = Bauherr in den verschiedensten Formen
- Planer und Berater
- bauausführende Firmen in den unterschiedlichen Konstellationen
- Genehmigungsbehörden und Träger öffentlicher Belange

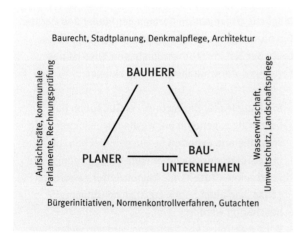

Abb. 2–25 Projektbeteiligte bei Bauvorhaben

Der *Auftraggeber* oder Bauherr kann durch eine Einzelperson, aber auch durch verschiedenartige Organisationen mit unterschiedlichsten Zielsetzungen und Kompetenzen repräsentiert werden. Er stellt die Bauaufgabe und formuliert das Programm, wozu bei größeren und komplexeren Projekten Berater hinzugezogen werden.

Die *Planer* setzen das Programm in eine standortbezogene Planungsidee um und erstellen die notwendigen Berechnungen, Pläne und Leistungsverzeichnisse. Außerdem überwachen sie im Regelfall die fachgerechte Ausführung der Bauleistungen. Ihre Vergütung richtet sich nach der HOAI (Gebührenordnung für Architekten und Ingenieure).

Die *Bauunternehmen* realisieren die in den Plänen und Leistungsverzeichnissen (LV) definierte Bauaufgabe nach VOB oder VOL. Sie erhalten dafür eine Einzel- oder Pauschalvergütung, die im Wettbewerb mit anderen ermittelt wurde.

Die Bauausführung kann erst beginnen, wenn die zuständigen Genehmigungsbehörden die Pläne und Berechnungen freigegeben haben. Die *Genehmigungsprozesse* können bei größeren Bauvorhaben zu äußerst zeit- und kostenintensiven Verfahren werden, insbesondere, wenn keine gültigen Bebauungspläne vorliegen oder diese geändert werden sollen. In diesen Fällen steigt die Anzahl der beteiligten Stellen sehr stark an. Es sind die Träger öffentlicher Belange einzuschalten, z. B. Energieversorgungsunternehmen, Umweltschutzbehörden, und häufig kommen noch Bürgerinitiativen etc. hinzu.

Im Folgenden werden die wesentlichen Varianten der Bauherren, Planer und Bauunternehmen am Markt kurz dargestellt und die unterschiedlichen Aufgabenstellungen skizziert.

Die Beteiligten auf Bauherrenseite
Bauherr – Eigentümer – Investor: Er stellt das Kapital (und seltener ein Grundstück) für die Immobilieninvestition aus eigenen Mitteln oder aus fremden Quellen (Finanzierung) zur Verfügung. Dafür erhält er die erwirtschafteten Erträge, die nach Abzug der Vergütung für alle an der Erstellung, Vermarktung und dem Betrieb Beteiligten übrig bleiben. Als Bauherr kommen beispielsweise infrage:

- Verwaltungen des Bundes und der Länder
- Kommunal- und Kreisverwaltungen
- Universitäts- und Hochschulverwaltungen
- Sparkassen, Banken und Versicherungswirtschaft
- Sozialversicherungsträger

- Industrie und Handel
- Bau- und Wohnungswirtschaft
- private Investoren aller Art

Projektentwickler – Initiator – Developer: Er hat die Idee für das Projekt, sucht das Grundstück und bereitet die Umsetzung einschließlich der Baugenehmigung vor. Vor einer Realisierung beschafft er wenn möglich die Mieter und sucht dann einen Endinvestor, der das Projekt übernimmt. Erst dann wird in der Regel das Projekt angegangen. Realisierungen auf Vorrat und Verdacht sind mit hohen Risiken behaftet und bilden eher die Ausnahme. Die herausforderndste und entscheidende Leistung ist die Beschaffung des geeigneten Grundstücks, die häufig der Idee vorausgeht. Im heutigen engen Grundstücksmarkt ist gerade in Toplagen jedes Grundstück heiß umkämpft. Die Frage nach einer möglichen Vermarktung und damit der vorgesehenen Nutzung wird deshalb oft erst an die zweite Stelle gestellt. Für die Grundstückssuche und die Mieterbeschaffung arbeitet der Projektentwickler in der Regel mit Immobilienmaklern zusammen. Bei der Planungsvorbereitung, der Beschaffung der notwendigen Genehmigungen sowie der Überwachung der Realisierung setzt er eigene oder fremde Projektmanager und Planer ein.

Der Projektentwickler bringt Angebot (an Grundstücken) und Nachfrage (nach Immobilien) durch Entwicklung eines Bauprojekts zusammen.

Projektmanager – General Manager: Schwerpunkt der Aufgaben des Projektmanagers ist die Optimierung der aus der Vermarktungsstrategie sich ergebenden Programm- und Planungsvorgaben des Auftraggebers in funktionaler, wirtschaftlicher und bautechnischer Hinsicht und deren Umsetzung durch Planer und Baufirmen. Er hat in Abstimmung mit dem Auftraggeber einen Gebäudestandard (was bekommt der Nutzer geboten?) zu definieren und auf dieser Basis einen Kosten- und Terminrahmen festzulegen. Das Controlling und die Einhaltung dieses Kosten- und Terminrahmens hat er durch geeignete Verfahren unabhängig von der Vergabestrategie sicherzustellen, den Auftraggeber über alle Abweichungen zu informieren und die notwendigen Entscheidungen herbeizuführen.

Nutzer – Mieter – Betreiber: Für die Nutzung der Immobilie hat der Nutzer ein Entgelt, die Miete, zu bezahlen. Bei einem aktiven Geschäftsbetrieb spricht man von einem Betreiber, wie z. B. bei einem Hotel, einem Altenwohnstift, einem Musicaltheater oder einem Kaufhaus. Die Nutzer, Mieter oder Betreiber treten häufig als „Quasi-Bauherren" vor allem für den Innenausbau auf, da dieser auf ihre speziellen Bedürfnisse zugeschnitten wird.

Der Projektmanager vertritt den Bauherrn gegenüber allen anderen an der Planung und dem Bau Beteiligten und zieht den Bauherrn selbst nur in wichtigen Entscheidungsfällen hinzu, die er entsprechend vorbereitet hat. Seine diesbezüglichen Kompetenzen werden in Abhängigkeit von der eigenen Managementkapazität des Bauherrn vertraglich geregelt. Dies kann von einer reinen Management-Unterstützung bis hin zu weitreichenden Vertretungsvollmachten gehen.

Mögliche Organisationsformen der Planer und Berater
Die Anzahl der beteiligten Planer und Berater ist im Laufe der Zeit immer mehr gestiegen. Dies ist das Ergebnis unterschiedlicher Entwicklungen:

- Die Komplexität der Technik bei Gebäuden hat beständig zugenommen, weshalb sich immer mehr spezialisierte Experten herausgebildet haben.
- In der Folge sind auch Genehmigungsvorgänge und Zulassungen zusehends komplizierter geworden, sodass auf allen Seiten zusätzliche Gutachter beschäftigt werden.
- Beim Abschluss von Verträgen wird von vielen Bauherren zunehmend versucht, Risiken auf die Auftragnehmer abzuwälzen. Durch das gegenüber den früher vorherrschenden Eigennutzern bei Investorenprojekten erforderliche Renditedenken sind die Baupreise immer mehr unter Druck geraten. Die Unternehmer haben darauf mit Claim Management reagiert. Diese Situation hat zu einem zunehmenden Einsatz von Rechtsanwälten auf beiden Seiten geführt.

Es gibt folgende Konstellationen (siehe Abb. 2–26):
Einzelplaner: Die – in der Regel freiberuflichen – Architekten und Fachplaner für Tragwerk, technische

Anlagen, Bauphysik etc. setzen die Programm- und Standardvorgaben des Auftraggebers/Projektmanagements entsprechend den Leistungsbildern der Honorarordnung für Architekten und Ingenieure (HOAI) stufenweise in Planungskonzepte, Genehmigungs- und Ausführungspläne sowie in Leistungsbeschreibungen um, nach denen die ausführenden Firmen arbeiten. Dazu üben sie in der Regel die örtliche Bauleitung (Objektüberwachung, Gebäude- und Objektüberwachung, technische Ausrüstung) aus.

In vielen Fällen wird die Ausführungsplanung heute von den bauausführenden Unternehmen erbracht, die dafür allerdings häufig spezialisierte Ingenieurbüros einschalten. Dies betrifft neben den Schal- und Bewehrungsplänen bei den Stahlbetonarbeiten auch die Ausführungsplanung der Stahlbauten sowie der technischen Gewerke und des Ausbaus. Bei Fertigbauten wird die gesamte Planungsleistung generell von den ausführenden Bauunternehmen realisiert.

Aufgrund der Spezialisierung gibt es heute in der Regel separate Berater für Küchenplanung, Förderanlagen, Brandschutz und Entrauchung, Schwachstromanlagen,

Sicherheitstechnik, die ebenfalls in die Gesamtplanung integriert werden müssen.

Die inhaltliche Koordination der einzelnen Planungsbeteiligten liegt bei den Architekten, die allerdings vor allem bei Großprojekten damit häufig überfordert sind, sodass erhebliche Koordinierungsleistungen, auch inhaltlicher Art, auf das Projektmanagement zurückfallen.

Teilweise Paketierung: Der hohe Koordinationsaufwand der einzelnen Fachgewerke sowie das Erfordernis einer integrierten Planung für nachhaltige Gebäude (vor allem Heizung, Lüftung, Sanitär, Elektroanlagen, Bauphysik, Fassadenkonstruktion, Dach) haben zu größeren Anbietern geführt, die diese Leistungen als Generalfachplanung mit interner Koordination anbieten, wodurch sich die Schnittstellenproblematik reduziert.

Dasselbe gilt für die Paket-Übernahme der Objektüberwachungen Gebäude und technische Ausrüstung als Generalbauleitung.

Generalplaner: Die zunehmende Zahl von Planungsbeteiligten durch fortschreitende Spezialisierung der

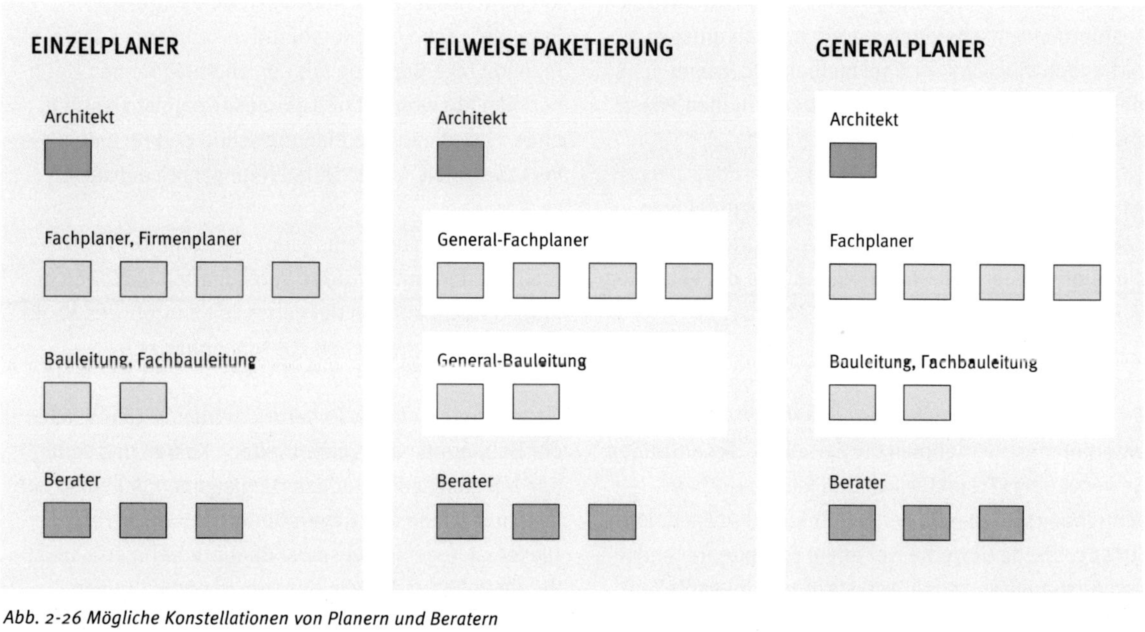

EINZELPLANER

Architekt

Fachplaner, Firmenplaner

Bauleitung, Fachbauleitung

Berater

TEILWEISE PAKETIERUNG

Architekt

General-Fachplaner

General-Bauleitung

Berater

GENERALPLANER

Architekt

Fachplaner

Bauleitung, Fachbauleitung

Berater

Abb. 2-26 Mögliche Konstellationen von Planern und Beratern

einzelnen Fachgebiete hat vor allem im Industrie- und Anlagenbau zunehmend zum Einsatz von Generalplanern geführt. Ihre Aufgaben umfassen die gesamten Planungsleistungen einschließlich der Architektur mit eigenen Mitarbeitern oder mit von ihnen beauftragten Subplanern. Sie sind damit der allein verantwortliche Ansprechpartner des Auftraggebers und übernehmen häufig auch die Projektsteuerung aufseiten der Auftragnehmer. Generalplaner sind meist Planungs-GmbHs von Architekturbüros, da sie häufig Teile der Leistungen ihrerseits wieder an freiberufliche Einzelplaner vergeben, diese aber intern koordinieren.

Problematisch bei der Generalplanerlösung ist häufig, dass hoch qualifizierte Spezialbüros sich nicht gerne in diese Organisation als Subunternehmer einbinden lassen, was besonders für renommierte Architekten gilt. Außerdem ist die Managementkompetenz häufig nicht so ausgeprägt, wie es erforderlich wäre, um der Optimierung der Prozesse und der Wirtschaftlichkeit den notwendigen Stellenwert einzuräumen.

Mögliche Organisationsformen der ausführenden Firmen
Die Organisation der bauausführenden Firmen kann sehr unterschiedlich gestaltet sein, je nach den Zielvorgaben des Bauherrn. Möchte dieser möglichst großen Einfluss auf die Ausführung nehmen und stufenweise Ausführungsentscheidungen treffen, dann muss er vertraglich möglichst flexibel bleiben und immer nur so viele Leistungen vergeben, wie in der aktuellen Phase erforderlich sind.

Will er dagegen vor allem einen Festpreis und garantierte Termine, so ist nur ein einziger Vertragspartner die Strategie der Wahl. Nachfolgend sind die einzelnen Möglichkeiten beschrieben (siehe Abb. 2–27):

Einzelunternehmer (Rohbaugewerk, Ausbaugewerke, Technikgewerke, Einrichtung, Freianlagen): Die Einzelunternehmer übernehmen die Erstellung der einzelnen Gewerke eines Projekts nach den Plänen und Ausschreibungsunterlagen der Architekten und Fachplaner. Für spezifische Gewerke (vor allem Fassade, Technik und Ausbaugewerke mit Werkstattfertigungsanteilen) stellen sie eigene Werkstatt- und Montagezeichnungen

her. Sie erhalten in der Regel eine Vergütung nach Einzelpositionen und Massenberechnungen unter Anwendung von Lohngleitklauseln. Alternativ sind Festpreisvereinbarungen empfehlenswert, da sie meist für einen geringen Aufpreis das Inflationsrisiko auf die Unternehmerseite verlagern.

Teil-Generalunternehmer: Bei sehr schwierigen und anspruchsvollen Bauaufgaben ist in letzter Zeit häufiger die Zusammenfassung von Gewerken mit vielen Schnittstellen und gegenseitigem Koordinierungsaufwand zu sogenannten Teil-GU oder Bauteil-GU angewendet worden (Paketvergabe).

Typische Beispiele sind die Technikgewerke „Heizung – Lüftung – Sanitär – Sprinkler – Gasversorgung" oder „abgehängte Decken – Trennwände – Schrankwände" im Bürohausbau. Diese Gewerke bilden dann eine Arbeitsgemeinschaft, die als Teil-GU für diese Gewerke den Gesamtauftrag erhält. Die Abwicklung ähnelt der Variante mit Einzelplanern und Einzelgewerken, da auch hier die Beteiligten gleichzeitig beauftragt werden müssen. Es kann daher mit der gleichen Effektivität und nur leicht eingeschränkter Flexibilität gearbeitet werden.

Ein weiteres Beispiel sind die Gewerke „Dach – Fassade". Bei dieser Kombination kann sehr schnell ein regendichtes Gebäude mit den entsprechenden Unternehmen abgestimmt und an diese vergeben werden, ohne dass die übrige Planung schon den für eine GU-Vergabe notwendigen Detaillierungsgrad aufweist.

In diesem Verfahren sind jedoch auch Risiken enthalten. So erfordern derartige Vergabearten aufseiten des Projektmanagements tief gehende Kenntnis des Marktes und der planerischen Zusammenhänge.

Generalunternehmer/General-Contractor: Der Wunsch der Bauherren nach „garantierten" Kosten und Terminen bei gleichzeitig reduziertem eigenem Aufwand hat zur Entwicklung des Generalunternehmers geführt. Dieser ist in der Regel selbst Bauunternehmer – meist für die Rohbauarbeiten –, während er die übrigen Leistungen an Nachunternehmer weitervergibt. Der

Generalunternehmer übernimmt die schlüsselfertige Erstellung des Bauwerks auf der Grundlage von Planunterlagen und einer Leistungsbeschreibung. Er trägt das in der Weitervergabe von Bauleistungen an Nachunternehmer liegende Preisrisiko und schließt mit dem Auftraggeber einen „GU-Vertrag" zum Festpreis und zu einem vereinbarten Termin ab.

Dabei werden allerdings häufig bestimmte Risiken ausgegrenzt oder nur zu überhöhten Preisen übernommen.

Beispiele hierzu sind:
− Baugrundrisiko: Tragfähigkeit, Wasserhaltung, verseuchter Untergrund, verseuchtes Grundwasser
− Risiken aus der Baugenehmigung; insbesondere Brandschutzauflagen, Auflagen der Gewerbeaufsichtsämter, die häufig im Ermessen dieser Behörden stehen und nicht von Beginn an überschaubar sind.

Der Generalunternehmer trägt nicht das Risiko für die Baugenehmigung, die Zwischenfinanzierung, die

Vermietung oder den Verkauf des Objekts. Für die Schnittstellen zur Planung und Bauvorbereitung gibt es verschiedene Möglichkeiten:

− Kompletter Planungsvorlauf mit Einzelleistungsverzeichnissen (HOAI Phase 1 bis 7): In diesem Fall wird die Planung bis zur Ausführungsplanung in allen Gewerken fertiggestellt und ganz normale Leistungsverzeichnisse werden für alle Gewerke erstellt. Der GU ist in diesem Fall nur als reines, ausführendes Unternehmen ohne Einflussnahme auf die Planung tätig.

− Reduzierter Planungsvorlauf mit Raum- und Baubuch: Als Ausschreibungsunterlagen liegen vom Architekten die Genehmigungs- und die Ausführungsplanung vor, die allerdings mehr als Systemplanung und Darstellung der maßgeblichen architektonischen Details zu verstehen ist. Hinzu kommen ein vollständiges Raumbuch sowie eine detaillierte Bau- und Qualitätsbeschreibung.

EINZELVERGABEN

Rohbau

Fassade   Dach

HLS   Elektro   Aufzüge   Steuerung

Boden   Wände   Decken   Restausbau

Außenanlagen

VERGABEPAKETE

Rohbau

Fassade   Dach

HLS   Elektro   Aufzüge   Steuerung

Boden   Wände   Decken   Restausbau

Außenanlagen

GENERALUNTERNEHMEN

Rohbau

Fassade   Dach

HLS   Elektro   Aufzüge   Steuerung

Boden   Wände   Decken   Restausbau

Außenanlagen

Abb. 2−27 Unterschiedliche Vergabestrategien bei der Bauausführung

Für die Tragwerksplanung und die technische Ausrüstung genügen die Vorplanung und Teile des Entwurfs, ergänzt durch entsprechende Bau- und Qualitätsbeschreibungen. Die übrigen Planungsleistungen werden vom GU erbracht und von den Architekten und Fachingenieuren freigegeben. Dies ist das übliche Verfahren für individuell geplante und architektonisch anspruchsvolle Gebäude.

– *Entwurf und Baubeschreibung für einfache Bauaufgaben:* Für einfachere Gebäude genügen ein qualifizierter Vorentwurf und eine Baubeschreibung nach Gewerken. Der GU hat in diesem Fall die meisten Optimierungsmöglichkeiten, was sich in einem günstigen Angebot, aber auch in einem ständigen Kampf um die gewünschte Qualität niederschlägt. Der GU wird in diesem Fall schon im Rahmen der durch den Architekten für den Auftraggeber (AG) zu erbringenden Genehmigungsplanung eingeschaltet. Die Architektenplanung übernimmt der GU ab der Ausführungsplanung, wobei dem Architekten vom AG meist eine künstlerische Oberleitung eingeräumt wird.

– *Angelsächsische Methode:* Der AG liefert eine vollständige Planung und Baubeschreibung mit den Ausschreibungsunterlagen. Diese Pläne und „specifications" enthalten zwar sehr detailliert alle Planungsangaben, es handelt sich jedoch nicht um eine durchgearbeitete und koordinierte Ausführungsplanung wie die der HOAI. Sie zeigt vielmehr nur das, was der AG später „sieht". Die genaue Art der Umsetzung ist Sache des General Contractors. Dieser hat demzufolge auch die Ausführungspläne sowohl für den Architekten als auch für die Tragwerksplanung und die technische Gebäudeausrüstung zu erstellen.

Hier liegt häufig auch eine Quelle des Missverständnisses zwischen deutschen Bauherren und englischen oder amerikanischen Architekten, da diese meist davon ausgehen, dass der Unternehmer diese Koordination wahrnimmt. Sie konzentrieren sich daher viel mehr auf die Darstellung der optischen Erscheinung des Gebäudes und der ihnen wichtigen Details. Wie diese zu realisieren sind, ist oft von untergeordneter Bedeutung – es muss eben gelöst

werden. Sie sind die „Designer" und werden so in der Regel auch eingesetzt. Arbeitet ein Bauherr nicht mit GU, wie z. B. häufig in Skandinavien, so übernimmt ein großes Ingenieurbüro die Ausführungsplanung im Sinne der HOAI.

– *Generalübernehmer – Bauträger:* Der Generalübernehmer oder Bauträger tritt schon zu Beginn der Planung in das Projekt ein. Er übernimmt die Planung und den Bau der Immobilie, die Finanzierung und die Vermietung oder den Verkauf. Er trägt das wirtschaftliche Risiko bis zur betriebsbereiten Übergabe an einen Investor, einschließlich Zwischenfinanzierung und Endfinanzierung. Typisch ist der Einsatz beim Erstellen von Eigentumswohnungen oder Bürobauten zur Vermietung.

2.4 Abwicklungsstrategie

2.4.1 Alternative Managementmodelle aufseiten des Auftraggebers

Generell kann der Bauherr alle Managementleistungen im eigenen Hause erbringen. Er kann sie aber auch ganz oder teilweise an professionelle Projektmanagement-Unternehmen vergeben. Ob und in welchem Umfang er das tut, hängt von der speziellen Situation des Bauherrn ab. Dazu gibt es zahllose Ansichten und theoretische Ausarbeitungen. Entscheidend ist, dass nach der praktischen Erfahrung und wissenschaftlichen Untersuchungen zufolge bei einer frühzeitigen Einschaltung von professionellen externen Projektmanagern ein Optimierungspotenzial von 10 bis 15 % der Bausumme oder mehr gehoben werden kann. Dies hängt von der Professionalität und Kompetenz des externen Projektmanagers sowie vom Umfang der übertragenen Verantwortung ab.

Im folgenden Kapitel sind praktikable Lösungen in Varianten beschrieben, wie sie sich aus über 35-jähriger Praxis des Verfassers darstellen. Die jeweiligen Vor- und Nachteile werden von den Bauherren in Abhängigkeit von ihren jeweiligen Prioritäten bei den einzelnen Varianten durchaus unterschiedlich gesehen.

Übersicht über mögliche Varianten

In der Praxis haben sich die dargestellten Varianten als gängig herausgestellt, wobei sich die Construction-Management-Varianten aus dem angelsächsischen Bauwesen entwickelt haben und international eingesetzt werden können (siehe Abb. 2–28).

Die dargestellten Varianten bauen sich stufenweise auf, wobei der Bauherr immer mehr Verantwortung an seinen externen Manager überträgt bis hin zu einer Komplettübernahme der Gesamtleistung. Entsprechend muss der Vertrauensfaktor mit der Zunahme der übertragenen Verantwortung ebenfalls zunehmen, wobei dann auch gewisse Kontrollmechanismen zu empfehlen sind.

Projekt-controlling	Projekt-steuerung	Projekt-management	Construction Management (CM)	General Construction Management	Baupartner-Management (CM at risk)
					Bauausführung mit Festpreis oder GMP
				Logistikplanung	Baulogistik
			Supervision	Objektüberwachung	Objektüberwachung
			Technisch-wirtschaftliches Controlling	Technisch-wirtschaftliches Controlling	Technisch-wirtschaftliches Controlling
			Value Engineering, Optimierung	Value Engineering, Optimierung	Value Engineering, Optimierung
		Vertrags-Controlling	Vertrags-Management	Vertrags- und Risiko-Management	Vertrags- und Risiko-Management
		Vergabe-Controlling	Vergabe-Management	Ausschreibung, Vergabe-Management	Ausschreibung, Vergabe
		Plankoordination	Planungsmanagement	Generalplanung (ggfs. inkl. Architekt)	Generalplanung inkl. Architekt
		PROJEKTLEITUNG AG	PROJEKTLEITUNG AG	PROJEKTLEITUNG AG	PROJEKTLEITUNG AG
		Projektkommunikation PKM	Projektkommunikation PKM	Projektkommunikation PKM	Projektkommunikation PKM
		Ablaufoptimierung und -simulation	Ablaufoptimierung und -simulation	Ablaufoptimierung und -simulation	Ablaufoptimierung und -simulation
	Projektorganisation	Projektorganisation	Projektorganisation	Projektorganisation	Projektorganisation
	Qualitäts-Controlling	Qualitäts-Management	Qualitäts-Management	Qualitäts-Management	Qualitäts-Management
Kosten-Controlling	Kosten-Steuerung	Kosten-Management	Kosten-Management	Kosten-Management	Kosten-Management
Termin-Controlling	Termin-Steuerung	Termin-Management	Termin-Management	Termin-Management	Termin-Management

ohne HOAI-Leistungen   mit HOAI-Leistungen

☐ Management-Grundleistungen   ☐ Management-Zusatzleistungen   ☐ Bauleistungen   ☐ HOAI-Leistungen

Abb. 2–28 Übersicht über Projektmanagement-Varianten

Projektcontrolling

Beim Einsatz eines Projektcontrollings ist der Bauherr selbst in der Leitungsfunktion und begleitet das Projekt sehr intensiv. Er holt sich professionelle Unterstützung für ein Controlling der Termine und Kosten – manchmal auch für Qualitäten (siehe Abb. 2–29).

Das Projektcontrolling befindet sich in einer Stabsfunktion zur Projektleitung des Bauherrn und arbeitet diesem zu, indem Kontrollberichte des tatsächlichen Verlaufs im Vergleich zu den Vorgaben der Projektleitung erstellt werden.

Die übrigen Projektbeteiligten befinden sich in einer Linienfunktion zum Bauherrn und sind von diesem direkt beauftragt. Die Beauftragung der Planung erfolgt nach oder in Anlehnung an die HOAI, je nachdem ob eine Vergabe der Bauleistungen an einen Generalunternehmer oder aber in Einzelgewerken geplant ist.

Dem Bauherrn muss bewusst sein, dass das Projektcontrolling keinerlei Steuerungsfunktion ausübt. Es zeigt lediglich erkennbare Abweichungen vom Soll auf, wobei es die Solldaten nicht selbst ermittelt hat.

Die Variante wird angewendet von professionellen Bauherren mit eigenem Know-how, z. B. eigener Bauabteilung oder bei sehr einfachen Projekten. Der Honoraraufwand ist relativ gering und bewegt sich üblicherweise im Bereich von ca. 0,7 bis 0,9 % der Planungs- und Baukosten, bei kleineren und/oder sehr komplizierten Projekten bis 2,0 %.

Projektsteuerung

Beim Einsatz einer Projektsteuerung möchte der Kunde professionelle Unterstützung in den Bereichen Organisation, Termine, Kosten und Qualitäten. Er möchte jedoch selbst in der Leitungsfunktion sein und begleitet das Projekt sehr intensiv (siehe Abb. 2–30).

Der Projektsteuerer befindet sich wie das Projektcontrolling in einer Stabsfunktion zur Projektleitung des Bauherrn. Allerdings liefert die Projektsteuerung nicht nur Kontrolldaten, sondern arbeitet für die Projektleitung Organisations-, Termin- und Kostenpläne aus und unterstützt die Projektleitung in einer Assistenzfunktion bei der Steuerung. Hinzu kommen natürlich dieselben Kontrollfunktionen wie beim Projektcontrolling.

Auch hier befinden sich die Projektbeteiligten in einer Linienfunktion zum Bauherrn, von dem sie direkt beauftragt wurden. Je nachdem, ob eine Vergabe der Bauleistungen an einen Generalunternehmer oder aber in Einzelgewerken geplant ist, erfolgt die Beauftragung der Planung nach bzw. in Anlehnung an die HOAI.

Die Projektsteuerung übt entgegen dem gewählten Begriff nur indirekt über die Projektleitung eine Steuerungsfunktion aus und zeigt nur die Abweichungen vom Soll auf. Allerdings ist diese Kontrollfunktion deutlich verbessert, weil die Solldaten entweder selbst ermittelt oder aber durch Kontrollberechnungen abgesichert werden.

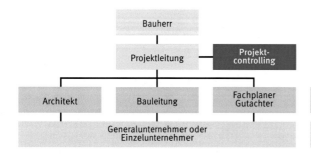

Abb. 2–29 Projektcontrolling

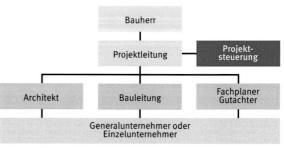

Abb. 2–30 Projektsteuerung

Die Variante wird angewendet von professionellen Bauherren mit eigenem Know-how, denen aber für besondere Projekte die Managementkapazität fehlt. Sie beauftragen die Projektsteuerung in der Regel zur aktiven Unterstützung ihrer Projektleitung. Der Honoraraufwand bewegt sich üblicherweise im Bereich von ca. 1,1 bis 1,5 % der Planungs- und Baukosten, bei kleineren und/oder sehr komplizierten Projekten auch bis 2,4 %.

Projektmanagement

Zusätzlich zu den Leistungen der Projektsteuerung übernimmt das Projektmanagement vom Bauherrn die Leitungsfunktion gegenüber den Projektbeteiligten. Der Bauherr überträgt in der Regel die sogenannten delegierbaren Bauherrenfunktionen. Meist handelt es sich bei dieser Variante um komplexere Projekte oder um Bauherren, die nicht über eigenes Management-Know-how oder über eigene Managementkapazitäten verfügen (siehe Abb. 2–31).

Im Gegensatz zur Projektsteuerung befindet sich der Projektmanager als „Geschäftsführer auf Zeit" in einer Linienfunktion mit direkter Weisungskompetenz im Auftrag des Bauherrn gegenüber den Planern und Ausführenden. Er nimmt Einfluss auf die richtige Projektorganisation, die Abwicklungsstrategie und die Prozesse bis hin zur Ablaufoptimierung und Ablaufsimulation (als Zusatzleistung). Ebenfalls als Zusatzleistung sorgt er für die reibungslose und effektive Projektkommunikation und berät den Bauherrn intensiv bei der Vertragsüberwachung.

Die übrigen Projektbeteiligten befinden sich auch hier wieder in einer Linienfunktion zum Bauherrn und sind von diesem direkt beauftragt. Die Beauftragung der Planung erfolgt nach oder in Anlehnung an die HOAI, je nachdem ob eine Vergabe der Bauleistungen an einen Generalunternehmer oder aber in Einzelgewerken geplant ist.

Das Projektmanagement übt eine direkte Steuerungsfunktion aus, zeigt die Abweichungen vom Soll und sorgt durch geeignete Gegenmaßnahmen für die Einhaltung der Meilensteine. Die Solldaten werden selbst ermittelt und zusätzlich durch Sensitivitätsanalysen abgesichert. Ein gutes Projektmanagement sorgt in der Regel für eine Punktlandung bei den vereinbarten Kosten- und Terminzielen sowie für eine weitgehende Einhaltung der Qualitäten. Nicht enthalten ist allerdings eine intensive Optimierung der Planungsinhalte an sich. Diese liegt im Wesentlichen bei den Architekten und Fachplanern.

Die Variante wird angewendet von Bauherren ohne eigenes Management-Know-how. Diese beauftragen das Projektmanagement, um die Projektleitung an professionelle Manager abgeben zu können. Der Honoraraufwand bewegt sich üblicherweise im Bereich von ca. 1,6 bis 2,1 % der Planungs- und Baukosten, bei kleineren und/oder sehr komplizierten Projekten auch bis 3,0 %.

Construction Management (CM)

Beim Construction Management wird aufbauend auf den beschriebenen Leistungen des Projektmanagers zum frühestmöglichen Zeitpunkt ausführungsbasiertes Wissen in das Projekt implementiert. Somit wird zusätzlich zu den üblichen delegierbaren Bauherrenfunktionen auch in weiten Teilen eine originäre Komponente übertragen. Der Bauherr gibt nur noch die generelle Linie vor, und der Construction Manager setzt diese dank seiner Planungskompetenz und seiner Managementerfahrung in die planerische Lösung um (siehe Abb. 2–32).

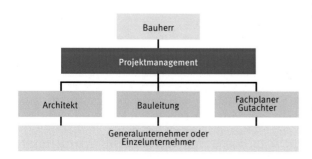

Abb. 2–31 Projektmanagement

Der Construction Manager ist wie der Projektmanager in Linienfunktion zu den Projektbeteiligten. Er hat aber ein Mitspracherecht bei der Auswahl der Projektbeteiligten, welche mit Fokus auf den Bearbeitungsprozess ausgewählt werden. Alle Planungs- und Ausführungsaufträge werden unter Mitwirkung und Vorbereitung durch den Construction Manager direkt mit dem Bauherrn/Kunden abgeschlossen. Aufgrund der Managementkompetenz kommen bei der Variante „Construction Management" Einzelplaner und Einzelunternehmer oder Paketaufträge zum Einsatz.

Der Construction Manager optimiert in der „Pre Construction Phase" zunächst die Planungsabläufe und Planungsinhalte mittels seiner Kompetenz und Erfahrung. Er selbst erbringt keine Planungsleistungen nach HOAI, sodass nicht der oft zitierte „Interessenkonflikt" entstehen kann. Der Construction Manager stellt bereits im Planungsprozess sicher, dass die architektonischen und technischen Lösungen praktikabel und wirtschaftlich ausführbar sind. Durch Value Engineering wird immer wieder die Zieldefinition des Projektes mit dem Planungsstand abgeglichen, wobei sowohl die Investitionskosten als auch die später anfallenden Betriebskosten (Life Cycle Costs) berücksichtigt werden. Deshalb sind im Construction Management auch eine professionelle Plankoordination mittels Planungsmanagement und die inhaltliche Planprüfung entscheidend.

In der „Construction Phase" liegt der Schwerpunkt auf der Optimierung der Bauabläufe mittels „Lean Construction Management", eines Baustellenleitplans sowie einer Überprüfung der Machbarkeit über Bauablaufsimulationen. Um gezielt die immer wiederkehrenden Konflikte von Planung und Bau im Griff zu behalten, wird begleitend ein Risikomanagement aufgesetzt. Dadurch werden sowohl Prozess- wie auch Planungs- und Baurisiken transparent und können verhindert oder minimiert werden. Ein zusätzlich zu beauftragendes Anti-Claim-Management wird durch das Construction Management präventiv vermieden oder professionell integriert.

Die Variante wird angewendet von Bauherren ohne eigenes Management-Know-how, die aber vom Projektmanagement auch eine intensive fachliche Beratung und Optimierung ihres Projektes erwarten. Das Construction Management beinhaltet für sie deshalb eine starke inhaltliche Komponente, weshalb sie auch sehr erfahrene Manager mit Planungs- und Ausführungserfahrung erwarten. Entsprechend bewegt sich der Honoraraufwand üblicherweise im Bereich von ca. 2,2 % bis 3,0 % der Planungs- und Baukosten, bei kleineren und/oder sehr komplizierten Projekten bis 3,9 %.

General Construction Management
Der GCM erbringt zusätzlich zu den CM-Leistungen auch Planungsleistungen, vor allem die konzeptionellen Planungsleistungen (siehe Abb. 2–33).

Zunehmend gibt es Bauherren, die nur einen Ansprechpartner haben wollen, der sie durch alle Leistungsphasen begleitet. Sie sehen im „One Stop Shopping"-

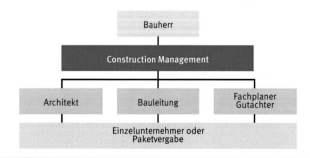

Abb. 2–32 Construction Management (CM)

Abb. 2–33 General Construction Management

Prinzip keine Interessenkonflikte, sondern die Vorteile einer eindeutigen Verantwortung und die Vermeidung von Schnittstellen. Genau diese Anforderungen erfüllt das General Construction Management durch die frühzeitige Einbindung aller Fachplaner und eventuell auch des Architekten. Das General Construction Management erbringt die kompletten Generalfachplanleistungen vom Konzept bis zur Ausführungsplanung selbst oder durch Kooperationspartner in seiner Verantwortung. Diese Management-Variante erfordert ein enges Vertrauensverhältnis zwischen Bauherr und Construction Manager. Man muss sich kennen und schätzen!

Der General Construction Manager steht sowohl in der Vertragsbeziehung wie auch organisatorisch in Linienfunktion zwischen dem Bauherrn und den Planungsbeteiligten. Dabei kann der Architekt entweder direkt vom General Construction Management oder aber vom Bauherrn beauftragt werden. In jedem Fall muss dem General Construction Management ein Weisungsrecht gegenüber dem Architekten eingeräumt werden, wenn er seine Aufgabe optimal erfüllen soll. Die Auswahl der Fachplaner erfolgt in Abstimmung mit dem Bauherrn durch den General Construction Manager.

Der General Construction Manager koordiniert und optimiert die Planungsleistungen durch direkte Zusammenarbeit mit dem Architekten und Fachplanern sowie unter Einbeziehung der wesentlichen ausführenden Firmen zu einem frühen Zeitpunkt. Dadurch wird deren Know-how lange vor Ausführungsbeginn mit in die Planung einbezogen. Dies erfordert allerdings eine von den üblichen HOAI-Phasen abweichende Abwicklungsstrategie und ein stufenweises Angebots- und Vergabeverfahren, bei dem sorgfältig ausgewählte und bekannte Unternehmen zunächst Angebote auf der Basis einer Vorplanung mit Anforderungsbeschreibung abgeben. Nach der Planungsoptimierung werden die Angebote konkretisiert und detailliert. Nach intensiver Prüfung durch das General Construction Management werden die Aufträge in transparenter Abstimmung mit dem Bauherrn vergeben.

In der „Construction Phase" liegt der Schwerpunkt auch auf der Optimierung der Bauabläufe mittels „Lean Construction Management", eines Baustellenleitplans sowie einer Überprüfung der Machbarkeit über Bauablaufsimulationen. Hinzu kommt eine komplette Logistikplanung in Zusammenarbeit mit den ausführenden Unternehmen. Die Objektüberwachung erfolgt in Form einer „Generalbauleitung mit Managementkompetenz", in der Bauleiter und Projektmanager direkt vor Ort zusammenarbeiten.

Die Gründe für die Beauftragung des General Construction Managements sind im Prinzip dieselben wie beim Construction Management. Die inhaltliche Komponente wird aber noch verstärkt durch die direkte Übernahme der Verantwortung für die Planung inkl. der Ausführungsplanung des Architekten. Angewendet wird diese Variante vorzugsweise im Industriebau, vor allem aber auch beim „nachhaltigen Bauen" als Alternative zum Generalplaner, bei dem häufig die Managementkompetenz und das Value Engineering zu kurz kommen.

Der Honoraraufwand (ohne Planungskosten) bewegt sich wegen der Verantwortung für die Planung im Bereich von ca. 3,1 % bis 4,0 % der Planungs- und Baukosten, bei kleineren und/oder sehr komplizierten Projekten bis 5,4 %. Es wird ein Gesamtangebot inkl. Generalfachplanung und der Objektplanung vorgelegt.

Bei dieser Variante werden häufig neben dem üblichen Honorar auch zusätzliche Prämien über Bonusregelungen vereinbart, die ganz oder teilweise je nach dem Grad der Zielerreichung vereinbarter Kriterien (Termine, Kosten, Qualität) ausbezahlt werden. Diese Bonusregelungen sind allerdings kritisch zu sehen, da sie häufig zu einer Belastung des erforderlichen Vertrauensverhältnisses von Bauherrn und Construction Manager führen (z. B. bei Einsparungsvorschlägen aller Art, die den Bonus erhöhen würden, aber vom Bauherrn nicht gewünscht werden).

Baupartner-Management

Beim Baupartner-Management wird das General Construction Management durch die Übernahme der Bauausführung mit ausgewählten Unternehmen, den Baupartnern, ergänzt. Im Unterschied zu einer General- oder Totalunternehmerlösung werden die Einzelunternehmen als Partner zu einem sehr frühen Zeitpunkt in die Planung und Vorbereitung einbezogen. Der Bauherr erhält eine größtmögliche Kosten- und Terminsicherheit von mittelständischen Unternehmen, welche die Bauleistungen im eigenen Hause erbringen und auch nach Inbetriebnahme noch zur Verfügung stehen.

Für das Baupartner-Management werden in der Regel bei großen Projektmanagementunternehmen eigene Gesellschaften gegründet, die sich ausschließlich auf diese Managementvariante spezialisiert haben. (Bei der Drees & Sommer AG ist das beispielsweise die Building Agency.) Die Baupartner werden vom Baupartner-Management in einer Projektgesellschaft zusammengefasst, für die sie dann sowohl gegenseitig als auch gesamtschuldnerisch gegenüber dem Bauherrn haften. Das Baupartner-Management übernimmt die Geschäftsführung der Projektgesellschaft, welche sämtliche Planungs- und Bauaufträge in ihrem Namen vergibt. In der Regel werden ca. 80 % des Auftragsvolumens über die Gesellschafter der Projektgesellschaft abgewickelt, der Rest wird an sonstige Subunternehmer vergeben (siehe Abb. 2–34).

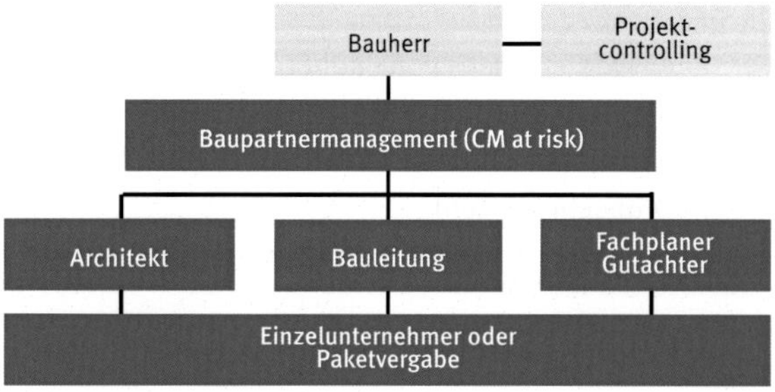

Die Grundidee ist ähnlich wie bei einem Construction Management at Risk, wird aber in entscheidenden Details doch anders abgewickelt, beispielsweise durch die Baupartnerschaft und eine weitere Unterteilung der „Pre-Construction-Phase". Die ausführenden Unternehmer werden wie beim General Construction Management in die Entwurfsphase integriert und erarbeiten unter einer vorgegebenen Kosten- und Termingrenze ein Festpreisangebot, welches die qualitativen und quantitativen Vorgaben des Kunden erfüllen muss. An dieser Stelle kann der Bauherr vom Projekt zurücktreten, falls seine Vorstellungen nicht erfüllt werden können. Er bezahlt in diesem Falle ein vereinbartes Honorar für erbrachte Leistungen. Wird das Festpreisangebot akzeptiert, beginnt die Optimierung der Ausführungsplanung, der Logistik und der Prozesse für die Bauausführung in einem integrierten Planungsprozess. Mögliche Synergien werden analysiert und Schnittstellen zwischen den Baupartnern reduziert und vereinfacht. So können beispielsweise die baulogistischen Prozesse bereits frühzeitig koordiniert werden. Der Bauherr bekommt eine Komplettleistung aus einer Hand und kann sicher sein, dass alle auftretenden Konflikte innerhalb der Baupartnerschaft gelöst werden.

Diese Variante wird in der Regel nur solventen, vertrauenswürdigen Kunden angeboten. Der Aufwand für Management und Risikoabdeckung liegt zwischen 6,0 % und 8,0 % der Planungs- und Baukosten, bei kleineren und/oder sehr komplizierten Projekten bis 10 %. Er ist im Festpreisangebot enthalten.

Die Variante GMP (Garantierter Maximalpreis) hat sich aus ähnlichen Gründen wie die Bonusregelung beim General Construction Management nicht bewährt. Eine klare Festpreisregelung ist eindeutig vorzuziehen. Allerdings ist zu empfehlen, dass der Bauherr sich bei dieser Variante ein eigenes, vom Baupartner-Management unabhängiges Projektcontrolling einrichtet.

Abb. 2–34 Baupartner-Management (CM at Risk)

Vergleichende Betrachtung

Alle Varianten haben Vor- und Nachteile. Je mehr Know-how eingekauft und Verantwortung abgegeben wird, umso größer wird die mögliche Hebelwirkung zugunsten des Auftraggebers, aber auch das Risiko, dass das Ergebnis bei wenig kompetenten oder gar windigen Partnern nicht den Erwartungen entspricht. Außerdem steigt natürlich der Umfang des aufzuwendenden Honorars mit dem Umfang der delegierten Aufgaben und Risiken (siehe Abb. 2–35).

Für die ersten vier Varianten (ohne HOAI- und Bauausführungsleistungen) spricht, dass nur delegierbare und originäre „Bauherrenaufgaben" an ein Managementunternehmen weitergegeben werden.

Die Einsatzbereiche sind:
- *Projektcontrolling:* sehr professionelle Bauherren mit eigenem Know-how, z. B. eigener Bauabteilung, oder bei sehr einfachen Projekten.
- *Projektsteuerung:* professionelle Bauherren mit eigenem Know-how, denen aber für besondere Projekte die Managementkapazität fehlt. Sie beauftragen die Projektsteuerung in der Regel zur aktiven Unterstützung ihrer Projektleitung.
- *Projektmanagement:* Bauherren ohne eigenes Management-Know-how. Diese beauftragen das Projektmanagement, um die Projektleitung an

professionelle Manager abgeben zu können.
- *Construction Management:* Bauherren ohne eigenes Management-Know-how, die zusätzlich eine intensive fachliche Beratung und Optimierung ihres Projektes erwarten.

Der Honoraraufwand liegt zwischen 0,7 und knapp 4,0 %. Die letzten beiden Varianten haben das größte Optimierungspotenzial in inhaltlicher, wirtschaftlicher und ablauftechnischer Hinsicht. Sie sollten aber nur mit hoch professionellen und vertrauenswürdigen (Referenzen!) Partnern gewagt werden. Sie eignen sich besonders, wenn ein Projekt von Beginn an betreut wird und der Schwerpunkt auf einer integrierten Planung liegt, wie es beim „nachhaltigen Bauen" (Green Building) der Fall sein muss.

Die Einsatzbereiche sind:
- *General Construction Management:* vorzugsweise der Industriebau, vor allem beim „nachhaltigen Bauen" als Alternative zum Generalplaner.
- *Baupartner-Management:* in der Regel solvente Kunden mit hoher Kooperationsbereitschaft, zu denen ein langjähriges Vertrauensverhältnis besteht.

Der Honoraraufwand für diese Varianten liegt erfahrungsgemäß zwischen 3 und knapp 10 % je nach Projektgröße und Schwierigkeitsgrad.

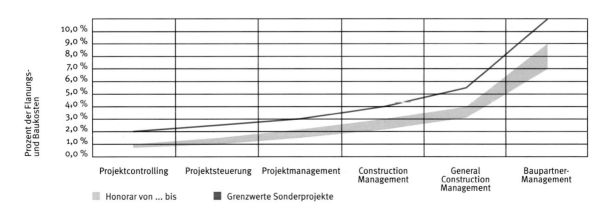

Abb. 2–35 Honorarbandbreite der Managementvarianten

2.4.2 Alternative Abwicklungsstrategien mit Planern und ausführenden Firmen

Schon viele Bauherren haben erleben müssen, dass die Vielzahl von Projektbeteiligten ohne die Koordination durch einen starken und erfahrenen Partner zu vielen Nachteilen und Ärgernissen führt.

Aus diesem Grunde zeichnen sich immer mehr Tendenzen zu einer Generalisierung in unterschiedlichen Bereichen ab mit dem Ziel, durch eine solche Generalisierung eine bessere Steuerung und Kontrolle des Bauprojektes zu erreichen. Dies gilt für ein „General Management" beim Bauherrn ebenso wie für den „Generalplaner", den „Generalunternehmer" oder den „Generalübernehmer". Von speziellen Sonderfällen abgesehen, laufen alle Hochbauprojekte mehr oder weniger nach einem bestimmten Schema ab, wobei die Projektdauer je nach Bauherr, Organisation und Abhängigkeit von Genehmigungsverfahren in weiten Grenzen schwanken kann.

Die größten Abweichungen von einem solchen Ablauf treten in der Regel durch unterschiedliche Konstellationen im Zusammenspiel des Dreiecks „Bauherr – Planer – Bauunternehmer" auf, die dem Projektmanager geläufig sein müssen.

Bauen mit Einzelunternehmern

Die traditionelle Art der Bauausführung ist die Organisation mittels Einzelplanern und Einzelunternehmern. Der größte Vorteil ist dabei zweifelsfrei, dass man sowohl

für die Planung als auch für alle Einzelgewerke die nach Preis, Qualität und Leistungsfähigkeit jeweils beste Firma aussuchen und verpflichten kann. Ein weiterer Vorteil ist die große Flexibilität. So können Planungsänderungen sehr viel besser aufgefangen werden als bei einem Generalvertrag, weil die Leistungen erst mit dem Planungs- und Baufortschritt abgerufen werden (siehe Abb. 2–36).

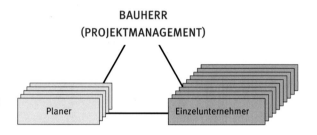

Abb. 2–36 Organisation mit Einzelplanern und Einzelunternehmen

Die gesamte Koordination liegt hier allerdings beim Bauherrn. Schaltet dieser für die Koordination ein Projektmanagement ein, so ist die maximale Leistungspalette gefragt, was für den Projektmanager den größten Aufwand bedeutet. Gleichzeitig ist dies jedoch die ideale Konstellation für ein professionelles Projektmanagement, weil hier die umfangreichsten Einflussmöglichkeiten gegeben sind. Für den Bauherrn schlägt sich dies in optimierter Wirtschaftlichkeit, Funktionalität, Qualität und Gestaltung nieder.

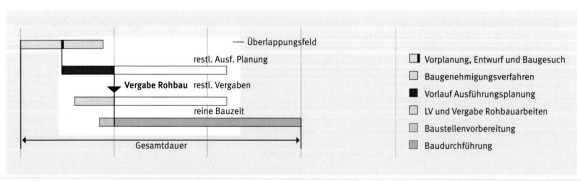

Abb. 2–37 Konventioneller Ablauf mit überlappender Planung und Bauausführung

Der Ablauf ist geprägt durch eine starke Überlappung von Planung und Bauausführung. Diese Überlappung eröffnet einerseits die Möglichkeit des Einsatzes aktueller Technik und Bauverfahren, birgt aber auch das Risiko von kostentreibenden Planungsänderungen in sich. Versteht ein professionelles Projektmanagement damit umzugehen, so ist mit diesem Verfahren durch die große Überlappungsmöglichkeit von Planung und Ausführung vor allem bei schwierigen Projekten sicherlich die kürzeste Projektdauer mit der höchsten Qualität zu erreichen (siehe Abb. 2–37).

Bauen mit Paketvergaben (Teil-GU)

Das Bauen mit Paketvergaben hat für das Projektmanagement bei größeren und komplizierteren Bauvorhaben etliche Vorteile. So kann das Know-how spezialisierter Firmen sehr früh in die Projektabwicklung einbezogen werden, was in aller Regel zu deutlichen Kosteneinsparungen bei gleichzeitiger Qualitätsverbesserung führt (siehe Abb. 2–38).

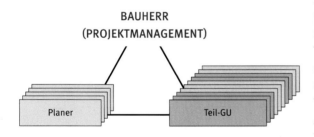

Abb. 2–38 Organisation mit Einzelplanern und Paketvergaben

Das Projektmanagement muss sich nicht um die Koordinationsaufgaben innerhalb der Teil-GU-Gewerke kümmern und sich dadurch eingehender der Optimierung der Funktion, Wirtschaftlichkeit und Qualität des Bauvorhabens widmen. Bei dieser Gelegenheit können meist auch die Terminabläufe sowie die Logistik auf der Baustelle durch weitergehende Vorfertigung verbessert werden.

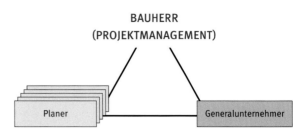

Abb. 2–39 Organisation mit Einzelplanern und Generalunternehmer

Bauen mit Generalunternehmer (GU) = Schlüsselfertigbau

Eine Projektabwicklung in dieser Konstellation erspart dem Bauherrn/Projektmanagement Koordinationsaufgaben auf der Baustelle, erfordert aber einen hohen Koordinationsaufwand in der Vorbereitungsphase. Auf die Garantien des GU ist nur dann Verlass, wenn eine ausgereifte und koordinierte Planung mindestens bis zum Baugesuch vorliegt (siehe Abb. 2–39).

Bei dieser Variante übernimmt der GU häufig die Einzelplaner auch für die Ausführungsplanung. Dem Projektmanagement kommt die Aufgabe des Controllers und Treuhänders des Bauherrn zu. Er muss die Qualität und die Zahlungspläne überwachen, Nachträge verfolgen und überprüfen und dafür auch einen vereinbarten Terminplan mit Kontrolldaten im Auge behalten. Der Aufwand ist einerseits geringer, weil die detaillierte Terminabstimmung mit den Subunternehmern sowie die Überwachung der Einzelrechnungen entfallen. Andererseits wird die Überwachungstätigkeit brisanter, da es meist um höhere Nachträge aufgrund von Planungsänderungen oder -vertiefungen geht, die jeder GU zum Anlass nimmt, seinen Pauschal-Festpreis kräftig aufzubessern – ob das nun gerechtfertigt ist oder nicht. Zur Abwehr von ungerechtfertigten Nachträgen muss der Projektmanager tief in die Materie einsteigen, sowohl, was die Kosten, als auch, was den Terminablauf anbetrifft.

Per Saldo ist der Aufwand in der Vorbereitung und Bauausführung vielleicht um 15 bis 20 % geringer (volle Leistungserfüllung vorausgesetzt), dafür hat der Bauherr eine Termin- und Kostengarantie sowie die Sicherheit,

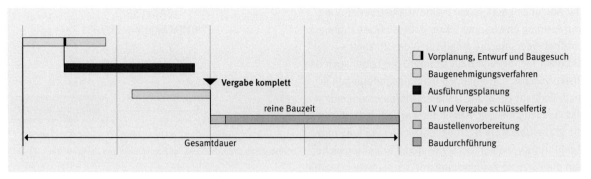

Abb. 2–40 Projektdauer bei GU auf Basis von Ausführungsplänen

dass diese durch den Einsatz des Projektmanagements auch zum Tragen kommt. Diese Sicherheit kostet dann auch mehr als eine Abwicklung mit Einzelvergaben.

Beim Bauen mit Generalunternehmern gibt es wieder unterschiedliche Varianten, was den Zeitpunkt der Einschaltung und den vorliegenden Planungsstand betrifft. Im Prinzip kann man drei Varianten unterscheiden:

a) GU auf Basis Ausführungsplanung:
Bei dieser Variante wird vorausgesetzt, dass die Ausführungszeichnungen im Maßstab M 1:50 im Wesentlichen vorliegen und alle Leistungen qualitativ und quantitativ exakt definiert sind (amerikanische Methode). Vorteile sind die klaren Kalkulationsunterlagen und die gute Vergleichbarkeit, verbunden mit einer großen Kostensicherheit, wenn keine nachträglichen Änderungen auftreten.

Nachteilig sind die kaum vorhandenen Rationalisierungsmöglichkeiten des Generalunternehmers und die – aufgrund der fehlenden Überlappung von Planung und Ausführung – im Vergleich zur konventionellen Abwicklung sehr lange Projektdauer (ca. zwölf Monate länger). Da der GU dennoch einen Zuschlag für die Kosten- und Termingarantie kalkulieren muss, könnte man genauso gut oder besser Einzelvergaben durchführen (siehe Abb. 2–40).

Insgesamt ist diese Methode für eine Abwicklung mit GU wenig geeignet, da sie ihm kaum Spielraum lässt. Dieser Spielraum kann aber nur geschaffen werden, wenn man auf einen weniger detaillierten Planungsstand zurückgeht.

b) GU auf Basis Entwurf mit Raum- und Baubuch:
Die Basis der Planung M 1:100 (Entwurf) ist in Verbin-

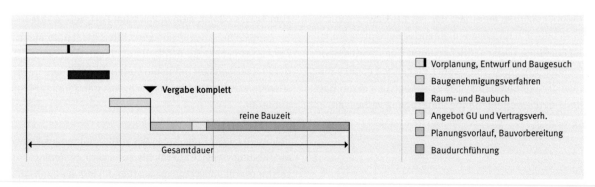

Abb. 2–41 Projektdauer bei GU auf Basis Entwurf mit Raum- und Baubuch

dung mit einer grundsätzlichen Beschreibung in Form eines Raum- und Baubuches grundsätzlich geeignet, sowohl den Rationalisierungsspielraum des GU zu erhöhen als auch die Belange des Bauherrn ausreichend abzusichern.

Dabei kommt es entscheidend auf die Qualität der Entwurfsplanung an, die als Konstruktionsplanung grundsätzlich durchgearbeitet und exakt im Raum- und Baubuch beschrieben sein muss (siehe hierzu spätere Ausführungen).

Die Projektdauer ist bei diesem Verfahren durch die frühe Vergabe an den GU und seine Möglichkeiten zur Rationalisierung des Ablaufs in etwa gleich wie beim konventionellen Ablauf mit dem Vorteil der Termin- und Kostengarantie. Allerdings wirken sich nachträgliche Änderungen bei komplexen Projekten gravierender aus als bei der Variante GU1, da die Basis der Kostenermittlung nur prinzipiell und nicht detailliert beschrieben ist. Für normale Projekte ist dies jedoch ein geeignetes Verfahren (siehe Abb. 2–41).

c) GU auf Basis Raum- und Funktionsprogramm:
Stehen bei einem Investorenprojekt die möglichst kostengünstige Erstellung eines Gebäudes (ohne allzu große Anforderungen an Langzeitqualität) und niedrige Investitionskosten im Vordergrund, dann ist es vorteilhaft, den Vergabezeitpunkt noch weiter nach vorne zu verlegen.

In diesem Falle kann der GU eigene Bauverfahren schon in der Vorplanung berücksichtigen, da er keine Pläne,

sondern nur ein Raum- und Funktionsprogramm als Grundlage für sein Angebot erhält. Meist errechnet sich aus einer erreichbaren Miete die maximal mögliche Investition, die freihändig ausgehandelt wird. Bei diesem Verfahren eignet sich auch eine Art einfacher kombinierter Planungs- und Realisierungswettbewerb, der jedoch an das Projektmanagement des Bauherrn hohe Anforderungen bezüglich der Bewertung stellt.

Die Projektdauer ist bei diesem Verfahren relativ kurz, allerdings hat der Bauherr nach der Vergabe praktisch keinerlei Einflussmöglichkeiten mehr, wenn er die gewonnenen Vorteile nicht verlieren will (siehe Abb. 2–42).

Generalübernehmer
Ein Generalübernehmer reduziert die Aufgaben des Bauherrn auf ein reines Controlling der vereinbarten Vertragsinhalte und des Zahlungsplans. Die Koordination findet nur noch direkt zwischen dem Bauherrn und dem Generalübernehmer statt. Da dieser auch die Architekten als Auftragnehmer auf seiner Seite hat, ist nach Festsetzen der Grundlagen keine große Einflussnahme oder Optimierung mehr möglich. Diese Variante wird im Wesentlichen bei reinen Investorenprojekten angewendet, die über geschlossene Immobilienfonds auf den Markt gebracht werden. Die Bauherren sind außer durch die Zahlung der Kaufraten nicht direkt in den Projektablauf involviert, wodurch dessen Überwachung auf die Übereinstimmung mit dem Baufortschritt und die ständige Überprüfung der Qualitäten umso wichtiger werden. Im Regelfall ist dann ein Generalunternehmer nachgeschaltet.

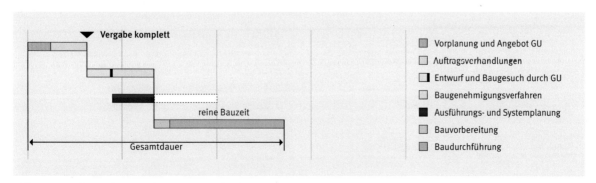

Abb. 2–42 Projektdauer bei GU auf Basis Raum- und Funktionsprogramm

2.5 Vertrags- und Risikomanagement

Verträge und Risiken sind eng verbunden. Deshalb müssen diese Themen in der Vorbereitungsphase sauber durchdacht und geregelt werden.

2.5.1 Vorbereiten Vertragsmanagement

Wesentliche Voraussetzung für einen funktionierenden Projektablauf ist ein klares und inhaltlich synchronisiertes Vertragskonzept für Planung und Bauausführung (siehe Abb. 2–43).

Gerade bei Großbauten mit ihrer Vielzahl von verschiedenen Faktoren ist es unerlässlich, die möglichen Folgen von Vertragsänderungen für die Investitionskosten zu kennen.

In den Verträgen muss daher neben der Vereinbarung der Grundleistungen ein durchdachtes System für die Vergütung von Zusatzleistungen oder veränderten Leistungen enthalten sein. So wird vermieden, dass einzelne Auftragnehmer aufgrund von Änderungen und Zeitnot plötzlich nahezu beliebige Preiskorrekturen nach oben vornehmen können. Im Sinne einer harmonischen Zusammenarbeit sollten auch gewisse „Spielregeln" für eine partnerschaftlich-kooperative Vertragsabwicklung vereinbart werden.

Planungsverträge

Als Grundlage für die Verträge mit Planern und Beratern gilt die HOAI = Honorarordnung für Architekten und Ingenieure. Die HOAI hat Verordnungscharakter und wird im Bundesgesetzblatt veröffentlicht. Die Grundleistungen sind detailliert aufgeführt, inklusive der einzelnen Honorarprozente und Honorartafeln, die über die HOAI zwingendes Preisrecht darstellen (siehe Abb. 2–44).

Vertragsanalyse / Vertragsdesign

Analyse der projektspezifischen Erfordernisse inkl. Ermittlung von Vergütungen. Ausarbeiten von Vertragsentwürfen und Mitwirken bei Verhandlungen

Datenbank der Vertragsinhalte

Organisation der vertraglichen Vereinbarungen (Vertragsbedingungen, Leistungsbeschreibung, Vergütungsvereinbarungen)

Vertragsterminpläne

Zeitliche Definition der Reihenfolge der Vertragsleistungen und der erforderlichen End- und Zwischentermine

Dokumentation der Vertragsleistungen

Laufende Dokumentation der erbrachten Vertragsleistungen und Änderungsvereinbarungen in Bezug auf Leistungserbringung, Vergütung und Termine

Abwicklung von Nachforderungen

Bearbeitung und Abwehr von Nachforderungen der Auftragnehmer, insbesondere bei gezielten „Claim-Management"-Einsätzen

Abb. 2–43 Ablauf Vertragsmanagement

HOAI TEIL 1: ALLGEMEINE VORSCHRIFTEN

§ 01 Anwendungsbereich

§ 02 Begriffsbestimmungen

§ 03 Leistungen und Leistungsbilder

§ 04 Anrechenbare Kosten

§ 05 Honorarzonen

§ 06 Grundlagen des Honorars

§ 07 Honorarvereinbarung

§ 08 Berechnung des Honorars in besonderen Fällen

§ 09 Berechnung des Honorars
   bei Beauftragung von Einzelfällen

§ 10 Berechnung des Honorars
   bei vertraglichen Änderungen des Leistungsumfangs

§ 11 Auftrag für mehrere Objekte

§ 12 Instandsetzungen und Instandhaltungen

§ 13 Interpolation

§ 14 Nebenkosten

§ 15 Zahlungen

§ 16 Umsatzsteuer

Abb. 2–44 HOAI-Gliederung Teil 1 – allgemeine Vorschriften

Allgemeine Vertragsbedingungen bei Planungsverträgen:
Ebenso wichtig wie die korrekten Leistungsbilder sind
faire und angemessene Vertragsbedingungen, die in
der HOAI nicht geregelt sind. Sie sollten einheitlich für
alle Beteiligten erstellt werden, wobei in verschiedenen
Paragrafen eine Abstufung nach Umfang und Einfluss
der einzelnen Leistungen vorgenommen werden sollte.
Diese Abstufungen werden sich insbesondere auf die
Haftung und Gewährleistung beziehen, aber auch auf
die Vereinbarungen zur Vergütung. Auch hier sollte man
sich davor hüten, durch das Zusammenschreiben möglichst vieler Vertragsbedingungen aus allerlei guten und
schlechten Verträgen ein riesiges Werk zu schaffen, bei
dem sich die einzelnen Festlegungen laufend widersprechen. Grundsätzlich muss bei allen Vertragsbedingungen das AGB-Gesetz berücksichtigt werden.

Von besonderer Bedeutung bei der Abfassung von
Planungsverträgen sind entsprechende Terminverein-
barungen. Die Fristen sollten insbesondere für die
ersten Phasen des Projekts nicht zu knapp gewählt
werden, um die Kreativität der Beteiligten voll aus-
schöpfen zu können (siehe Abb. 2–45).

Neben juristisch relevanten Einzelfristen sollten in
regelmäßigen Abständen Phasengespräche vereinbart werden, in denen eine Überprüfung der Planung
hinsichtlich des Erfüllungsgrades (Soll-Ist-Vergleich)
erfolgt. Die Dokumentation der Gesprächsergebnisse ist
wichtig, da sie als Bestätigung bzw. Fortschreibung
der gemeinsamen Geschäftsgrundlage anzusehen ist.

Insgesamt kann man festhalten, dass das Vertragswerk
so kurz wie möglich und so ausführlich wie nötig erstellt
werden muss. Bei sehr großen Projekten kann die
Einschaltung eines kundigen Rechtsanwalts zu diesem
Thema hilfreich sein. In der Regel ist dann allerdings die
Forderung nach einem möglichst kurzen Vertragswerk
nur noch schwierig zu erfüllen.

Ganz wesentlich ist, dass vertraglich klare Verhältnisse
geschaffen werden, die eine gesicherte Leistungserbringung ermöglichen und spätere Honorarstreitig-
keiten vermeiden. Derartige Differenzen führen stets zu
einer Minderung der Leistung. Diese angesprochenen
klaren Verhältnisse, möglichst sofort von Beginn der
Leistung an, verbessern die Zusammenarbeit zwischen
dem Bauherrn und den beauftragten Planern und
Beratern ganz erheblich und vermeiden auch hier
unnötige Reibungsverluste. Mit überzogenen Vertragsbedingungen lässt sich trotz aller Sorgfalt bei der
Vereinbarung der Projektziele eine optimale Leistungserbringung nicht erzwingen.

Bauleistungsverträge

Im Prinzip gelten für die Bauverträge die gleichen
Grundanforderungen wie für die Planungsverträge.
Auch hier sind zur Vermeidung von unnötigen Streitig-
keiten Klarheit und Eindeutigkeit das oberste Gebot.
Jede Verletzung dieses Prinzips führt in der Regel
zum Streit und im schlimmsten Fall zu langwierigen
Gerichtsprozessen, die häufig in unbefriedigenden
Vergleichen enden.

Abb. 2–45 Laufender Soll-Ist-Vergleich Inhalte, Termine und Fristen

Vorsicht gilt bei unklaren und somit interpretierbaren Formulierungen in den Verdingungsunterlagen sowie zweifelhaften Pauschalpreisvereinbarungen. Auf diese Weise wird häufig versucht, insbesondere im Bereich der privaten Auftraggeber, die Risiken aus einer nicht ausgereiften Planung einseitig auf den Auftragnehmer abzuwälzen.

Umgekehrt nutzt in vielen Fällen der Auftragnehmer jede sich bietende Chance aus, um Nachforderungen geltend zu machen (Claim-Management).

Um dies zu verhindern, sind einige Auftraggeber dazu übergegangen, überdimensionierte Vertragsbedingungen zu verfassen, die in vielen Fällen:

– in sich widersprüchlich sind
– die VOB massiv verändern oder in wesentlichen Teilen außer Kraft setzen

– aufgrund zu detaillierter Regelungen neuen Regelungsbedarf erfordern, der dann aber wegen der komplexen Zusammenhänge nicht erkannt und abgedeckt wird

Bei konsequenter Beachtung einiger weniger Grundsätze können Bauverträge abgeschlossen werden, die genügend Rechtssicherheit für beide Partner bieten und die das Prinzip der Ausgewogenheit nicht verletzen. Grundsätzlich sollte die VOB als Vertragsart bei Bauverträgen vereinbart werden. Im Gegensatz zu BGB-Verträgen sind hier spezielle Anordnungsrechte des Bauherrn/AG geregelt, denen bestimmte Vergütungsmechanismen als Ausgleich gegenüberstehen (§ 2 VOB/B).

In der Abb. 2–46, Vertragstypen bei VOB-Verträgen ist dargestellt, zwischen welchen Vertragstypen grundsätzlich bei VOB-Verträgen unterschieden werden muss. Je nach Vertragstyp können gewisse Risiken (Mengenermittlung, Planung) auf die ausführende Firma sinnvoll

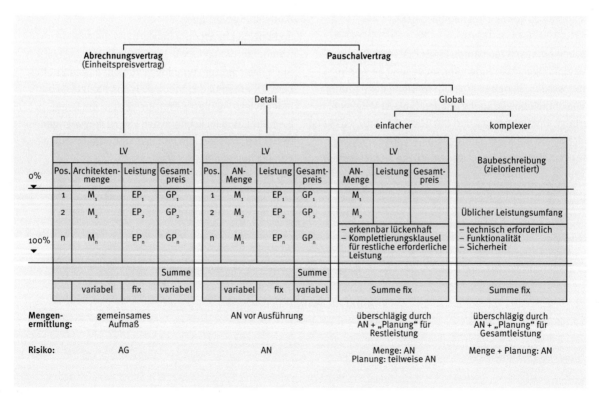

Abb. 2–46 Unterschiedliche Varianten von VOB-Verträgen

übertragen werden. Einheitspreisverträge sollten insbesondere dann zugrunde gelegt werden, wenn bei baubegleitender Planung mit zahlreichen Änderungen gerechnet werden muss. Globale Pauschalvertragsvarianten sind sinnvoll, wenn „Projekte von der Stange" gebaut oder spezielles Firmen-Know-how vom Markt eingekauft werden soll.

Aufbau der Leistungsverzeichnisse: Manche Verfasser von Leistungsverzeichnissen sind mit sich erst so richtig zufrieden, wenn sie für einfache Fragen komplizierte Lösungen erarbeitet haben. In vielen Fällen sind ähnliche Verhaltensmuster bei der Erstellung von Ausschreibungen zu beobachten. Völlig unnötigerweise werden die Leistungsverzeichnisse mit Ballast versehen und mit Nebensächlichkeiten aufgebläht.

Leistungsverzeichnisse müssen
- klar gegliedert sein (z. B. nach Losen)
- kurz und knapp die geforderte Leistung beschreiben (soweit erforderlich unter Hinweis auf Planungsunterlagen in der Anlage)
- eindeutige Regeln für Aufmaß und Abrechnung beinhalten, soweit von den Festsetzungen der VOB Teil C in begründeten Fällen abgewichen werden soll

Kontrolle der Verdingungsunterlagen: Verdingungsunterlagen müssen vom Projektmanagement kontrolliert werden. Dabei empfiehlt sich die in Abb. 2–47 dargestellte Vorgehensweise.

Dies gilt unabhängig davon, ob eine Vergabe nach Leistungsverzeichnissen (Einzelvergabe) oder nach Leistungsprogramm (Vergabe an Generalunternehmer) erfolgen soll. Nur durch diese Kontrolle ist sichergestellt, dass die in der Planung vereinbarten Ziele auch entsprechend umgesetzt und nicht durch die Hintertür kostspielige Änderungen produziert werden.

Beachtung von VOB und VOL: Die VOB (Vergabe- und Vertragsordnung für Bauleistungen) sowie die VOL (Vergabe- und Vertragsordnung für Leistungen) sollten grundsätzlich beachtet werden. Bei der Abwicklung von Aufträgen der öffentlichen Hand ist dies zwingend vorgeschrieben. Private Auftraggeber können die VOB A mit dem Ziel der freihändigen Vergabeverhandlung ausschließen.

Die VOB dient ihrem Charakter nach als selbst geschaffenes Recht der Wirtschaft nicht als gesetzliche Vereinbarung, sondern als allgemeine Geschäftsbedingungen (AGB). Sie gilt aber als ausgewogenes Mittel der Interessenlagen zwischen den Bauvertragspartnern. Sie dient einschließlich der umfangreichen Kommentierung und auch höchstrichterlichen Rechtsprechung als die Entscheidungsgrundlage bei Bauprozessen. Kommt es zum Streit, ist man bereits im Vorfeld der Prozesse oder bei Klagebegründungen bzw. Erwiderungen zwangsläufig mit ihr konfrontiert, soweit nicht über eine Individualvereinbarung eine umfassende neue Rechtssituation geschaffen wurde. Da dies in den seltensten

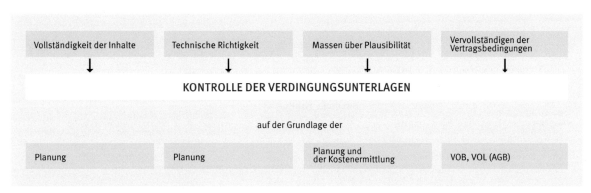

Abb. 2–47 Kontrolle von Bauleistungsverträgen

Fällen zutrifft, sollte zumindest die VOB B uneingeschränkt zur Vertragsgrundlage erklärt werden;
die VOB C ist somit automatisch vereinbart.

Es gibt viele Fälle, in denen über zusätzliche allgemeine
Geschäftsbedingungen versucht wird, die Festsetzungen
der VOB einseitig zugunsten einer Vertragspartei
abzuändern. Solche Eingriffe in den Kerngehalt der VOB
durch ergänzende Vertragsklauseln (Schriftformklau-
seln, Formalzwänge etc.) hebeln die VOB aus, und es
besteht die Gefahr, dass über die Bestimmungen des
AGB-Gesetzes die VOB insgesamt als Geschäftsgrundlage entfällt.

Als Vertragsgrundlage stehen dann lediglich noch die
§§ 631 f. des BGB zur Verfügung, die den Auftraggeber
in der Regel schlechterstellen als die Bestimmungen
der VOB.

2.5.2 Vorbeugendes Risikomanagement

Bauprojekte sind einer Fülle von Einflussfaktoren aus-
gesetzt, die eine wirtschaftliche Erstellung stark
gefährden können (siehe Abb. 2–48).

Herkömmliches Projektmanagement orientiert sich
primär an Kennzahlen. Im Gegensatz hierzu können durch
ganzheitliches Risikomanagement von Projektbeginn an
die latenten Projektzielabweichungen in die Betrach-

tung einbezogen werden. Diese proaktive Risiko-Strategie ist insbesondere im angloamerikanischen Bereich
durch Einbeziehung der sogenannten Risk Costs bereits
Standard. Die relevante Methodik ist durch die in
Abb. 2–49 dargestellten Arbeitsschritte gekennzeichnet:

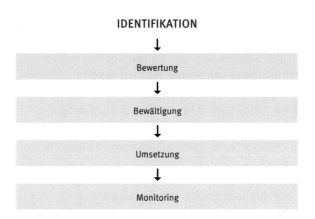

Abb. 2–49 Proaktive Risiko-Strategie

Die Einzelrisiken werden in speziellen Projekt-Work-
shops identifiziert und in sogenannten Risikoregistern
zusammengestellt, die nicht mehr als 150 Stück aufweisen sollten. Die Bewertung erfolgt quantitativ durch
Experteneinschätzung, wobei durch Priorisieren (z. B.
ABC-Analyse) der Umfang auf wesentliche Management-
schwerpunkte sinnvoll zu reduzieren ist. Im Mittelpunkt

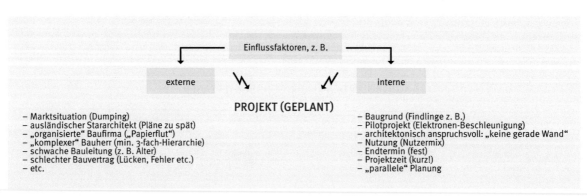

Abb. 2–48 Risikofaktoren für Bauprojekte

steht die Risiko-Bewältigung durch quantitatives Chancenmanagement, um adäquate Handlungsalternativen für die Projektverantwortlichen aufzuzeigen und geeignete Strategien gemeinsam umsetzen zu können. Projektbegleitend ist ein regelmäßiges Risiko-Controlling (Basis: Datenbank) mit geeignetem Reporting für die strategische Führung der Projekte sinnvoll. Hierbei ist insbesondere die schrittweise Risiko-Reduzierung infolge von Chancenmanagement zu dokumentieren, um den Erfolg der beschlossenen Maßnahmen abzubilden.

2.5.3 Anti-Claim-Management

Aufgrund der zunehmenden Komplexität von Bauverträgen haben sich in den letzten Jahrzehnten Bauunternehmen zunehmend darauf spezialisiert, vertragliche Unsicherheiten gezielt auszunutzen.

Intensive Schulungsangebote von spezialisierten Ingenieurbüros und auch eine zunehmend auf 50-Prozent-Vorschlägen fußende Rechtsprechung unterstützen die Baufirmen in ihren Bestrebungen, bereits im Stadium der Kalkulation die Vertragsprobleme durch Spezialisten aufzudecken und vorab zu bewerten. Identifizierte Nachtragspotenziale werden dazu ausgenutzt, um gezielte Dumpingpreise am Markt zu platzieren (Unterwert-Angebote). Durch Claim-Management wird bei der Bauausführung über die Durchsetzung von zahlreichen Nachträgen das Erreichen des Zielbetriebsergebnisses angestrebt.

Die große Zahl von Vertragsänderungen zwingt viele Bauherren unter dem steigenden Kostendruck zu einem gezielten Anti-Claim-Management. Durch formales Aushebeln der Forderungen in juristischen und methodischen Schwachstellen der Claims werden schnell Baustreitigkeiten hervorgerufen, die insbesondere bei terminlich in Not geratenen Bauherren letztlich schnelles Einlenken zu unwirtschaftlichen Vergleichen bewirken (siehe Abb. 2–50).

Ein gezieltes Anti-Claim-Management stellt somit nur eine kurzfristige Erfolgsoptimierung dar, da ausführende Firmen um die Zeitauswirkung ihrer behaupteten Forderungen wissen. Dies betrifft primär Behinderungen, die dem Risikobereich des Bauherrn zuzuordnen sind und letztlich beachtliche Bauzeitennachträge bedingen, die nicht selten 20 bis 50 % der ursprünglichen Auftragssumme als Bauunternehmer-Zielwert haben. Aber auch technische Nachträge werden regelmäßig mit sogenannten Bauzeitenvorbehalten formal in Richtung Bauzeitverzögerung gestellt. Insbesondere bei terminkritischen Projekten führt dies auf Bauherrenseite zu dem Dilemma, dass bei drohenden Projektzeitüberschreitungen schnelle Vergütungslösungen mit meist nachteiligen Ergebnissen eingegangen werden müssen.

Das Anti-Claim-Management sollte deshalb über ein kooperatives Management ergänzt werden. Zeitnah und somit projektbegleitend werden die Vertragsabweichungen kausal dokumentiert, transparent aufbereitet und in regelmäßigen Kooperationsgesprächen nachvollziehbar ausgetauscht. Hierbei sollten berechtigte Ansprüche unmittelbar bezahlt werden. Strittige Sachverhalte werden auf der Basis von Baufakten mit einer neutralen Instanz in baubetrieblich vertretbaren Risikobereichen verhandelt und mit geeigneten Methoden des Konfliktmanagements bei emotionalen Streitigkeiten zeitnah zum Abschluss gebracht.

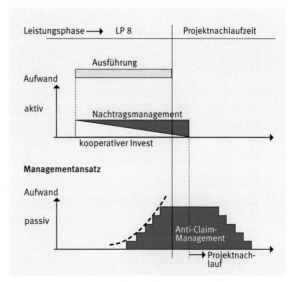

Abb. 2–50 Mögliche Reduzierung des Claim-Volumens

Eine intelligente Investition in die baubegleitende Streitvermeidung mit einem Projektmanagement nach partnerschaftlicher Abwicklungsphilosophie ergibt grundsätzlich eine deutliche Reduzierung des Claim-Volumens.

Auch wird durch einen aktiven Management-Ansatz nach Kooperationskriterien letztlich nicht nur eine deutliche Reduzierung des Managementaufwandes zur Bewältigung der Vertragsänderungen erhalten, sondern auch eine erhebliche Verringerung des Projektnachlaufes mit der Möglichkeit der Projektzeiteinhaltung. Es gilt: Streiten kostet alle Geld. Miteinander zu reden spart allen Beteiligten viel Geld!

2.6   Termin- und Kostenstruktur

2.6.1   Terminplanung, Meilensteine

Es liegt auf der Hand, dass Terminaussagen mit zunehmendem Abstand zum Eintritt eines Ereignisses immer ungenauer werden müssen. Bei der Erstellung der Ablaufstrukturpläne muss beachtet werden, dass zu Beginn eines Projektes bei Weitem noch nicht alle Details bekannt sind, die für den Ablauf wichtig sein könnten.

Die Aussagen zu Terminabläufen werden deshalb entsprechend dem Planungs- und Baufortschritt umso genauer, je näher der Zeitpunkt der Ausführung herangerückt ist (siehe Abb. 2–51).

Aus dieser Erkenntnis resultiert die Forderung, dass ein praxisorientiertes Terminplanungssystem stufenweise aufgebaut sein muss. Dabei müssen die einzelnen Stufen von der Grobstruktur bis zum Detailplan durchgängig sein (siehe Abb. 2–52).

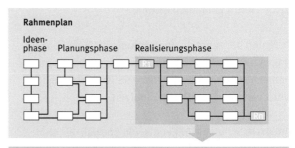

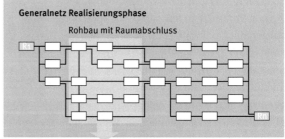

Abb. 2–51 Genauigkeit der Terminaussagen

Abb. 2–52 Stufenweiser Aufbau der Terminplanung

Die für den Projektmanager wichtigsten Pläne sind der Rahmenplan oder Meilensteinplan und die General- netze, die er aus eigener Kenntnis zu einem Zeitpunkt erstellen muss, zu dem die „eingeplanten" Partner in der Mehrzahl noch gar nicht am Projekt beteiligt sind. Die Steuerungsnetze können in der Regel gemeinsam mit den Betroffenen aufgestellt oder zumindest mit diesen abgestimmt werden. Die Detailnetze werden von den entsprechenden Beteiligten aufgestellt, vom Projektmanager geprüft und in komprimierter Form in die Steuerungspläne übernommen.

Netzplan als Simulation des geplanten Ablaufs

Die Netzplantechnik wird in vielen Bereichen als Planungsinstrument für Zeitabläufe eingesetzt. Während für einfache und lineare Abläufe meist auch eine einfachere Zeitplanung (Balkenplan) genügt, kann das Projektmanagement aufgrund der komplizier- ten Zusammenhänge im Gesamtprojekt und der großen Anzahl von Vorgängen und Beteiligten auf dieses Hilfsmittel überhaupt nicht verzichten.

Die Netzplantechnik stellt die einzige Möglichkeit dar, die Zusammenhänge der vielfältigen Strukturen und Einzelvorgänge eindeutig zu beschreiben und den Ablauf in verschiedenen Alternativen zu simulieren und

zu optimieren. Während die Berechnungsmethoden als bekannt vorausgesetzt werden, soll hier auf die Systematik im Rahmen der Anwendung für das Projekt- management näher eingegangen werden.

Es handelt sich um ein Simulationsmodell, das, wenn es einmal aufgebaut ist, mittels verschiedener Para- meter eine Optimierung der Abläufe und ihre ständige Überwachung ermöglicht. Die einzelnen Schritte werden nachfolgend erläutert (siehe Abb. 2–53).

Projektanalyse: Der erste Schritt vor dem Einstieg in das Simulationsmodell ist eine gründliche Analyse der Beteiligten, ihrer Aufgaben und Vorstellungen sowie der gegebenen Randbedingungen. Diese Analyse der notwendigen Vorgänge erfordert prinzipiell folgende Fragestellungen:

– Wer muss welche Aufgabe erfüllen?
– Was muss erledigt werden?
– Wann muss es (spätestens) erledigt sein?
– Wo müssen Kontrollen erfolgen?
– Wie soll die Erledigung erfolgen, und wie soll die Kontrolle aussehen?
– Warum sind die Zielvorgaben des Projekts gerade in dieser Richtung definiert? Gibt es alternative Ansätze?

Besonders eingehend müssen z. B. die Vorstellungen und Forderungen des Bauherrn analysiert werden. Die Zwischenfinanzierung von Bauwerken, beginnend mit dem Erwerb des Grundstücks und abschließend mit der Inbetriebnahme, erfordert sehr hohe Aufwendungen. Der Bauherr wird daher stets bestrebt sein, im Rahmen der ihm zur Verfügung stehenden Mittel einen möglichst kurzen Bauablauf zu erreichen. Diese Kosten der Zwischenfinanzierung können gemindert werden, indem z. B. einzelne Bauabschnitte vorzeitig in Betrieb genommen werden.

Neben der Art des Objekts sind auch die Gegeben- heiten der Baustelle und die Art der Konstruktion sowie Art und Umfang des Ausbaus äußerst wichtig. Folgende Punkte werden u. a. untersucht, ohne einen Anspruch auf Vollständigkeit zu erheben:

Abb. 2–53 Netzplantechnik = Simulation des terminlichen Ablaufs

– Lage des Bauwerks (z. B. Verkehrsverhältnisse,
Zufahrt zur Baustelle, Flächen für Baustellen-
einrichtung und Baustofflagerung)
– überbaute Flächen, Geschosszahl und m³ umbauter
Raum bei Hochbauten
– Art und Schwierigkeit der Gründung
– Möglichkeiten des Anschlusses an zentrale
Versorgungseinrichtungen (z. B. Fernwärme)

Erst wenn diese „Stoffsammlung" in ausreichendem
Umfang durchgeführt ist, sollte mit der Strukturierung
begonnen werden.

Strukturierung der Abläufe: Der Projektmanager muss
die Interessen aller Beteiligten, die von der Ablaufplanung erfasst werden, angemessen berücksichtigen,
um die korrekte Strukturierung der Abläufe zu gewährleisten. Bei einer Missachtung dieser Grundregel ist
die Bereitschaft zur konstruktiven Mitarbeit bei den
Beteiligten gering.

Die Ablaufplanung muss ein Instrument sein, das:
– Reibungsverluste bei der Planung und Ausführung
minimiert und
– Planungs- und Ausführungsvorgänge berechenbar
macht.

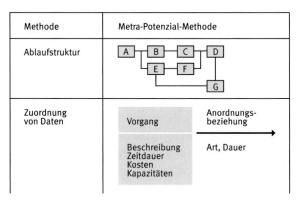

Abb. 2–54 Metra-Potenzial-Methode

Deshalb sollen beim Aufbau der Ablaufstruktur realistische Vorstellungen und nicht Wunschdenken im
Vordergrund stehen.

Die Strukturierung der Abläufe erfordert vom Projektmanager die größte Erfahrung, muss er doch die Zusammenhänge der einzelnen Vorgänge und Leistungen genau kennen, um ein entsprechendes Gerüst aufzubauen
und die Abfolge der Vorgänge richtig einzuplanen. Eine
Hilfe bieten hierzu vorstrukturierte Standardabläufe für
bestimmte Teilbereiche, die mit entsprechenden

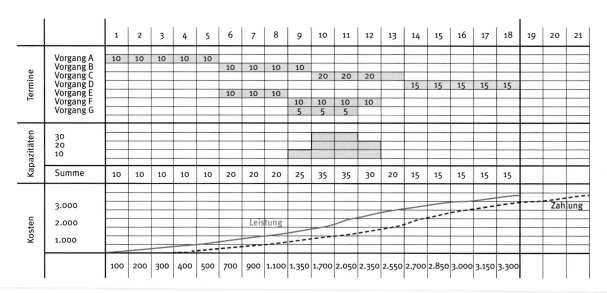

Abb. 2–55 Termine, Kapazitäten, Kosten

Beschreibungen versehen eine Art Betriebsanleitung darstellen. So sind z. B. bei bestimmten Ausführungsarten auch bestimmte Abfolgen der Gewerke notwendig oder zumindest sinnvoll, unabhängig von der Art des Bauvorhabens.

Berechnung von Terminen, Kapazitäten und Mittelabfluss
Bei der Netzplantechnik werden die einzelnen Leistungen gemäß den Ablaufstrukturplänen als Vorgänge definiert und über Anordnungsbeziehungen miteinander verknüpft. Jedem Vorgang werden Daten zugeordnet, wie z. B.:
– Vorgangsdauer
– Vorgangskosten
– Ressourcen
– Organisations-Codes

Die vorgesehene Ablaufstruktur wird mithilfe dieser Daten durchgerechnet, wobei die einzelnen Vorgänge entsprechend ihren gegenseitigen Abhängigkeiten über die Zeitachse verteilt werden. Bestimmend für den Ablauf sind dabei die kritischen Vorgänge (siehe Abb. 2–54).

Für die Steuerung und Überwachung auf der Ebene der mittel- und kurzfristigen Terminplanung ist der Netzplan bei Einsatz einer differenzierten Termin- und Kapazitätsplanung unverzichtbar.

Ablaufoptimierung mittels Kapazitätsbetrachtungen:
Der Ablauf von Bauprojekten zeigt immer wieder, dass die Bereitstellung ausreichender Kapazitäten für Planung und Bauausführung entscheidend für die Einhaltung der Terminpläne ist (siehe Abb. 2–55).

In vielen Fällen und besonders bei Projekten mit sehr kurzen Terminen wird der Baufortschritt von der Bereitstellung der Ausführungspläne bestimmt. Eine enge Zusammenarbeit mit den Büros, die diese Pläne erstellen, und eine gute Abstimmung der Büros untereinander sind Voraussetzung für die Einhaltung kurzer Fristen. Dabei ist es notwendig, die Planlieferung und damit den Bauablauf auf die vorhandenen bzw. auf die sinnvoll einsetzbaren Kapazitäten abzustimmen. In der Abb. 2–56 ist beispielsweise zu erkennen, dass man,

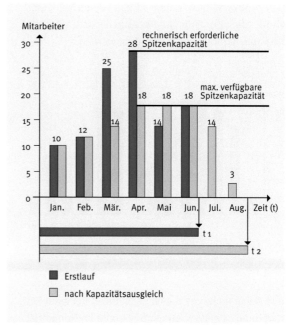

Abb. 2–56 Terminverschiebung durch Kapazitätenengpässe

um einen bestimmten Zeitpunkt t1 zu erreichen, eine Spitzenkapazität von 28 Bearbeitern einsetzen müsste.

Nun liegt jedoch die maximal verfügbare Kapazität bei 18 Mitarbeitern, eine Diskrepanz, die im Ablaufplan gelöst werden muss. Entweder muss die Planungskapazität kurzfristig durch Einschaltung von zusätzlichen Büros erhöht werden oder aber es muss eine Terminneuberechnung unter Berücksichtigung der Maximalkapazitäten erfolgen, die dann zu einer Verlängerung des Planungsablaufs bis zum Zeitpunkt t2 führt. Nicht akzeptabel ist es in diesem Zusammenhang, die an sich erforderlichen Planungsleistungen zu reduzieren. Die damit erzielte Einhaltung der vorgegebenen Termine wird über Pläne erreicht, die noch nicht die erforderliche Planungsreife haben (Vorabzüge). In der Folge treten auf:

– Qualitätsminderungen
– Mehrkosten
– Zeitverluste

Kapazitätsausgleich: Jedem Vorgang eines Netzplans können die erforderlichen Ressourcen als Grundlage für die Kapazitätsplanung zugeordnet werden.

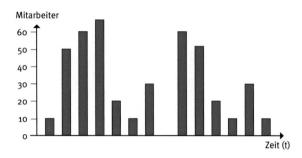

Abb. 2–57a Kapazitätsspitzen bei Frühstart

Eine Aufsummierung dieser Ressourcen bei einer Früh-start- oder Spätstartbetrachtung ergibt im Normalfall eine sehr willkürliche und unausgeglichene Kapazitäts-linie. Da aber in der Regel eine möglichst kontinuierli-che Beschäftigung des Personals oder Auslastung von Maschinen angestrebt wird, muss man einen Kapazitäts-ausgleich vornehmen (siehe Abb. 2–57a).

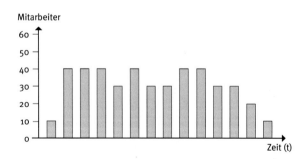

Abb. 2–57b Kapazitätsausgleich durch Pufferausnutzung

In einem ersten Schritt versucht man, durch Verschie-ben von Vorgängen, die nicht auf dem kritischen Weg liegen, im Bereich der errechneten Pufferzeiten zu einem Kapazitätsausgleich zu kommen. Bei Bedarf wird der kritische Weg so verlängert, dass die Kapazitäts-grenzen eingehalten werden (siehe Abb. 2–57b).

Steuerung des Mittelabflusses (Zahlungspläne): Einen beachtlichen Anteil an den Gesamtkosten eines Bau-vorhabens bilden die Zwischenfinanzierungskosten (im Normalfall ca. 6 bis 8 % der Herstellkosten). Aufgabe des Projektmanagements ist es, über entspre-chende Simulationsmodelle ein Optimum an Bauzeit, Baukosten und Ausgabenverlauf zu erreichen. Aufbau-end auf der Terminplanung, kann der Netzplan auch für die Ermittlung des Ausgabenverlaufs eingesetzt werden. Dabei werden dem einzelnen Vorgang die zugehörigen Kosten zugeordnet, wobei der Kostenanfall über die Dauer des Vorgangs als linear angenommen wird (siehe Abb. 2–58a).

	0	1	2	3	4	5	6	7	8	9	10	11	12	13	14
Vorgang A				10 %											
Vorgang B						30 %									
Vorgang C								40 %							
Vorgang D											20 %				

Abb. 2–58a Zeitplanung mit Früh- und Spätstart

Die Kosten der einzelnen Vorgänge werden aufsum-miert, wobei sich die Summenkurven für Frühstart und Spätstart der Vorgänge unterscheiden.

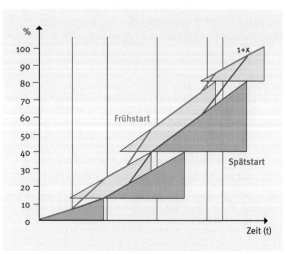

Abb. 2–58b Ausgabenverlauf bei Früh- und Spätstart

Anhand dieser Kurven kann man den wahrscheinlichen Kostenverlauf festlegen und zur Grundlage der Mittelbewirtschaftung machen (siehe Abb. 2–58b).

Eine weitere Möglichkeit der engen Anpassung der vorzuhaltenden Barmittel an den tatsächlichen Ausgabenverlauf ist die Zahlung zu einem festen Zahlungstag pro Monat nach leistungs- und terminabhängigen Zahlungsplänen für die Einzelgewerke. Die Zahlungspläne werden auf der Basis der Netzpläne erstellt und vom Projektmanager überwacht. Auf die Möglichkeit, Zwischenfinanzierungskosten durch eine geschickte Organisation des Ablaufs einzusparen, wurde bereits hingewiesen.

Meilensteinplan zur langfristigen Terminplanung:
Mithilfe des Meilensteinplanes wird der gesamte terminliche Ablauf eines Projektes in seinen Umrissen festgelegt. Die einzelnen Vorgänge müssen in ihrem zeitlichen Rahmen durch Erfahrungswerte festgelegt werden. Die besondere Schwierigkeit beim Aufstellen des Meilensteinplans liegt darin, dass sehr viele Einzel-

fragen der Aus- und Durchführung zu diesem Zeitpunkt der Planung noch gar nicht bekannt sind. Daher müssen die als Grundlage der Planung dienenden Analysen möglichst eingehend und detailliert erarbeitet werden (siehe Abb. 2–59 und Abb. 2–60).

Durch die beschriebenen Analysen kann man einen guten Überblick über das Projekt bekommen. Allein die Festlegung der Ausführungsfristen reicht nicht aus, um den Bauablauf möglichst optimal zu gestalten. Die Zusammenhänge zwischen den einzelnen Arbeiten und speziell im Bauwesen der Einfluss der Witterungsbedingungen müssen beachtet und in den Plan integriert werden.

Besonders schwierig ist es, bei der Entwicklung des Meilensteinplans diejenige Phase zu erfassen, in der behördliche Stellen zur Erteilung der Baugenehmigung in den zeitlichen Ablauf eingeplant werden müssen. Diese lassen sich nicht gerne auf bestimmte Termine festlegen, jedoch zeigt die Erfahrung, dass bei einer vorherigen Abklärung mit den betroffenen Stellen sich auch diese Phase in den Griff bekommen lässt.

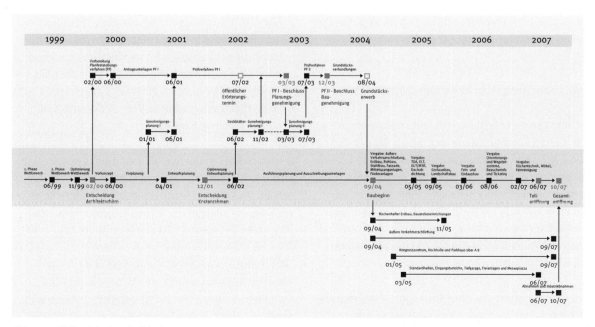

Abb. 2–59 Meilensteinplan als Netzplan

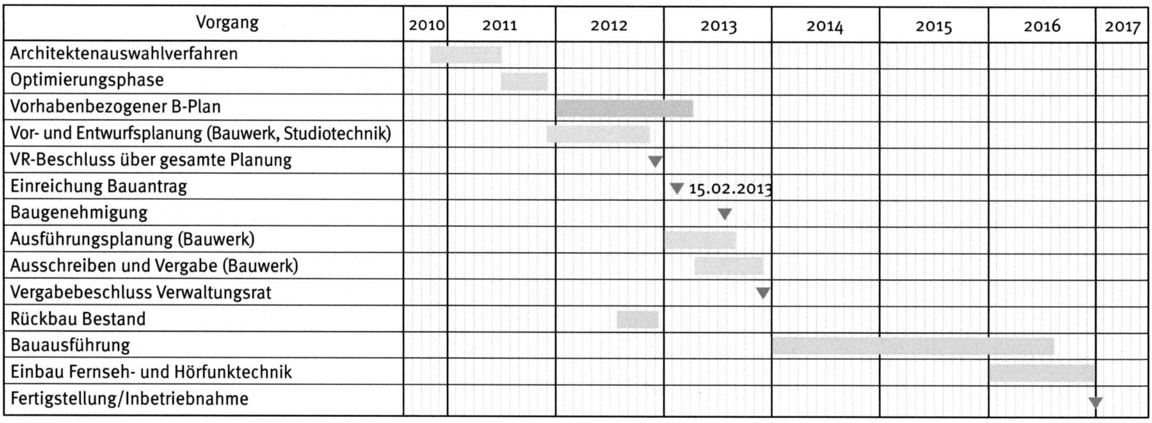

Vorgang	2010	2011	2012	2013	2014	2015	2016	2017
Architektenauswahlverfahren								
Optimierungsphase								
Vorhabenbezogener B-Plan								
Vor- und Entwurfsplanung (Bauwerk, Studiotechnik)								
VR-Beschluss über gesamte Planung				▼				
Einreichung Bauantrag				▼ 15.02.2013				
Baugenehmigung				▼				
Ausführungsplanung (Bauwerk)								
Ausschreiben und Vergabe (Bauwerk)								
Vergabebeschluss Verwaltungsrat				▼				
Rückbau Bestand								
Bauausführung								
Einbau Fernseh- und Hörfunktechnik								
Fertigstellung/Inbetriebnahme								▼

Abb. 2–60 Meilensteinplan als Balkenplan

Wichtig ist die Aufnahme von ablaufbestimmenden Lieferzeiten bereits in den Meilensteinplan, wenn diese die üblichen drei bis sechs Monate überschreiten. Besonders bei Spezialmaschinen oder elektrotechnischen Ausrüstungen im Industriebau können sich manchmal Liefertermine von ein bis zwei Jahren ergeben. Es ist Aufgabe der Projektsteuerung, durch eine frühzeitige Befragung und das Einziehen von Erkundigungen solche für die Termineinhaltung besonders riskanten Punkte herauszufinden und frühzeitig den an der Entscheidung beteiligten Stellen bekannt zu geben.

2.6.2 Kostenstruktur, Investitionskostenschätzung

In aller Regel ist ein Bauherr darauf angewiesen, dass die Kosten für ein Gebäude im Rahmen der definierten Ziele auf einem Minimum gehalten werden. So lassen zu erwartende Marktmieten in einer bestimmten Größenordnung keine beliebigen Projektkosten zu, sondern vielmehr ein Maximalbudget, das trotz einer möglichst guten und vermarktungsfördernden Ausstattung eingehalten werden muss. Um das zu erreichen, sind vier Anforderungen einzuhalten:

– Es muss ein *verbindliches Kostengerüst* angewendet werden, das auch einen Vergleich mit anderen Projekten ermöglicht. Das Kostengerüst darf sich

während der gesamten Projektabwicklung nicht verändern, damit eine Kontrolle auf der höchsten Aggregationsstufe zu jedem Zeitpunkt möglich ist (siehe Abb. 2–61).
– Das Budget muss sorgfältig ermittelt, fehlerfrei und genau sein. Es muss absolut klar und eindeutig definiert sein, was im Budget enthalten ist und was nicht. *Der Bauherr muss alle Kosten kennen*, die auf ihn zukommen.
– Alle *Aktivitäten* müssen dem jeweiligen Planungs- bzw. Realisierungsstand entsprechen.
– Das *Projektkostenkontrollsystem* des Baumanagers muss über geeignete Schnittstellen stets die übergeordneten Daten durch ein jeweils angepasstes Übersetzungsprogramm in einer Gliederung liefern, die der jeweilige Bauherr wünscht.

Die Möglichkeiten der Beeinflussung eines Bauprojektes sind mit dem Ende der Planungsphase weitgehend erschöpft. Aus diesem Grund ist einer sorgfältigen Kostenplanung, vor allem in den frühen Projektphasen, eine sehr große Bedeutung beizumessen (siehe Abb. 2–62).

Die Herausforderung liegt darin, dass in den ersten Projektphasen nur wenige Informationen über das Vorhaben vorliegen und aus diesen jedoch Kostenaussagen mit einem hohen Genauigkeitsgrad erforderlich sind. Da mit zunehmendem Projektverlauf die

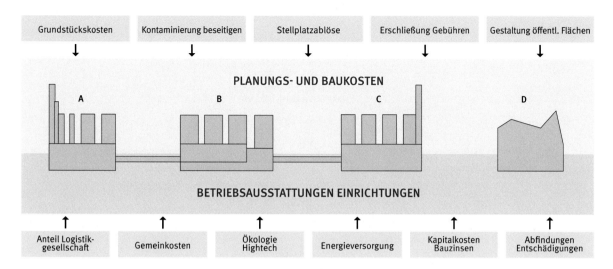

Abb. 2–61 Vollständiges Kostengerüst

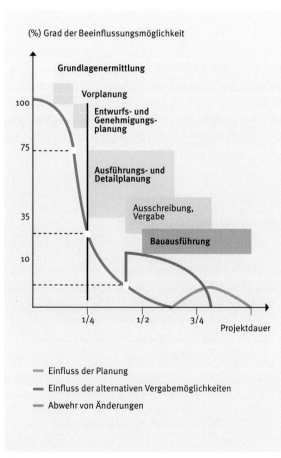

Abb. 2–62 Einflussmöglichkeit über den Projektverlauf

Beeinflussungsmöglichkeit stark abnimmt, müssen in den ersten Projektphasen alle erforderlichen Entscheidungen getroffen werden.

Dies macht deutlich, dass es bei den Ausführungsentscheidungen und damit der Festlegung des Kostenrahmens entscheidend auf die Weichenstellung in den ersten Planungsphasen ankommt, während ab der Ausführungsplanung die Kostenüberwachung immer mehr an Bedeutung gewinnt.

Die Ermittlung der Plankosten und die Mechanismen zu ihrer Einhaltung lassen sich in einer Darstellung als Regelkreis gut erklären. Demnach funktioniert das Prinzip ähnlich wie bei einem Thermostatventil einer Heizung (siehe Abb. 2–63).

Sind die Plankosten einmal definiert, hat man sozusagen die „Solltemperatur" eingestellt. Mit einem Temperaturfühler wird die Isttemperatur gemessen und mit dem Soll verglichen. Ergeben sich Abweichungen, so dreht der Thermostat das Ventil auf oder zu. Ähnlich ist es bei Kostenabweichungen: Werden Mehrkosten erfasst, so gibt es verschiedene Möglichkeiten des Gegensteuerns. Bei Minderkosten könnte sich der Bauherr einen besonderen Wunsch erfüllen, vorausgesetzt, er erfährt rechtzeitig von den Kostenreduzierungen.

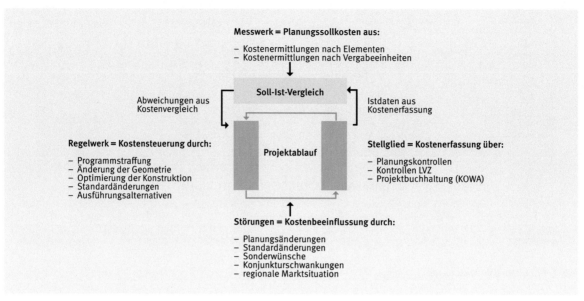

Abb. 2–63 Kostensteuerung als Regelkreis

Abweichungen von der Solltemperatur entstehen durch Störungen, wie z. B. Schwankungen in der Außentemperatur oder einer offenen Tür. Bei der Kostensteuerung sind solche Schwankungen konjunkturbedingt oder durch Planungs- oder Standardänderungen hervorgerufen. Entscheidend ist die Früherkennung, wozu eine eindeutige Grundlage (Kostenplanung) und ein geeignetes Kontrollsystem (Kostenüberwachung) erforderlich sind.

Um diese Anforderungen umsetzen zu können, wird das Kostenmanagement in zwei Leistungsphasen strukturiert (siehe Abb. 2–64).

Abb. 2–64 Leistungsphasen Kostenmanagement

Kostengliederung und Kostenstruktur

Basis der Kostenermittlung ist DIN 276 (Ausgabe November 2006). Die wesentliche Aufgabe der DIN 276 ist eine verbindliche Gliederung der ermittelten Kosten für alle Bauwerke, die einen verlässlichen Überblick über die geplanten bzw. zu dokumentierenden Investitionskosten ermöglicht. Sie muss so aufgebaut sein, dass sie hierarchisch entsprechend den Planungsstufen der HOAI feinere Untergliederungen vorsieht, die auch den gängigen Kostenermittlungsverfahren entsprechen. In der Norm werden Aussagen zur Kostenermittlung in einzelnen Planungsstufen gemacht.
Unterschieden wird in:

- Kostenrahmenermittlung zur Festlegung der Kostenvorgabe (neue Ermittlungsart gemäß DIN 276 Ausgabe November 2006)
- Kostenschätzung zur Beurteilung der Vorplanung
- Kostenberechnung zur Beurteilung der Entwurfsplanung
- Kostenanschlag zur Beurteilung der Ausführungsplanung sowie der Vergabeentscheidungen
- Kostenfeststellung zum Nachweis der entstandenen Ausgaben sowie gegebenenfalls zu Kostenvergleichen und Dokumentationszwecken

Drei Kostengliederungsebenen sind vorgesehen, die jeweils durch dreistellige Ordnungszahlen gekennzeichnet sind.

100 Grundstück: Zunächst muss sich der Bauherr mit den Kosten für das Grundstück, dessen Herrichten und die Erschließung befassen. Beim Baugrundstück handelt es sich um alle Kosten, die mit dem Erwerb zusammenhängen. Dazu gehören neben dem Kaufpreis bzw. Wert alle Gebühren, Steuern, Ablösungen und Abfindungen, die erforderlich sind, um das Grundstück bebauen zu können.

200 Herrichten und Erschließen: Das Herrichten umfasst die Kosten für konkrete Leistungen, die erforderlich sind, um das Grundstück in einen bebaubaren Zustand zu versetzen. Diese Kosten können insbesondere bei Innenstadtgrundstücken erheblichen Umfang annehmen. Bei der Erschließung handelt es sich um

Gebühren oder Baukostenzuschüsse für Leistungen der Kommune oder der Träger öffentlicher Belange wie z. B. Erschließungsstraßen sowie die Versorgung mit Wasser und Energie.

300 Bauwerk – Baukonstruktionen: Die Gliederung der Baukonstruktion ist nach der Elementmethode aufgebaut. Alle Elemente der Konstruktion eines Gebäudes – von der Gründung bis zum Dach – sind jeweils in einer Grobgliederung zusammengefasst.

Diese Gebäudeelemente können dann weiter untergliedert werden in Unterelemente bis hin zu Leistungspositionen in Leistungsverzeichnissen. Die Grobgliederung kann man sich vorstellen wie ein Haus (siehe Abb. 2–65).

Die Decken können dann beispielsweise weiter untergliedert werden in 351/Deckenkonstruktionen, 352/Deckenbeläge und 353/Deckenbekleidungen.

Für die detaillierte Kostenermittlung der Baukonstruktion in den genaueren Planungsphasen reicht die in der DIN 276 aufgeführte Gliederung jedoch nicht aus. Sie kann vom Anwender weiter detailliert werden, wobei die wesentlichen Inhalte in der DIN verbal beschrieben sind.

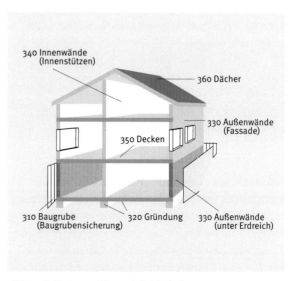

Abb. 2–65 Kostenermittlung mit Gebäudeelementen

400 Bauwerk – technische Anlagen: Für die technische Ausrüstung gilt im Prinzip dasselbe System wie bei der Baukonstruktion. Der Bereich hat jedoch im Gegensatz zur DIN von 1981 eine eigene Kostengruppe erhalten. Die „Grobelemente" der technischen Ausrüstung haben gegenüber der Baukonstruktion den Vorteil, dass sie direkt Leistungsbereichen bzw. Gewerken nach VOB und VOL zugeordnet werden können.

Die DIN geht auch in diesem Bereich – wie überhaupt grundsätzlich – nur bis zu einer Gliederungstiefe von drei Stellen. Darüber hinausgehende Gliederungen sind vom Anwender selbst zu definieren.

500 Außenanlagen: Ähnlich wie das Gebäude sind auch die Außenanlagen in entsprechende Kostengruppen gegliedert worden. Zu beachten ist hierbei, dass neben den landschaftsgärtnerischen Arbeiten, die im Wesentlichen unter 510/ Geländeflächen (Bodeneinbau und Grünanlagen) und 520/ Befestigte Flächen (Straßen, Wege, Plätze) enthalten sind, eine Anzahl anderer Leistungen zu berücksichtigen sind. Dazu zählen vor allem Maßnahmen der Baukonstruktion, die in größerem Umfang in der Regel eher zum Rohbau als zum Gartenbau zählen, sowie technische Ausrüstungen größeren Umfangs. Die frühe Festlegung der Zuständigkeiten ist schon aus Gründen der Vertragsgestaltung der Planer erforderlich. Erfahrungsgemäß gibt es in diesen Bereichen ebenso oft Doppelplanungen wie Planungslücken, wenn das Projektmanagement keine ordentliche Leistungsmatrix erstellt.

600 Ausstattung und Kunstwerke: Die Kosten für alle beweglichen oder ohne besondere Maßnahmen zu befestigenden Ausstattungen und Kunstwerke sind in dieser Kostengruppe zusammengefasst.

Zur allgemeinen Ausstattung gehören Möbel, Textilien und Geräte allgemeiner Art. Wissenschaftliche oder medizinische Geräte werden als besondere Ausstattung bezeichnet. Sonstige Ausstattungen sind alle Informationssysteme wie Wegweiser, Orientierungstafeln, Farbleitsysteme oder Werbeanlagen. Die Kosten für Kunstwerke, die zur Gestaltung des Bauwerks und der Außenanlagen dienen, gehören ebenfalls in diese Kostengruppe.

700 Baunebenkosten: Unter Baunebenkosten sind im Wesentlichen alle Honorare für Planungs- und Überwachungsleistungen zu sehen, die im Zusammenhang mit der Baumaßnahme erbracht werden.

Daneben gehören jedoch auch die Aufwendungen der Bauherrenorganisation selbst dazu, wenn sie im unmittelbaren Zusammenhang mit der Baumaßnahme stehen. Hierzu zählt insbesondere auch das Honorar für das Projektmanagement, das eindeutig den Bauherrenleistungen und nicht, wie häufig angenommen, den Planungsleistungen zugeordnet wird. Auch die künstlerische Gestaltung von Bauteilen gehört in diese Rubrik, nicht aber die technische Herstellung von Kunstwerken, die von einem Künstler geplant, aber von Dritten angefertigt werden.

Schließlich sind die gesamten Finanzierungskosten dieser Kostengruppe zugeordnet, soweit sie in den Kostenermittlungen vereinbarungsgemäß erfasst werden müssen. Ebenfalls zu den Baunebenkosten zählen Aufwendungen wie Grundsteinlegung, Richtfest und ähnliche Veranstaltungen.

Projektbezogene Kostenstruktur

Die erste Tätigkeit ist die Definition der Kostenermittlungsstruktur zu Beginn des Projektes. Diese Grundstruktur darf während des ganzen Projektes nicht mehr verlassen werden, damit ein Kostenvergleich über den gesamten Projektverlauf sichergestellt ist. Sie bildet auf der obersten Ebene mit einem Grobkostenschlüssel die „Kontrollmaske" für alle Kostenfortschreibungen, die durch die Projektleitung kontrolliert werden (siehe Abb. 2–66). Bei großen Projekten muss die Struktur weiter auf Bauteile und Nutzungsbereiche aufgeteilt werden, um eine nutzungsgerechte Kostenzuordnung durchführen zu können. Hierzu muss vor Beginn der Kostenermittlung in Abstimmung mit dem Bauherrn eine Kostenstruktur erstellt werden, die eine Aggregation auf eine übergeordnete Ebene zulässt. Bei der Festlegung der Kostenstruktur ist eine sinnvolle Aufteilung des Projektes erforderlich. Diese muss sich an der Bauwerksart, den Projektrandbedingungen und den betriebswirtschaftlichen Anforderungen orientieren.

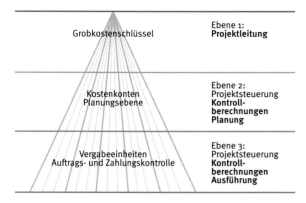

Abb. 2–66 Kostenhierarchie

Auswirkung der Baupreisentwicklung

Die Kosten eines Gebäudes hängen ganz wesentlich vom Zeitpunkt seiner Erstellung ab. Die Entwicklung der Baukosten wird im sogenannten Baupreisindex erfasst, der von den Statistischen Ämtern der Länder und des Bundes herausgegeben wird. In Abb. 2–67 ist der Verlauf der Baupreisentwicklung für Bürogebäude über die letzten vier Jahre dargestellt. Dabei zeigt sich, dass

insbesondere in den letzten drei Jahren ein enormer Anstieg der Baukosten zu verzeichnen war. Hierbei ist zu berücksichtigen, dass es sich um einen Bruttoindex handelt und die Mehrwertsteuererhöhung im Jahr 2006/2007 enthalten ist.

Die Kostenermittlungen sollen grundsätzlich den Kostenstand zum Zeitpunkt der Ermittlungen ausweisen. Dieser Zeitpunkt ist zu dokumentieren. Sofern Kosten für den Zeitpunkt der Kostenfeststellung prognostiziert werden, sind sie gesondert auszuweisen. Es ist grundsätzlich anzugeben, ob die Umsatzsteuer enthalten ist oder nicht und auf welche Preisbasis sich die Kosten beziehen, um Auswirkungen aus Baupreissteigerungen beurteilen zu können. Es wird empfohlen, die Umsatzsteuer stets gesondert auszuweisen. Mithilfe einer Sensitivitätsanalyse kann die mögliche Entwicklung der Baukosten dargestellt und die daraus resultierende Auswirkung auf die Gesamtprojektkosten geschätzt werden. Hierdurch lassen sich vor allem bei lang laufenden Bauprojekten die Risiken aus Preissteigerungen analysieren und bewerten.

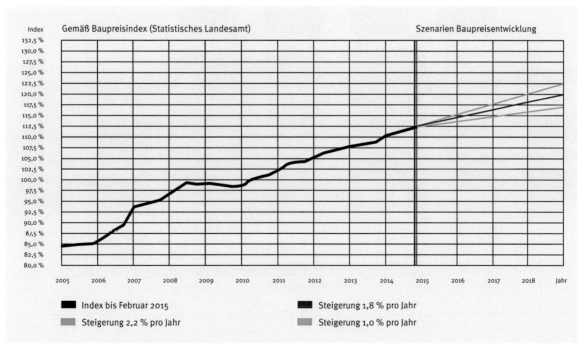

Abb. 2–67 Baukostenentwicklung und Sensitivitätsanalyse (Beispiel Baden-Württemberg)

Investitionskostenschätzung

Zu jeder Projektphase gehört eine klar definierte Kostenermittlung mit unterschiedlichen Genauigkeitsgraden, deren Art und Umfang sich an dem Planungsstand orientiert. Dabei nimmt mit zunehmendem Projektfortschritt der Detaillierungsgrad zu (siehe Abb. 2–68).

Plankostenermittlung und Renditeprüfung: Die Entscheidung für oder gegen eine Investition erfolgt in der Ideenphase auf Basis der Investitionskostenschätzung und der zugehörigen Renditeberechnung.

Um eine realistische Rendite für ein Projekt ermitteln zu können, müssen die oben aufgeführten Parameter bekannt und ihre Abhängigkeiten berücksichtigt werden. Eine wesentliche Rolle spielt dabei die möglichst genaue Abschätzung der Investitionskosten. Dazu

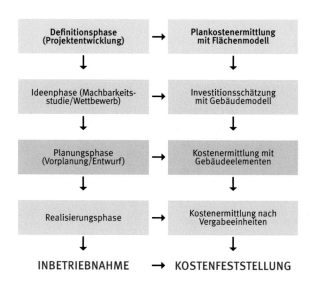

Abb. 2–68 Stufen der Kostenermittlung

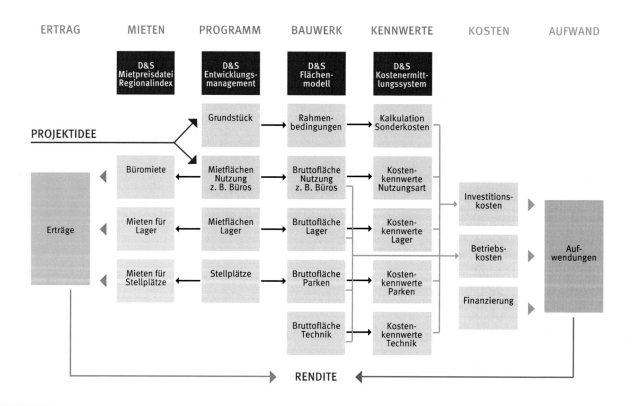

Abb. 2–69 „Rendite-Check" mit Investitionsschätzung und Ertragsprognose

wurde vom Verfasser der sogenannte Rendite-Check (siehe Abb. 2–69) entwickelt, eine Software, mit der für geplante Projekte zu einem ganz frühen Zeitpunkt abgeschätzt werden kann, ob überhaupt eine sinnvolle Rendite erzielt werden kann.

Grundlage aller Ermittlungen ist dabei das Raumprogramm. Daraus werden auf der einen Seite die zu erwartenden Erträge und auf der anderen Seite die zu erwartenden Aufwendungen abgeleitet. In einem ersten Schritt wird auf Basis einer Bedarfsplanung die Nutzfläche ermittelt und um die notwendigen Sekundärflächen (Verkehrs-, Technische Funktions- und Konstruktionsfläche) zu einem Flächenmodell ergänzt (siehe Abb. 2–70).

Über die ermittelten Bruttogrundflächen (BGF) und nutzungsabhängige Kostenkennwerte pro m² BGF werden die voraussichtlichen Plankosten des Gebäudes

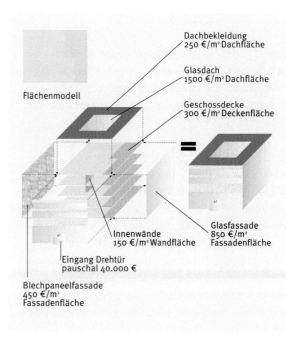

Abb. 2–71 Virtuelles 3-D-Modell

Nutzungsbereich	NUTZ-FLÄCHE	SEKUNDÄRFLÄCHE			
	NF	+ VF	+ TF	+ KF	= BGF
Ausstellung	12.149	1.275	134	1.085	14,642
Foyer	1.160	218	14	127	1.519
Sonderflächen	1.730	88	23	150	1.991
Gastronomie	1.105	165	25	123	1.418
Museumsshop	275	15	6	26	321
Museumspädagogik	680	60	10	64	814
Museumsbibliothek	125	15	3	12	155
Museumswerkstatt	285	23	6	27	341
Verwaltung Museum	380	114	10	50	554
Technikzentralen	0	0	1.179	179	1.966
Summe	17.979	1.972	2.078	1.842	23.720

NF = Nutzfläche, VF = Verkehrsfläche,
TF = Technische Funktionsfläche, KF = Konstruktionsfläche,
BGF = Bruttogrundfläche

Nutzfläche   Sekundärfläche   Bruttogrundfläche

Abb. 2–70 Flächenmodell

ermittelt. Zusammen mit den allgemeinen Kosten (Grundstück, Entwicklung und Vermarktung), den Finanzierungskosten und den Betriebskosten entstehen so die Aufwendungen für den Investor, dem die über die Mietflächen ermittelten Einnahmeschätzungen gegenüberstehen. Mit diesen Daten ist es möglich, die Rentabilität des Investments so weit abzuschätzen, dass eine sichere Entscheidung zur Weiterbearbeitung des Projektes getroffen werden kann.

Investitionsschätzung mit Gebäudemodell: Auf Grundlage des Flächenmodells und durch die Festlegung der erforderlichen Raumhöhen in Abhängigkeit von den Nutzungen im Gebäude erfolgt die Überführung der Daten in ein dreidimensionales Gebäudemodell (siehe Abb. 2–71).

Mithilfe von Erfahrungswerten können die erforderlichen Wand-, Fassaden- und Dachflächen abgeschätzt und somit kann das Gebäudemodell vervollständigt werden. Damit liegen sämtliche für eine Investitionskostenschätzung erforderlichen Massen der kostenbeeinflussenden Grobelemente vor.

2.7 BIM-Beratung

Bereits in der Phase der Projektvorbereitung müssen sich Bauherr und Projektmanagement intensiv mit einer neuen Planungsmethode, dem sogenannten Building Information Modeling (BIM), befassen (siehe auch im Detail Kap. 4.1).

Die – eigentlich banale – Empfehlung lautet: „Erst planen, dann bauen", also erst virtuell bauen und alle Prozesse in Simulationen abbilden, danach erst real bauen. Dies ist in der Vergangenheit tatsächlich vernachlässigt worden. Auch eine Studie der Reformkommission des BMVB für den Bau von Großprojekten schlägt vor, Bauherrn sollen digitale Planungsmethoden wie BIM anwenden. Dabei stellten die Experten ernüchtert fest, dass die Digitalisierung im deutschen Bausektor – anders als in anderen Wirtschaftszweigen – nur sehr langsam voranschreitet.

Der Unterschied der BIM-Planungsmethode im Vergleich zu herkömmlichen CAD-Planungsmodellen besteht darin, dass die einzelnen Modellelemente weiterführende Informationen beinhalten können. Diese Informationen können Attribute zum Material, zu seiner Lebensdauer, zur Schalldurchlässigkeit, zum Brandschutz und zu den Kosten sein. Die Koordination und Kollaboration der beteiligten Fachplaner erfolgt anhand der Modelle.

In Projekten mit einem CDE (Common Data Environment) werden alle Modelle zentral zur Verfügung gestellt und Attribute in einer ebenfalls zentralen Datenbank abgelegt. Somit sind Modell- und Datenbankinformationen für alle Beteiligten verfügbar. Eine BIM-Beratung hat zum Ziel, eine interne Strategie für den Umgang mit BIM aufzustellen und Maßnahmen einzuleiten, um den Nutzen für die Organisation sicherzustellen. Diese Strategie ist wesentlicher Bestandteil aller weiteren Managementunterlagen für die Organisation eines BIM-Projekts. Das Erstellen einer solchen BIM-Strategie erfolgt in vier Schritten (siehe Abb. 2–71):

Abb. 2–71 Ablauf der BIM-Beratung

2.7.1 Aufzeigen von Vorteilen und Konsequenzen

In der ersten Phase geht es um das Erkennen von Potenzial für die eigene Organisation durch den Bauherrn. Wenn dieser noch keine Erfahrung mit BIM hat, aber auch bei Bauherrn mit Vorwissen, müssen zunächst die Möglichkeiten, Prozesse, Technologien sowie Aufwand und Nutzen aufgezeigt werden.

Die detaillierte Vorgehensweise bei BIM wird in Kap. 4.1 aufgezeigt. Ein Gebäude wird nach der BIM-Methode nicht mehr gezeichnet wie bei den heute üblichen CAD-Programmen, sondern mit Bauelementen aus einer Datenbank konstruiert wie mit einem virtuellen LEGO-Baukasten. Dabei dürfen alle Planer mitmachen, wobei jeder seinen Spezialbaukasten hat, beispielsweise für die Architektur und die Gebäudetechnik. Die Teilmodelle werden zu einem gemeinsamen Koordinationsmodell zusammengestellt – und wo es nicht passt, muss nachgearbeitet werden. Dieses Prinzip erfordert eine kooperative Planungsweise, das heißt zusammenarbeiten und nicht neben- oder gegeneinander.

Ein ganz großer Vorteil gegenüber den herkömmlichen Planungsverfahren ist die Datenkonsistenz, der einfache digitale Austausch, die Eindeutigkeit und die Mehrfachverwendung von Daten ohne Datenverlust!

Der Zugriff auf die BIM-Daten ist während des gesamten Lebenszyklus eines Gebäudes gewährleistet: von der

Planung über den Bau bis zur Bewirtschaftung. Das Ziel ist es, die verschiedenen Planungsbereiche wie Architektur, Tragwerk, Fassade, Baustoffe, TGA sowie die ausführenden Unternehmen gemeinsam auf ein optimiertes und den Anforderungen und Vorstellungen des Bauherrn entsprechendes Gebäude in Qualität, Funktion und Betrieb auszurichten.

Bei einer professionellen Planung mit BIM zusammen mit einem BIM-spezialisierten Projektmanagement ergibt sich für die Beteiligten auf der Auftraggeberseite vor allem eine deutliche Risikoreduzierung (siehe Abb. 2–72).

Sowohl für den Investor als auch für Kreditgeber und Versicherungen sowie für den späteren Betreiber birgt ein Gebäude immer Termin-, Kosten- und Qualitäts- risiken:

– Der Investor muss die Risiken in die Miete einpreisen und reduziert damit seine Marktchancen (oder seinen Gewinn, wenn er die Risiken nicht einpreist und diese eben doch eintreten).
– Die Kreditgeber könnten günstigere Kredite vergeben, wenn sie sicher sind, dass sich die Risiken in einer niedrigeren und besser abgesicherten Bandbreite bewegen als bisher.
– Die Versicherer könnten günstigere Konditionen anbieten.
– Und last not least könnten sich Planer und ausführende Firmen günstiger versichern und zwischenfinanzieren.

Das kooperative Verfahren und die Datenkonsistenz reduzieren diese Risiken im Zusammenhang mit einem BIM-erfahrenen Projektmanagement ganz erheblich.

Dies geschieht im Einzelnen durch folgende Faktoren:

– Bessere Funktionalität
– Bessere Gebäudequalität
– Bessere Performance im Projekt durch strukturierte und synchronisierte Prozesse
– Kostensicherheit
– Idealer Einsatz von Mitteln
– Einsparungen bei den Investitionskosten
– Optimierte Bewirtschaftung und Einsparungen bei den Betriebskosten, weil durch Simulation der Betrieb in Varianten untersucht werden kann

Alle diese Faktoren können sichergestellt werden, wenn BIM richtig aufgesetzt und professionell betrieben wird. Ohne die entsprechenden Experten beim Bauherrn und Projektmanagement sowie bei den Planern ist BIM allerdings ein Abenteuer, auf das man sich besser nicht einlässt.

Bei den Planungsbeteiligten steigt – zumindest zunächst – der Aufwand, denn auf sie kommen Anschaffungs-, Personal- und Beratungskosten zu wie z. B.:

– Kosten für Hardware und Software, Support
– Kosten für Schulungen, Beratung
– Übungsprojekte für das Durchlaufen der Lernkurve

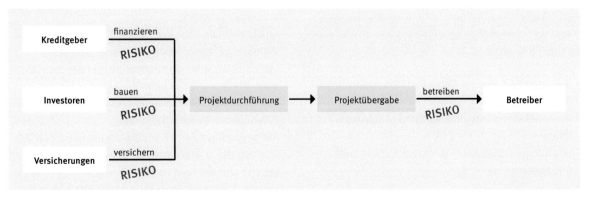

Abb. 2–72 Risiken auf der Auftraggeberseite

– Einstellen von (teuren) Spezialisten für Datenmodelle und Datenmanagement mit hoher Verantwortung (höhere Abhängigkeit von Einzelpersonen und höhere Kosten)

Das wird zunächst zu höheren Honoraren führen (Schätzung 10 bis 15 %), was aber durch Einsparungen bei der Erstellung des Bauwerks in gleicher prozentualer Höhe ausgeglichen wird, wenn das Projektmanagement in Zusammenarbeit mit den Planern die durch BIM eröffneten Möglichkeiten nutzt. Per Saldo könnte sich für den Bauherrn bei besserer Funktionalität und Qualität folgender wirtschaftlicher Vorteil allein bei der Investition ergeben:

> **Mehrkosten Planung 2 % (20 % x 10 %)**
> **./. Minderkosten Bauausführung 8 % (80 % x 10 %)**
> **ergibt Einsparung = – 6 %**

Aus dieser Sicht würde sich der Einsatz von BIM also mit Sicherheit lohnen. Aber selbst wenn nur die Aufwendungen in der Planung durch die Einsparungen im Projekt gedeckt würden, bedeutet dies ab der Inbetriebnahme Gewinn, da der Betrieb auf die hohe Informationsqualität aus der Planung aufbaut und nur profitieren kann.

2.7.2 Analyse und Anforderungen

Entscheidet sich der Bauherr generell für den Einsatz von BIM oder ist er noch unsicher, dann müssen vor einer möglichen Implementierung bestimmte Analysen durchgeführt werden:

– eventuell bestehender CAD- und IT-Standards beim Bauherrn
– eventuell schon vorhandener BIM-Ansätze beim Bauherrn
– des Informationsbedarfs des organisatorischen Gebäudemanagements

– des Informationsbedarfs des technischen Gebäudemanagements
– der Prozesse des Bauherrn für Entscheidungen
– der Beschaffungsstrategie

Diese Analysen werden am besten in gemeinsamen Workshops mit den Bauherrnvertretern durchgeführt. Dazu gehört auch, die Belange und Interessen hinsichtlich der Geschäftsmodelle des Bauherrn eingehend zu analysieren, da BIM diese bestmöglich unterstützen soll.

2.7.3 Strategie und Maßnahmen

Sind alle Grundlagen vorhanden, gilt es, die für den vorliegenden Fall optimale BIM-Strategie zu erarbeiten. Dabei geht es darum, den Nutzen von BIM für den Bauherrn zu erfassen und Wege aufzuzeigen, wie man diesen bestmöglich unterstützen kann (siehe Abb. 2–73). Dabei kann der Nutzen für Bauherrn recht unterschiedlich gehandhabt werden:

– Stehen energieoptimierte Gebäude im Fokus, dann ist das Einfordern von Energiesimulationen und der dafür erforderlichen Bewertungskompetenz sicherlich sinnvoll.
– Ist ein Bauherr gleichzeitig auch Betreiber, dann wird er Wert auf eine nahtlose Übernahme in sein CAFM legen.
– Beim Bau von Veranstaltungsstätten hat man sicherlich ein großes Interesse an der Simulation von Personenbewegungen und Klimavarianten (z.B. Luftmassensimulation).
– Errichtet ein Bauherr in größeren Abständen oder nur einmal ein Einzelprojekt, so ist eine sogenannte „OPEN-BIM"-Strategie angebracht, bei der die Planer unter der Führung des beim Projektmanagement angesiedelten BIM-Managements jeweils ihre eigene BIM-Software benutzen können.
– Auf der anderen Seite kann die sogenannte „CLOSED-BIM"-Strategie angebracht sein, wenn der Bauherr sehr oft und viel baut und die Gebäude auch selbst betreut. Bei dieser Strategie wird die BIM-Software ganz oder teilweise vom Bauherrn vorgeschrieben,

die die Planer verwenden müssen. Das BIM-Management ist in diesem Fall beim Bauherrn angesiedelt. Diese Variante bedeutet allerdings für die Planer einen höheren Einarbeitungsaufwand, falls sie nicht zufällig sowieso die vorgeschriebene BIM-Software benutzen (siehe hierzu im Detail Kap. 4.1).

– Auch „LITTLE BIM" oder „BIG BIM" kann ein Thema sein. Bei „LITTLE BIM" verständigt sich das Projektteam lediglich auf die Grundfunktion einer qualitativ hochwertigen, kollisionsfreien und modellbasierenden Planung anhand der BIM-Methodik. Bei „BIG BIM" versucht das Projektteam, möglichst viele Modellanforderungen des Bauherren, aber auch des Projektmanagements zu erfüllen.

2.7.4 Förderung und Transformation

Um den möglichen Nutzen von BIM im vollen Umfang realisieren zu können, muss der Bauherr auch auf seiner Seite Qualifikationen installieren, die eine Bewertung durchführen können. Dazu bietet sich die Bewertung mittels eines sogenannten Reifegradmodells an, das folgende Informationen darstellt:

– die aktuelle Situation
– den angestrebten Zustand
– den erreichten Zustand
– das jeweilige Delta

Für das Heben der Potenziale ist es erforderlich, dass auch der Besteller von BIM, also der Bauherr, BIM-kompatibel ist. Inwieweit er dann die hohe Informationsqualität aus den Modellen verwendet und nutzt, das ist individuell sehr verschieden. Wer den Schritt kompetent macht, wird Erfolg haben, sei es beim ROI oder auch schon durch die Minimierung von Risiken.

Abb. 2–73 Abstimmen strategischer Ziele

KONVENTIONELLE PLANUNG MIT PROJEKT-MANAGEMENT

Nach wie vor kommt der konventionellen Planung in Verbindung mit einem professionellen Bauprojektmanagement eine große Bedeutung zu, da diese Verfahren noch einige Zeit am Markt Bestand haben werden. Von kompetenten Planern und Projektmanagern durchgeführt, lassen sich damit in Verbindung mit konventionellem Bauen auch gute Ergebnisse erzielen. Außerdem ist der Großteil von Vorschriften aller Art noch darauf abgestimmt. Ungeachtet dessen sollte allerdings das baubegleitende Facility Management Consulting auch bei konventionellen Planungs-verfahren von Beginn an mit einbezogen werden.

3.1 Konventioneller Ablauf nach HOAI

Der seitherige – alte – Planungsprozess ist ein linearer Prozess, bei dem strikt zwischen Planung und Ausführung getrennt wird.

Der Architekt entwickelt eine Raumstruktur, der Tragwerksplaner sorgt für die Standsicherheit, die TGA-Fachplaner integrieren die notwendige technische Infrastruktur. Dies alles erfolgt in vielen einzelnen Planungsschritten. Auf der Grundlage der Planung werden die Leistungen beschrieben und Baufirmen zur Abgabe von Angeboten aufgefordert. Planung und Produktion sind strikt getrennt. Bei öffentlichen Bauprojekten ist es verboten, dass Planer und ausführende Firmen vor der Vergabe Kontakt aufnehmen. Damit kann aber das Fachwissen dieser Firmen nicht zum eigentlich richtigen Zeitpunkt in die Planung integriert werden (siehe Abb. 3–1).

Die einzelnen Schritte in diesem linearen Prozess laufen ab wie folgt:

3.1.1 Vor- und Entwurfsplanung

Vorplanung

In der Vorplanungsphase sind grundsätzlich folgende Planungsinhalte zu klären:

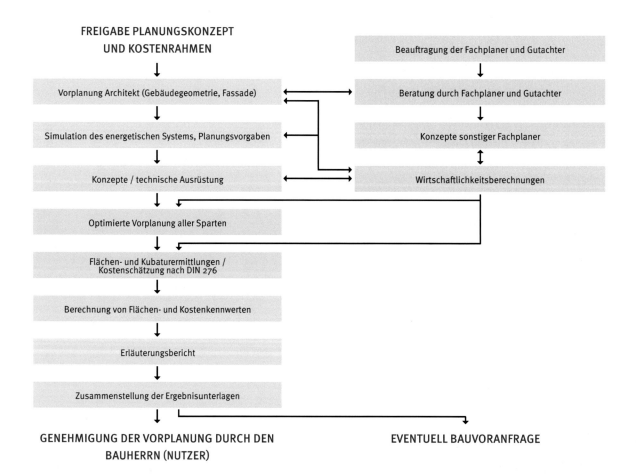

Abb. 3–1 Vorplanungsphase

- funktionale Zusammenhänge (Räume, Verkehrswege)
- Gebäudegeometrie (Baumassen, grundsätzliche Fassadengestaltung)
- energetisches System (bauphysikalische Rahmendaten, Gebäudetechnik)
- konstruktives System (Gebäuderaster, Konstruktionsraster, Geschosshöhen)

Nach Abschluss der Ideenphase sind zunächst die notwendigen Fachplaner und Gutachter zu beauftragen. Der Architekt erarbeitet die Vorplanung im Maßstab 1:200, wobei sämtliche Festlegungen in Bezug auf die Gebäudegeometrie und die Fassade getroffen werden sollten. Bei dieser Ausarbeitung wird er durch die Fachplaner und Gutachter beraten, z. B. im Hinblick auf das Konstruktionsraster, die Gebäudehöhen oder die Fassadenausbildung.

Es empfiehlt sich, auf der Grundlage dieser Vorplanung eine Simulation des energetischen Systems durchzuführen, um abgesicherte Planungsvorgaben für die weitere Abwicklung zu erhalten. Zu diesem Zweck werden die gesamte Geometrie des Gebäudes, die bauphysikalischen Daten, die Witterungsbedingungen sowie die Nutzung des Gebäudes per Computer simuliert, sodass unter den verschiedensten Bedingungen die entstehenden Raumkonditionen berechnet werden können. Dadurch ist es möglich, eine in Bezug auf die Planung des Architekten und die vorgesehene Nutzung optimale Gebäudehülle zu schaffen, deren Daten für die weitere Planung zugrunde zu legen sind (siehe Abb. 3–2).

Auf der Grundlage dieser Simulation sowie der vorliegenden Pläne erstellen die Fachplaner ihre Konzepte für die technische Ausrüstung. Diese setzen auf den Vorgaben für den Architektenwettbewerb auf und beziehen den späteren Betrieb (Facility Management) mit ein. Dazu werden die Nutzeranforderungen in Prozessanforderungen und schließlich in eine Bewirtschaftungskonzeption überführt.

So wird durch das Projektmanagement sichergestellt, dass die Technikplanung von Beginn an optimal auf den späteren Betrieb ausgerichtet ist.

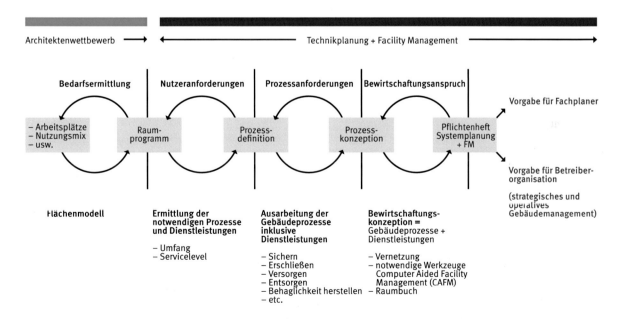

Abb. 3–2 Vorgaben für Fachplaner und Betreiberorganisation

Begleitend zu diesen ganzen Planungsschritten werden laufend Wirtschaftlichkeitsberechnungen durchgeführt mit dem Ziel, ein funktionell, qualitativ und wirtschaftlich optimales Gebäude zu planen. Nach Abschluss der Planungsleistungen wird die optimierte Vorplanung aller Fachgebiete aufgezeichnet, wobei auch das Konzept für die Außen- bzw. Freianlagen mit enthalten sein muss. Auf der Grundlage der vorliegenden Pläne und Berechnungen werden die erforderlichen Flächen und die Kubatur ermittelt sowie eine Kostenschätzung in der Gliederung der DIN 276 (Kosten von Hochbauten) durchgeführt.

Auf der Grundlage aller Pläne, Daten und Berechnungen wird ein Erläuterungsbericht erstellt, der auch wesent-

liche Flächen- und Kostenkennwerte ausweisen sollte. Die zusammengestellten Unterlagen werden dem Bauherrn zur Genehmigung vorgelegt und von diesem, eventuell mit Prüfbemerkungen versehen, freigezeichnet.

Zu diesem Zeitpunkt kann es sich bei vielen Projekten empfehlen, eine sogenannte Bauvoranfrage zu machen, das heißt, die entsprechenden Genehmigungsbehörden über die Vorplanungsunterlage in Kenntnis zu setzen, um Aussagen über die Genehmigungsfähigkeit zu erhalten.

Entwurfs- und Konstruktionsplanung
In der Phase der Entwurfsplanung sind die konstruktiven Details sowie die prinzipiellen Vorstellungen für Dach, Fassade und Ausbau zu entwickeln (siehe Abb. 3–3).

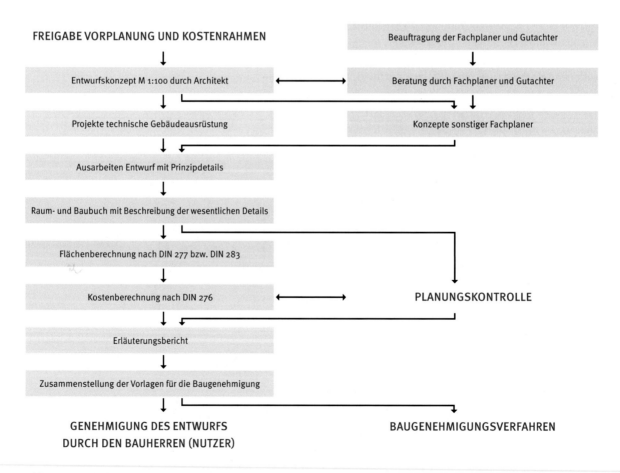

Abb. 3–3 Entwurfsphase

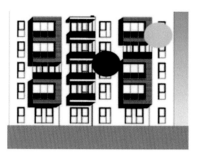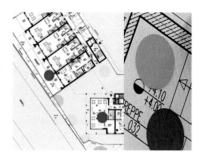

Abb. 3–4 Punktweise Abstimmung von Planungsdetails

Zunächst erstellt der Architekt das Entwurfskonzept im Maßstab 1:100, wobei parallel die Entwicklung der Fassaden- und Dachdetails durchzuführen ist. Bei größeren Projekten mit aufwendiger Fassade empfiehlt es sich, zu diesem Zeitpunkt einen spezialisierten Fassadenplaner einzuschalten. Auf der Grundlage des Entwurfskonzepts des Architekten erarbeiten die Fachplaner ihre Projekte zur technischen Gebäudeausrüstung für die einzelnen Gewerke. Diese Projekte sind mit einer Vollständigkeit und Genauigkeit auszuarbeiten, die eine Ausschreibung der einzelnen Gewerke ermöglicht. Der Tragwerksplaner führt auf der Grundlage des Entwurfskonzeptes die Bemessung der einzelnen Bauteile sowie deren konstruktive Ausbildung durch. Als Endergebnis entstehen Positionspläne und Ausschreibungsunterlagen, was die Leistung des Tragwerkplaners in dieser Phase nahezu abschließt. Wenn die Ausarbeitungen der Fachplaner vorliegen, muss der Architekt sie in seinen Entwurf integrieren und dabei sämtliche Planungen auf Übereinstimmung bzw. Unverträglichkeiten analysieren (siehe Abb. 3–4).

Es ist eine wichtige Aufgabe des Projektmanagements, diese Leistung vor dem Übergang in die Ausführungsplanung sicher zu überwachen. Dabei müssen alle relevanten Details für die Baugenehmigung gecheckt werden.

Das Ergebnis der Entwurfsplanung wird sinnvollerweise in einem Raum- und Baubuch mit Beschreibung der wesentlichen Details festgelegt (siehe Abb. 3–5).

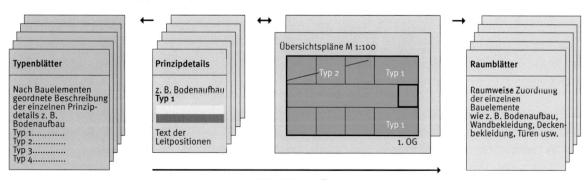

Abb. 3–5 Raum- und Baubuch als Grundlage für eine Raumbeschreibung

Dieses Dokument kann so gestaltet werden, dass die einzelnen Prinzipdetails des Ausbaus auf Einzelblättern beschrieben werden und gleichzeitig eine Zuordnung in eventuell verkleinerten Übersichtsplänen M 1:100 erfolgt. Aus diesen Unterlagen lassen sich Raumblätter erzeugen, die später direkt als Grundlage für die Ausschreibungen verwendet werden können. Nach Festlegung sämtlicher Pläne und Daten erfolgen eine Flächenberechnung nach DIN 277 bzw. DIN 283 sowie eine Kostenberechnung. An dieser Stelle wird nochmals überprüft, ob der gesetzte Kostenrahmen mit den nunmehr fixierten Prinzipdetails eingehalten werden kann oder ob in größerem Umfang Abweichungen auftreten. Diese Erkenntnisse werden in einem Erläuterungsbericht zusammengestellt, der zusammen mit den Vorlagen für die Baugenehmigung dem Bauherrn übergeben wird. Durch den Bauherrn erfolgt nunmehr auch die Genehmigung des Entwurfs, wobei evtl. aufgrund des Erläuterungsberichts gewisse Änderungsforderungen festgehalten werden. Im Anschluss daran oder parallel dazu kann das Baugenehmigungsverfahren bei den Behörden beginnen, das üblicherweise im Umlauf durch die verschiedenen beteiligten Ämter und Vertreter öffentlicher Belange durchgeführt wird. Zur Abkürzung des Verfahrens empfiehlt es sich dringend, sämtlichen beteiligten Stellen gleichzeitig eine Ausfertigung der Genehmigungsunterlagen zuzustellen und persönlich dafür zu sorgen, dass diese Unterlagen auch bearbeitet werden. Textübernahme in EDV-Katalogsystem (Leitpositionen).

Modelle und Simulation

Zur Absicherung von Vorplanung und Entwurf beim Bauherrn und bei den Genehmigungsbehörden ist die Erstellung von Modellen der Gebäude im entsprechenden Maßstab ein wichtiges Hilfsmittel. Vor allem branchenfremde Bauherren können sich oft nur anhand von Planunterlagen keine ausreichende Vorstellung von den Planungsinhalten machen.

Mit den heutigen Hilfsmitteln des CAD empfiehlt sich in der Entwurfsphase eine Ergänzung der Modelle durch Computervisualisierungen. Diese Visualisierung kann sich auch auf die Darstellung von Innenräumen erstrecken, insbesondere im Falle einer Vermarktung vor Bau-

fertigstellung. Aufgrund solcher Darstellungen können sich potenzielle Käufer schon früh eine weit bessere Vorstellung von dem angebotenen Objekt machen als nur anhand von Zeichnungen (siehe Abb. 3–6 bis 3–8).

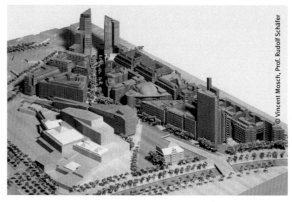

Abb. 3–6 Holzmodell Potsdamer Platz in Berlin

Abb. 3–7 Gebäudevisualisierung Potsdamer Platz in Berlin

Abb. 3–8 Innenraumsituation Wohnanlagen Hohenzollernpark

3.1.2 Genehmigungsverfahren

Je nach Lage des Grundstücks ist ein Projekt mit mehr oder weniger umfangreichen Genehmigungsverfahren „belastet". Diese erfordern ganz unabhängig von den übrigen Tätigkeiten einen gesonderten Zeitaufwand, der vom Projektmanagement sorgfältig erfasst, terminiert und koordiniert werden muss. Im Wesentlichen handelt es sich um ein dreistufiges Verfahren.

- Bebauungsplan (verbindliche Bauleitplanung)
- Baugenehmigungsverfahren (projektbezogene Plangenehmigung)
- Baufreigabe (Freigabe der Bauausführung)

Im Folgenden werden die einzelnen Stufen erläutert.

Bebauungsplanung (verbindlicher Bauleitplan)
Auf der Grundlage der Flächennutzungspläne werden für dort ausgewiesene Bauflächen oder Baugebiete die Bebauungspläne aufgestellt. Ihr zeitlicher Geltungsbereich beträgt ca. fünf Jahre. Sie weisen für diese Baugebiete die zulässige Bebauung aus, die in der Regel durch folgende Festsetzungen definiert wird:

- Art der baulichen Nutzung:
  z. B. Wohnbauflächen oder gemischte Bauflächen
- örtliche Verkehrsflächen:
  in der Regel Erschließungsstraßen
- Maß der baulichen Nutzung
  - Geschossflächenzahl (GFZ):
    Grundstücksfläche x GFZ = Gesamtfläche der zulässigen Geschossflächen ab Erdgeschoss
  - Baumassenzahl (BMZ):
    Grundstücksfläche x BMZ = max. Kubatur ü. Erdreich
  - Zahl der Vollgeschosse (Z): z. B. IV = 4 Vollgeschosse
- Grundflächenzahl (GRZ): Grundstücksfläche x GRZ = max. bebaubare Grundstücksfläche

Nach der neuen Baunutzungsverordnung (BauNVO) zählen auch unterirdische Bauteile zur bebauten Grundstücksfläche. Das soll die Bodenversiegelung reduzieren. In der Regel werden größere Bebauungspläne heute auf der Basis eines vom Bauherrn vorgelegten Grundsatzentwurfs durchgeführt, da man

richtigerweise zu der Ansicht gekommen ist, dass weniger die Festlegung von Zahlen als vielmehr die Ausarbeitung einer Planung zur Richtschnur für die richtige Bebauung genommen werden sollte.

Im Rahmen der Erstellung oder Änderung von Bebauungsplänen ist eine enge Zusammenarbeit mit den zuständigen Stellen unumgänglich. Zur Beschleunigung der Aufstellung entsprechender Pläne kann Hilfestellung insbesondere im Bereich vermessungstechnischer Leistungen angeboten werden. Entscheidend ist aber, dass die erforderlichen Schritte für die Abwicklung des Bebauungsplans sorgfältig ermittelt und mit realistischen Zeitansätzen versehen in den Terminplan aufgenommen werden. In der Regel ist mit einer Gesamtdauer von ca. 1,5 Jahren, mindestens aber mit einem Jahr zu rechnen. Schwierige Bebauungspläne mit massivem öffentlichem oder nachbarrechtlichem Interesse können aber ganz erheblich länger dauern. Der verabschiedete Bebauungsplan muss vom Regierungspräsidium zustimmend zur Kenntnis genommen werden und ist dann Basis für die Erteilung der Baugenehmigung. In der nebenstehenden Grafik ist ein vereinfachter Musterablauf dargestellt.

Baugenehmigungsverfahren
Die Baugenehmigungspläne müssen auf der Grundlage des vorliegenden Bebauungsplans erstellt werden. Vom Baurechtsamt und von den übrigen Genehmigungsbehörden einschließlich der Träger öffentlicher Belange und der Angrenzer wird die Übereinstimmung mit dem Bebauungsplan geprüft. Kleinere Abweichungen werden dabei in der Regel von den Genehmigungsbehörden toleriert, wobei die Angrenzer meist weniger Neigung zur Toleranz zeigen. Will man sich in größerem Umfang nicht an einen bestehenden Bebauungsplan halten, so ist in der Regel ein Bebauungsplan-Änderungsverfahren die Folge. Dies bedeutet im Prinzip den kompletten Durchlauf eines Bebauungsplanverfahrens (siehe Abb. 3–9).

In Ausnahmefällen kann anstatt eines Bebauungsplan-Änderungsverfahrens ein „beschleunigtes" Verfahren nach § 33(2) BauGB durchgeführt werden. In diesem Fall wird eine vom Baurechtsamt erteilte Baugenehmigung ohne entsprechenden Bebauungsplan im Sinne einer Befreiung durch das Regierungspräsidium freigegeben. Die Änderung im Bebauungsplan wird dann nachvollzogen. Es hat sich in der Praxis aber gezeigt, dass der Zeitgewinn durch dieses Verfahren in der Regel gering ist, da das Baugenehmigungsverfahren selbst sehr viel länger dauert. Grundsätzlich können die

Baugenehmigungsverfahren zur Zeitersparnis parallel zu der Erstellung von Bebauungsplänen durchgeführt werden. Das Risiko liegt in diesem Fall allerdings beim Bauherrn, der die entsprechenden Leistungen auf seine Kosten durchführen lassen muss. Scheitert das Bebauungsplanverfahren, sind die entsprechenden Kosten verloren. Eine Reihe von Punkten des späteren Genehmigungsverfahrens sollte unbedingt schon im Rahmen der Vorplanung mit den zuständigen Behörden vorgeklärt werden. Dazu gehören ganz besonders:

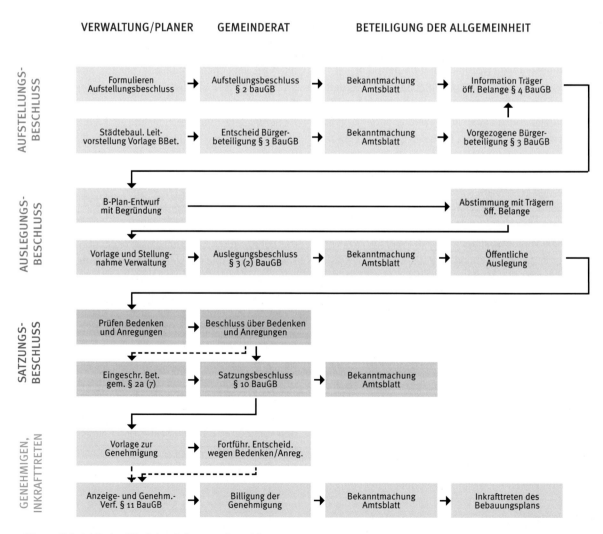

Abb. 3–9 Beispiel für den Ablauf eines Bebauungsplanverfahrens

– Brandschutz
– Arbeitsstättenverordnung
– nachbarrechtliche Belange
– wasserrechtliche Belange
– Aushub und Abfuhrmöglichkeiten für Aushubmaterial, insbesondere bei kontaminierten Böden

Üblicherweise ist die Entwurfsplanung im Maßstab
M 1:100 die Grundlage für einen Baugenehmigungs-
antrag, da erst in diesem Maßstab eine Planungssicher-

heit erreicht ist, die eine Vielzahl von Tekturen verhindert. Häufig stehen jedoch vor allem Großprojekte, die
mit einer starken Überlappung von Planung und Ausführung arbeiten, unter großem Zeitdruck, sodass eine
ergänzte Vorplanung M 1:200 als Baugesuch verwendet
wird. Damit ist allerdings häufig ein großer Änderungs-
aufwand mit häufigen Nachgenehmigungen program-
miert, die jedes Mal zusätzliche Gebühren kosten. Der
Ablauf des Genehmigungsverfahrens ist vereinfacht in
folgendem Schema dargestellt (siehe Abb. 3–10).

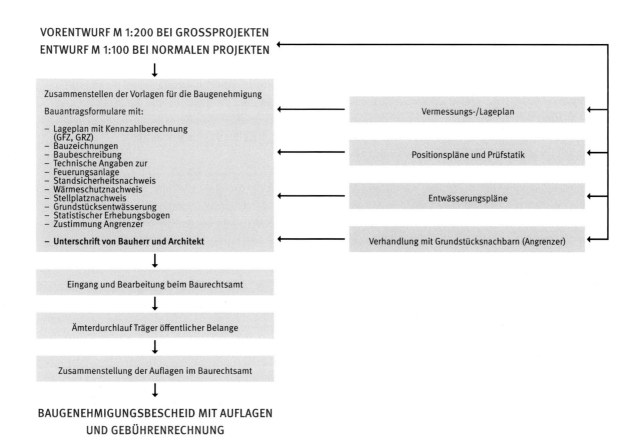

Abb. 3–10 Schemaablauf eines Genehmigungsverfahrens

Baufreigabe

Die Baufreigabe (der berühmte „Rote Punkt") erfolgt grundsätzlich erst, wenn die Ausführungspläne auf Standsicherheit geprüft sind und die Entwässerungspläne vorliegen. Bei Großbauvorhaben ist es üblich, die Baufreigaben in Etappen zu erteilen, da zu Beginn der Arbeiten nur wenige geprüfte Pläne vorliegen. Im Interesse des Bauherrn muss der Projektmanager aber darauf achten, dass vor Beginn der Fundamentarbeiten alle Positionspläne eines Bauabschnitts und die gesamte Baustatik geprüft sind. Bei Vernachlässigung dieser Forderung kann es zu erheblichen Kosten für den Bauherrn kommen, wenn der Tragwerksplaner plötzlich aus Planungsänderungen in den Obergeschossen Konstruktionsänderungen bis zur Gründung vornehmen muss (alles schon mal da gewesen).

3.1.3 Ausführungsplanung

Zur Erstellung von Planunterlagen werden heute zwei grundsätzliche Planungsverfahren angewendet:

- CAD 2-D
- CAD 2-D/3-D

Die heute eingesetzten CAD-Verfahren sind meist zweidimensional, werden jedoch zunehmend durch dreidimensionale Komponenten ersetzt. Der Vorteil der CAD-Planung liegt in der Datenübergabe zwischen den einzelnen Planern und der gemeinsamen Planaktualisierung. Bei großen Projekten liegen die CAD-Daten heute auf einem Internetserver (siehe auch Kapitel 3.2.5 Projektkommunikationsmanagement).

Ausführungsplanung Rohbau

Die Ausführungsplanung beinhaltet das Erstellen von ausführungsreifen Plänen auf der Basis des genehmigten Entwurfs für Rohbau, Gebäudetechnik, Ausbau und Außenanlagen. Aus terminlichen Gründen kann mit dem Beginn der Ausführungsplanung meist nicht bis zur Erteilung der Baugenehmigung gewartet werden, sondern es wird unmittelbar nach der Abnahme des Entwurfs durch den Bauherrn bzw. Nutzer begonnen (siehe Abb. 3–11).

Werkplan 1 (Grundriss, Schnitt, Ansicht): Aus den vom Bauherrn genehmigten Entwurfsplänen werden die sogenannten Werkpläne auf CAD in einen größeren Maßstab übertragen, in der Regel M 1:50. An Maßen werden die Hauptabmessungen außen und innen (keine Maßketten), die Rastermaße und die Abmessungen aus der statischen Vorbemessung eingetragen. An Aussparungen werden nur konstruktiv vorgesehene Öffnungen eingetragen, wie z. B. Installationsschächte, Aufzugsschächte, große Wanddurchbrüche. Wichtig ist die ausreichende Ausarbeitung von Schnitten.

Schalplan 1 und Berechnung der Bewehrungspläne: Auf der Basis des Werkplans 1 zeichnet der Statiker den Schalplan M 1:50. In diesem werden sämtliche Bauglieder aus Ortbeton, Mauerwerk, Fertigteilen, Stahl-, Holz- und Kunststoffteilen erfasst, soweit sie zur tragenden Konstruktion gehören oder mit dieser konstruktiv verbunden sind (z. B. keine Wände als Mauerwerk, die reine Trennfunktion haben, wohl aber Trennwände aus Ortbeton und Brüstungsplatten aus Betonfertigteilen). Parallel zum Schalplan 1 werden die endgültige Berechnung der Bewehrungspläne und die exakte Bemessung der Konstruktionsteile durchgeführt und die daraus resultierende Bemessung in den Schalplan 1 eingetragen (jedoch keine Maßketten).

Rohbaudetailplanung: Als Ergänzung zum Werkplan entwickelt der Architekt alle rohbaurelevanten Details. Dabei werden in Einzeldarstellung in den Maßstäben M 1:20 bis M 1:1 alle wesentlichen Material-, Konstruktions- und Anschlussprobleme eindeutig dargestellt. Insbesondere sind dabei zu erfassen:

- Anschlusspunkte von Fassaden, Brüstungen, Balkonen, Decken, Stützen
- Dachkonstruktionen
- Ankerplatten, Ankerschienen

Aussparungspläne technische Ausrüstung: Die Fachingenieure tragen auf der Basis ihrer Projekte ihre Vorstellungen bezüglich Aussparungen, Montageöffnungen, Boden-, Wand- und Deckenkanälen, Installationsgerüsten, Montageschienen und Fundamenten ein. Außerdem sind die voraussichtlichen Abmessungen

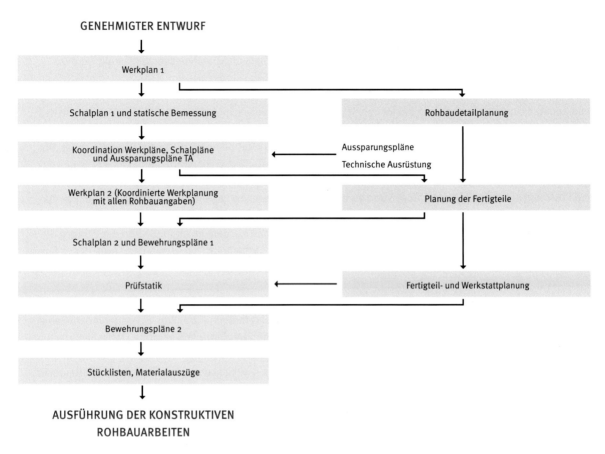

Abb. 3–11 Schemaablauf Ausführungsplanung Rohbau

aller größeren Geräte anzugeben, am besten in einem speziellen zentralen Plan M 1:20. Falls es vom Zeitablauf her möglich ist, sollte auch der Schalplan 1 zugrunde gelegt werden, um Aussparungen nicht an kritischen Punkten anzuordnen. Sämtliche Angaben sollen im Umlaufverfahren eingetragen werden, wobei sinnvollerweise folgende Reihenfolge gewählt wird:

*Abwasserleitungen › Lüftung › Sprinkler › Wasser ›
Heizung › Elektroleitungen*

Koordination: Der Werkplan 1, Schalplan 1 und der Schlitzplan werden vom Architekten zusammen mit dem Statiker und den Fachingenieuren überprüft und koordiniert. In Bereichen, in denen die einzelnen Vorstellungen nicht übereinstimmen, müssen Kompromisslösungen gefunden werden. Hierbei sollte aller-

dings die Konstruktion möglichst Vorrecht haben, da der Gesamtumfang der Änderungen bei Eingriffen in die Konstruktion fast immer bedeutend größer als zuerst angenommen ist (siehe Abb. 3–12).

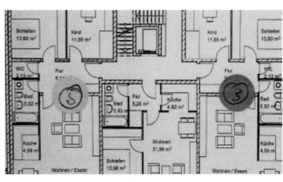

Abb. 3–12 Koordination Werkpläne

Werkplan 2: Im Werkplan 2 werden die koordinierten Angaben des Statikers und der Fachingenieure – vor allem sämtliche Aussparungen für die Gebäudetechnik – übernommen und vermaßt (Maßketten Rohbau). In diesem Status gehen die Werkpläne zusammen mit den Rohbaudetails und den Fertigteilplänen an den Statiker. Außerdem bildet diese Werkplanstufe die Ausführungsunterlage für den Einbau des nicht tragenden Mauerwerks. Es müssen insbesondere vor Auslieferung des Werkplans 2 an die Bauunternehmung alle Mauerwerks- und Brüstungshöhen, evtl. Aussteifungen und Verbände sowie die Materialien angegeben werden. Der Werkplan 2 muss mit dem Vermerk „freigegeben zur Ausführung sämtlicher Rohbauarbeiten" gekennzeichnet werden.

Fertigteilplan: Sind für bestimmte Bauteile tragende Fertigelemente vorgesehen, so sind die Pläne nach der Koordination parallel zu dem Werkplan 2 (Bereich Rohbau) unter Berücksichtigung der Rohbaudetails zu erstellen. Die Darstellung sollte im Maßstab 1 : 10 und 1 : 20 geschehen, wobei eine stetige Korrespondenz mit dem Werkplan 2 hergestellt werden muss. Infrage kommen hauptsächlich Bauelemente aus Stahlbeton, Stahl, Holz und Verbundelemente. Diese Fertigteilpläne müssen zur Erstellung des Schalplans 2 vorliegen und dienen außerdem als Grundlage für die Ausschreibung und die Arbeitsvorbereitung der ausführenden Unternehmen.

Schalplan 2 und Bewehrungspläne: In den Schalplan 2 werden alle Ergebnisse aus dem Werkplan 2, den Rohbaudetails und den Fertigteilplänen übernommen. Es müssen also sämtliche Aussparungen, Einbauteile, Ankerplatten, Halfenschienen usw. eingetragen werden. Sämtliche Darstellungen werden nunmehr mit Maßketten versehen. Der Schalplan 2 dient als Unterlage für den Bewehrungsplan 1. Außerdem wird er der Baustelle für die Schalungsvorbereitung für die Werkstattplanung der Fertigteile freigegeben. Die nach der statischen Berechnung erforderliche Bewehrung wird vom Konstrukteur in den Schalplan 2 eingetragen (evtl. in eine Mutterpause). Dabei muss in erster Linie darauf geachtet werden, dass die Bewehrung montagegerecht konstruiert wird (keine Überlängen, wenig Aufbiegungen,

möglichst Lagermatten statt Listenmatten wegen langer Lieferzeit). Die einzelnen Positionen sollen mit Angabe der Längen und Durchmesser dargestellt werden.

Fertigteile – Werkstattplanung: Auf der Basis des Leistungsverzeichnisses, der Fertigteilpläne und des Schalplans 2 werden durch den Fertigteilhersteller die Werkstattpläne für die Fertigteile gezeichnet. Bei Stahlbetonfertigteilen wird hierbei meist die Bewehrung nach herstellereigenen Tabellen berechnet und eingezeichnet, ebenso alle Befestigungspunkte. Da durch die Unternehmung auch Einbauteile aller Art eingebaut werden, muss vor Beginn der Planung die Art der Einbauteile (Typ, Hersteller) sowie der Lieferung vereinbart werden.

Prüfstatik: Nach den Durchführungsbestimmungen zur Bauprüfverordnung (BauPrüf VO) darf mit dem Bau erst begonnen werden, wenn geprüfte statische Berechnungen und geprüfte Konstruktionspläne vorliegen. Mit der Prüfung sind bei sehr einfachen Bauten die Baurechtsämter befasst, bei schwierigen Bauten werden die Prüfämter oder freie Prüfingenieure eingeschaltet. Folgende Unterlagen müssen zur Prüfung vorgelegt werden:

- statische Berechnung
  (Ermittlung der Schnittkräfte und Bemessung)
- Schalplan 2
- Bewehrungsplan
- Ausführungspläne Fertigteile
- Berechnungen und Details über Fassadenverankerungen
- bei Baugrubenverbau: Verbaustatik und Verbaupläne
  (Schnitte, Abwicklungen)

Nach Prüfung werden die Unterlagen – mit Prüfbemerkungen versehen – an die Planverfasser zurückgesandt.

Stücklisten und Materialauszüge: Die geprüften Unterlagen werden entsprechend den grünen Prüfbemerkungen korrigiert und etwaige Unstimmigkeiten ausgeräumt. Aus den korrigierten Plänen werden die Positionen und Einzelteile zu Stücklisten herausgezogen, z. B.:

- Stahllisten für Bewehrung
- Stücklisten für Dosen, Leerrohre in Betonfertigteilen

- Stücklisten für die Einzelteile bei geschweißten Stahlträgern
- Stücklisten für Träger, Anker und Verbauhölzer bei Berliner Verbau

Die korrigierten Unterlagen und die Stücklisten werden in der erforderlichen Anzahl kopiert und für die Ausführung (Baustelle) freigegeben.

Es ist besonders darauf zu achten, dass alle Unterlagen nur über die Bauleitung des Bauherrn ausgegeben werden und diese ein genaues Planausgabebuch führt. In diesem Dokument müssen auch sämtliche geänderten Pläne mit Ausgabedatum und Änderungsindex geführt werden, ohne den sie keinesfalls zur Baustelle geschickt werden dürfen.

Ausführungsplanung technische Ausrüstung
Die Ausführungsplanung erfolgt auf der Grundlage der Positionspläne und des Werkplans der Architekten (Ausführungsplanung H, L, S, E (Heizung, Lüftung, Sanitär, Elektro)). Die Ausführungspläne für die Gebäudetechnik können entweder durch die Fachingenieure oder durch die ausführenden Unternehmungen erstellt werden. Für die übrigen Gewerke der Gebäudetechnik werden im Maßstab 1:50 auf der Grundlage der Projekte und des Werkplans 2 die Ausführungspläne erstellt. Die Pläne müssen folgende Angaben enthalten:

- Lüftung: Kanäle (Trassen, Dimensionen, Verzweigungen), Mischboxen, Auslässe, Anemostate, Geräteaufstellung

- Heizung: Rohrleitungen (Trassen, Dimensionen, Material), Heizkörper, Anschlüsse, Ventile, Absperrungen, Pumpen, Strangentlüftungen
- Sanitär: Rohrleitungen (Trassen, Dimensionen, Material), Anschlüsse, Verbraucherstellen u. Ä.
- Starkstrom und Schwachstrom: Hauptverteiler, Stockwerksverteiler, Rangierverteiler (Querschnitte, Art der Leitung, Kabelpritschen usw.), Schaltpläne, Verbraucherstellen

Die Ausführungspläne dienen zur Materialbestellung und meist direkt zur Montage; manchmal werden für die Lüftung getrennte Montagepläne angefertigt. Außerdem sind sie Grundlage für die Werkstattpläne.

Ausführungsplanung Förderanlagen: Für Förderanlagen (Aufzüge, Rolltreppen) gibt es im eigentlichen Sinne keine Ausführungspläne; hier werden Werkstatt- und Montagepläne direkt durch die Firmen gefertigt, da diese Anlagen sehr fabrikatspezifisch sind. Es ist zu beachten, dass diese Gewerke vor dem Rohbau oder zumindest gleichzeitig mit dem Rohbau zu vergeben sind, um die Rohbauangaben im Rahmen des Vorgangs AF 5 (Schlitzplan) rechtzeitig zu erhalten.

Werkstattpläne: In den Werkstattplänen sind sämtliche Angaben für die Herstellung und die Vormontage im Werk enthalten. In den Montageplänen sind sämtliche Angaben für den Zusammen- und Einbau auf der Baustelle enthalten. Beispielsweise werden folgende Werkstattpläne angefertigt (siehe Abb. 3–13):

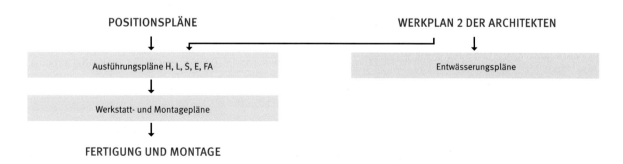

Abb. 3–13 Schemaablauf Ausführungsplanung technische Ausrüstung

– Lüftung: für die Fertigung der Kanäle, Geräte und
  Schaltschränke
– Heizung: evtl. für Heizkörperfertigung
  (nicht bei serienmäßigen Heizkörpern)
– Sanitär: für die Vorfertigung von Zellen, Installations-
  blöcken und handwerkliche Vormontagen
– Elektro: für die Herstellung von Verteilerschränken,
  Telefonzentralen, Geräten

Entwässerungspläne: Die Entwässerung wird sinnvollerweise in den Schalplan der Fundamente eingetragen,
wobei im Allgemeinen der Schalplan 1 genügt. Falls
Entwässerungsleitungen im Einflussbereich der Fundamente liegen – vor allem bei großen Gebäudeanlagen
oder rasterartigen Fundamenten –, ist eine Abstimmung
mit dem Fundamentplan erforderlich (Überbrückungen,
Einbetonieren der Rohre usw.). Im Einzelnen müssen im
Entwässerungsplan angegeben sein:

– Trassen, Gefälle
– Dimensionen, Material
– Anschlüsse, Verzweigungsstücke
– Schächte (für Revision, Reinigung oder Verzweigung)

Aus den Entwässerungsplänen werden nach der
Abstimmung Stücklisten (Rohre, Abzweige) herausgezogen; diese gesamten Unterlagen werden der Baustelle zur Bestellung und Ausführung übergeben
(siehe Abb. 3–14).

Ausführungsplanung Ausbau
Grundlage für die Ausbauplanung sind der Werkplan 2
der Architekten sowie das Raum- und Baubuch.

Ausbauübersicht: Zunächst ist eine Übersicht bezüglich
der zu bearbeitenden Ausbaudetails zu erstellen und
zu entscheiden, in welchem Umfang auf Fertigprodukte
zurückgegriffen werden kann bzw. soll. In den Werkplan 2 werden – nachdem er, mit allen Rohbauangaben
versehen, freigegeben wurde – die im Maßstab 1 : 50
möglichen Aussagen über den Ausbau eingetragen.
Hierzu gehören:

– Fußbodenaufbau
– Tür- und Fensteranschläge

– Wand-, Stützen- und Deckenverkleidungen
– Dachaufbau
– Fassadenaufbau

In den Ansichten M 1 : 50 werden koordinierte Darstellungen der sichtbaren Teile mit verbindlichen Angaben
zur Massenermittlung und für die Verwendung auf der
Baustelle eingetragen. Unter anderem werden dabei
dargestellt:

– Fassadenbauteile, Wartungsbalkone, Reinigungsanlagen
– nicht tragende Fertigteile
– Vordächer, Sonnenschutz
– Aufbauten, Attiken
– Werbeträger, Beleuchtung usw.

Auf den Ansichten müssen zusätzliche Hinweise auf
zugehörige Detailpläne, Materialvorschriften und wenn
möglich Farbangaben eingetragen werden. Der Werkplan 3 dient nach seiner Fertigstellung als Unterlage für
die Ausschreibung des Ausbaus, die Detailbearbeitung

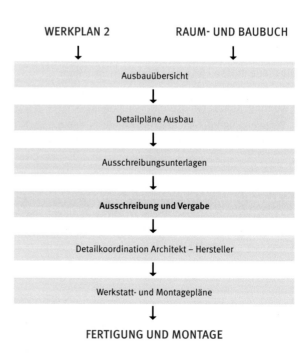

WERKPLAN 2   RAUM- UND BAUBUCH
↓   ↓

Ausbauübersicht

↓

Detailpläne Ausbau

↓

Ausschreibungsunterlagen

↓

Ausschreibung und Vergabe

↓

Detailkoordination Architekt – Hersteller

↓

Werkstatt- und Montagepläne

↓

FERTIGUNG UND MONTAGE

Abb. 3–14 Schemaablauf Ausführungsplanung Ausbau

sowie die Werkstatt- und Montagepläne der ausführenden Unternehmen. Außerdem wird er in einer Zwischenstufe für die Erstellung der Ausführungspläne Haustechnik benutzt. Hierfür müssen bereits die sanitären Einrichtungen und das Prinzip der Heizkörperverteilung sowie des Deckenaufbaus geklärt sein.

Detailpläne Ausbau: Die in der Ausbauübersicht getroffenen generellen Aussagen werden nun im Maßstab 1 : 10 bis 1 : 1 durchgearbeitet und die Lösungen in Einzeldarstellungen nachgewiesen. Man unterscheidet hierbei zwei Arten von Details:

- Einzeldetails: Hierzu zählen alle Punkte, die nicht mehrfach auftreten, wie z. B. Fußbodenaufbau in Sonderräumen, Details Eingangsbereich, Details Tresoreinrichtungen oder sonstige Sicherungsanlagen.
- Regeldetails: Hierunter versteht man Details, die in großer Häufigkeit – eventuell mit kleinen Änderungen – immer wiederkehren. Hierzu gehören insbesondere Türen, Zargen, Fenster, Sonnenschutz, Trennwände, Leuchten, Schränke.

Die Regeldetails werden in Übersichtsplänen erfasst und in Listen zusammengestellt. In diesen Listen werden die Elemente unter Angabe der Stückzahlen – bei grundsätzlich gleichem Aufbau nach Abweichungen vom Grundelement – eingeordnet. Abweichungen sind z. B.:

- Abmessungen
- Anschlagrichtung
- Öffnungsbewegung, Antriebe
- Material der Ausfachung (Scheiben, Trennwandverkleidung)
- Farbe

Die Details dienen als Ergänzung zum Werkplan 3 zur Ausführung und Herstellung von Werkstattzeichnungen. Im Idealfall sollen sie vor der Ausschreibung fertiggestellt sein. Die Regeldetails und Stücklisten können bei Fertigfabrikaten direkt zur Bestellung verwendet werden.

Detailkoordination (Planer, Hersteller): Nach der Auftragsvergabe müssen die von den Planern vor-

gegebenen Details mit den Herstellern in Bezug auf fertigungstechnische Probleme und die Verwendung firmenspezifischer Elemente koordiniert werden.

Werkstatt- und Montagepläne Ausbau (ausführende Unternehmung): Nach der Koordination der Details erstellen die Ausführenden zunächst Werkstattpläne für die Herstellung der Elemente und die Vormontage im Werk. Anschließend werden Montagepläne für den Ein- und Zusammenbau auf der Baustelle angefertigt. Sie werden dem Architekten zur Genehmigung vorgelegt, um eine der Planung entsprechende Fertigung sicherzustellen.

3.1.4 Ausschreibung und Vergabe

Konventionelle Ausschreibung und Vergabe nach HOAI: Parallel zu den Ausführungsunterlagen beginnen die Vorbereitungen für die Ausschreibung. Bei kurzen Terminen wird der Abschluss des Genehmigungsverfahrens nicht abgewartet, sondern die Ausschreibung bereits während des Ablaufs des baurechtlichen Verfahrens begonnen. Wichtig ist jedoch, dass vor der Vergabe die Baugenehmigung vorliegt und Auflagen aus der Baugenehmigung bei den Bauverträgen berücksichtigt werden. Liegt z. B. eine Teilbaugenehmigung für den Aushub vor, so können die Erdarbeiten getrennt ausgeschrieben und vergeben werden, obwohl man ein solches Vorgehen wegen der Schwierigkeit der Abgrenzung zwischen Erdbau, Grundleitungen und Gründung nicht immer empfehlen kann. In der Regel kann das folgende Ablaufschema zugrunde gelegt werden:

Planerische Unterlagen: Die erforderlichen Planunterlagen unterscheiden sich nach den drei Hauptausschreibungspaketen, wobei natürlich im Grundsatz die sicherste Unterlage jeweils die Ausführungspläne wären; sie abzuwarten bedeutet aber meistens einen großen Zeitverlust.

– Paket 1 – Rohbau und Förderanlagen:
Hier genügen als Unterlagen im Normalfall die Entwurfspläne M 1:100, wobei für den Rohbau durch den Statiker geschätzte Massen angegeben werden müssen (Unsicherheitsfaktor!).

– Paket 2 – Fassade und Haustechnik:
Auch hier dienen die Entwurfs- bzw. Projektpläne als Grundlage für die Ausschreibung, wobei vom Bauherrn die Entscheidung über technische Ausstattung und Qualitätsstandard getroffen sein muss.

– Paket 3 – Ausbau und Außenanlagen:
Bei diesem Paket sind insbesondere für diejenigen Gewerke, die eine Werkstattfertigung erfordern – wie z. B. Schrankwände, Trennwände, Deckenverkleidungen, visuelle Gestaltung –, Ausführungspläne als Grundlage für die Ausschreibung zu erstellen. Wesentlich sind auch hierbei wieder die Entscheidungen des Bauherrn für einen bestimmten Qualitätsstandard.

Erstellen des Leistungsverzeichnisses: Auf der Grundlage der planerischen Unterlagen werden die einzelnen Positionen beschrieben und die zugehörigen Massen ermittelt. Das LV wird vom Ersteller und evtl. Kontrollorganen geprüft und korrigiert. Mit den angebrachten Korrekturen wird das LV ausgedruckt, wobei sämtliche erforderlichen Vorbemerkungen und Bedingungen hinzugefügt werden.

Öffentliche Ankündigung: Parallel zum Aufstellen der Positionen wird der Text für die öffentliche Ankündigung der Ausschreibung in der Presse erstellt. Ungefähr vier bis sechs Wochen vor dem vorgesehenen LV-Versand wird die Ankündigung in der Presse veröffentlicht (Amtsblätter, große Tageszeitungen), bei großen Auftragsvolumen ist eine EU-Ankündigung erforderlich. Die Adressen der sich bewerbenden Unternehmen werden registriert und die Zahl der bereitzustellenden LV-Exemplare festgelegt. Bei beschränkter Ausschreibung werden nur entsprechend leistungsfähige Firmen berücksichtigt.

Angebotsbearbeitung, Submission: Die Bewerber setzen in das LV ihre Einheitspreise (evtl. getrennt nach Lohn und Material) und Gesamtpreise ein, außerdem sind meist Angaben zu Lohngleitklauseln und Festpreisaufschlägen zu machen. Die Angebotsunterlagen müssen spätestens zum Submissionstermin in geschlossenem Umschlag eingereicht werden.

Mitwirken bei der Vergabe: Bei (möglicher) Anwesenheit der Bieter werden die Angebote einzeln geöffnet, die Angebotssummen verlesen und protokolliert.

Die Angebote werden sachlich und rechnerisch überprüft, weiterhin werden Preisspiegel aufgestellt, in denen – bezogen auf den billigsten Bieter – die wichtigsten Einheitspreise verglichen werden. Außerdem müssen Erkundigungen über die Kapazität und wirtschaftliche Leistungsfähigkeit der infrage kommenden Bieter eingeholt werden. Auf der Basis dieser Informationen wird dem Bauherrn der Vergabevorschlag gemacht.

Bauherr und Architekt bzw. Fachingenieur verhandeln mit dem vorgeschlagenen Bieter oder auch mit mehreren, um den endgültigen Auftragsumfang und sonstige vertragliche Einzelheiten klar festzulegen. Danach wird die endgültige Entscheidung über die Vergabe getroffen. Der ausgewählte Bieter erhält ein Auftragsschreiben, in dem alle Grundlagen des Vertrags und die Brutto-Auftragssumme festgehalten sind. Der Bieter wird damit zum Auftragnehmer und Vertragspartner.

Leistungsbeschreibung nach Elementen
Um beim linearen Planungsverfahren wenigstens eine teilweise Überlappung von Planung und Produktion zu ermöglichen, gibt es die Möglichkeit, alternativ zu einer Leistungsbeschreibung nach Einzelgewerken mit Einzelpositionen auf der Basis einer relativ detaillierten Planung eine elementbezogene Beschreibung von Bauteilen zu erstellen. Dies empfiehlt sich insbesondere überall dort, wo das Know-how der ausführenden Firmen in Form von Fertig- oder Systemprodukten zur Ausführung kommt. Dies betrifft z. B. Fenster, Metallfassaden, Trennwände und abgehängte Decken, Systemböden, Estriche mit Fußbodenheizung usw. Man beschreibt die Elemente nur über die Anforderungen und einfache Mengenangaben wie z. B. Fenster (Stück mit Abmessungen komplett) oder Metallfassade (m²/Glasanteil in % und bauphysikalische Daten) und dazu

gehört jeweils eine generelle Planansicht. Die Erfahrung zeigt, dass eine solche Leistungsbeschreibung in der Regel zu günstigeren Preisen und besseren Details führt als Einzelpositionen nach Architektendetails.

Vorlaufzeiten

Oft werden die erforderlichen Planvorlaufzeiten für den Arbeitsbeginn der einzelnen Gewerke auf der Baustelle, die das gesamte Ablaufkonzept infrage stellen können, völlig falsch eingeschätzt.

Beispiel Vergabe Rohbauarbeiten
(siehe Abb. 3–15):
Wird ein konventioneller Ablauf gewählt – also Stahlbeton in Ortbetonbauweise –, so ergeben sich folgende Ablaufvarianten:

Aus dem dargestellten Ablauf ergibt sich eine Planvorlaufzeit zum Beginn der Ausführung von ca. sechs Monaten für den Beginn der Werkplanstufe 1, wobei noch die unterschiedliche Betrachtungsweise des Architekten (blickt von oben auf den Fußboden) und Tragwerksplaner (blickt von unten auf die Decke) zu beachten ist. Der Architekt muss somit ca. sechs Monate vor dem Ausführungsbeginn einer Stahlbetondecke mit der Werkplanung des darüberliegenden Geschosses begonnen haben.

Werden alle Ausführungspläne von den Planern erbracht, so genügt eine Vergabe der Stahlbetonarbeiten zum Zeitpunkt V2 vor Beginn der Ausführung. Werden die Bewehrungspläne vom Rohbauunternehmer erstellt, so muss die Vergabe schon zum Zeitpunkt V1 erfolgen. Wird ein Generalunternehmer beauftragt, der auch die Werkplanung des Architekten erbringt, so muss die Vergabe spätestens zum Zeitpunkt V0 erfolgen.

Beispiel Vergabe Raumlufttechnik
(siehe Abb. 3–16):
Beim Gewerk Lüftung ergibt sich ein notwendiger Planungsvorlauf von ca. sieben Monaten, da nach der Ausführungsplanung die Werkstatt- und Montageplanung sowie die Kanalfertigung erfolgen. Die Vergabe muss spätestens zum Zeitpunkt V1 erfolgen, da die Werkstattplanung Sache der Unternehmer ist. Üblich ist

heute allerdings, dass die Ausführungsplanung an die Unternehmer vergeben wird. In diesem Fall muss die Vergabe schon zum Zeitpunkt V0 vor Beginn der Ausführungspläne erfolgen.

Beispiel Vergabe konventionelle Fassade
(siehe Abb. 3–17):
Bei aufwendigeren Ausbauarbeiten, wie z. B. der Fassade oder einem Einbauschrankwandsystem nach Vorstellung der Architekten, verlängert sich die Vorlaufzeit deutlich. (Dies zeigt die Abbildung Planungsvorlauf und Vergabe Fassade konventionell.) Das Leistungsverzeichnis kann erst auf der Basis der fertigen Werkplanung erstellt werden und ist sehr zeitaufwendig, da viele Details gezeichnet und beschrieben werden müssen. Anschließend ergibt sich üblicherweise eine lange Abstimmungsphase zwischen Unternehmer und Architekt, bis die Planung fertigungsgerecht durchgearbeitet ist. So muss man mit Vorlaufzeiten von elf Monaten bis zu einem Jahr rechnen.

Beispiel Vergabe Element-Fassade
(siehe Abb. 3–18):
Durch eine funktionale Leistungsbeschreibung lässt sich die Vorlaufzeit in der Regel um mindestens drei Monate verkürzen (Abbildung Planungsvorlauf und Vergabe Fassade elementweise mit Anforderungen). Hinzu kommt dann später noch eine Verkürzung der Fertigungs- und Montagezeiten, weil die Unternehmen ihre vorhandenen Ressourcen besser ausnutzen können.

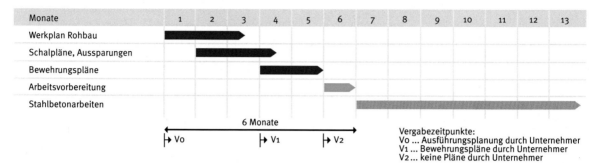

Abb. 3–15 Planungsvorlauf und Vergabezeitpunkte – Rohbau

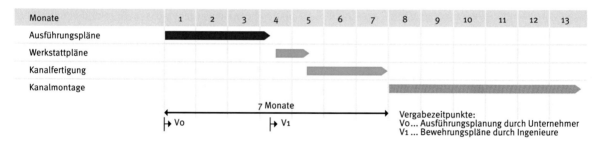

Abb. 3–16 Planungsvorlauf und Vergabezeitpunkte – Raumlufttechnik

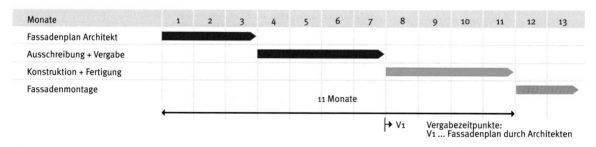

Abb. 3–17 Planungsvorlauf und Vergabezeitpunkte – Fassade konventionell

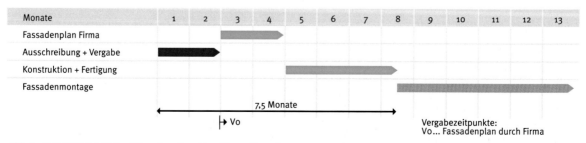

Abb. 3–18 Planungsvorlauf und Vergabezeitpunkte – Elementfassade

3.2 Managementleistungen in der Planungsphase

3.2.1 Terminsteuerung Planung

Generalnetz Planung und Ausführung für Vertragstermine: Ein Netzplan der mittelfristigen Planung

soll schon genauere Aussagen über Vorgänge enthalten, die durch ein Gewerk oder eine Gruppe von Gewerken definiert sein können. Ein solcher Generalnetzplan wird in Block- oder Teilnetzen aufgestellt, die untereinander verknüpft sind. Eine wesentliche Aufgabe des Generalnetzes ist die Definition von Vertragsterminen (siehe Abb. 3–19).

Vorgang	2004	2005	2006	2007	2008	2009	2010	2011
Architektenauswahlverfahren	▮							
Optimierungsphase		▮						
Vorhabenbezogener B-Plan			▬					
Vor- und Entwurfsplanung (Bauwerk, Studiotechnik)			▮					
VR-Beschluss über gesamte Planung				▽				
Einreichung Bauantrag				▽ 15.02.2007				
Baugenehmigung				▽				
Ausführungsplanung (Bauwerk)				▮				
Ausschreiben und Vergabe (Bauwerk)				▮				
Vergabebeschluss Verwaltungsrat				▽				
Rückbau Bestand			▮					
Bauausführung					▬▬▬▬▬			
Einbau Fernseh- und Hörfunktechnik							▬▬	
Fertigstellung/Inbetriebnahme								▽

Abb. 3–19 Meilensteinplan als Balkenplan

Um diese Vertragstermine sicher definieren zu können, müssen im Generalnetzplan die wesentlichen Einzelvorgänge der betroffenen Firma, ihrer Vorgänger und ihrer Nachfolger berechnet werden. Als Beispiel für ein Teilnetz kann die Gebäudetechnik betrachtet werden. Dazu gehören auch Planungsvorläufe und Lieferzeiten für wichtige Leistungsbestandteile. Um die wesentlichen Abhängigkeiten von den Vorgängern und die Aus-

wirkungen einer Verschiebung der Vertragstermine auf die nachfolgenden Firmen sofort erkennen zu können, ist die Darstellung als Netzplan, besser aber noch als vernetzter Balkenplan erforderlich. Vor allem wenn Vertragsstrafen vereinbart sind oder der Auftragnehmer für Folgekosten aufzukommen hat, die aus seinen Terminverzögerungen resultieren, ist ein solcher Generalnetzplan unverzichtbar (siehe Abb. 3–20).

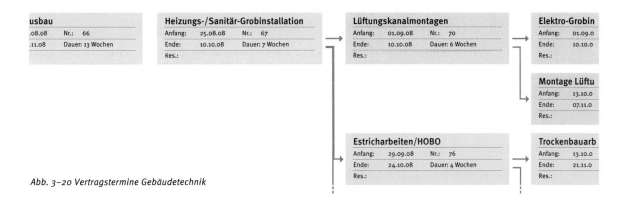

Abb. 3–20 Vertragstermine Gebäudetechnik

Steuerungspläne der Planung:

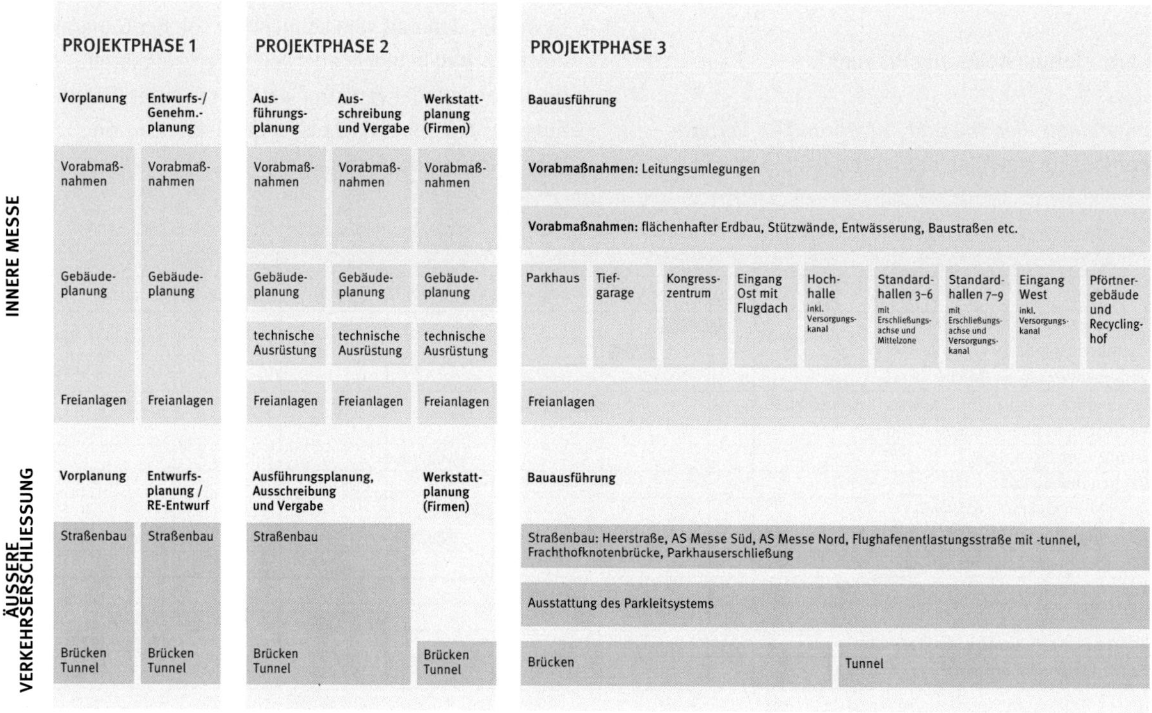

	PROJEKTPHASE 1		PROJEKTPHASE 2			PROJEKTPHASE 3									
	Vorplanung	Entwurfs-/ Genehm.-planung	Aus-führungs-planung	Aus-schreibung und Vergabe	Werkstatt-planung (Firmen)	Bauausführung									
INNERE MESSE	Vorabmaß-nahmen	Vorabmaß-nahmen	Vorabmaß-nahmen	Vorabmaß-nahmen	Vorabmaß-nahmen	**Vorabmaßnahmen:** Leitungsumlegungen									
						Vorabmaßnahmen: flächenhafter Erdbau, Stützwände, Entwässerung, Baustraßen etc.									
	Gebäude-planung	Gebäude-planung	Gebäude-planung	Gebäude-planung	Gebäude-planung	Parkhaus	Tief-garage	Kongress-zentrum	Eingang Ost mit Flugdach	Hoch-halle inkl. Versorgungs-kanal	Standard-hallen 3–6 mit Erschließungs-achse und Mittelzone	Standard-hallen 7–9 mit Erschließungs-achse und Versorgungs-kanal	Eingang West inkl. Versorgungs-kanal	Pförtner-gebäude und Recycling-hof
			technische Ausrüstung	technische Ausrüstung	technische Ausrüstung									
	Freianlagen	Freianlagen	Freianlagen	Freianlagen	Freianlagen	Freianlagen									
ÄUSSERE VERKEHRSERSCHLIESSUNG	Vorplanung	Entwurfs-planung / RE-Entwurf	Ausführungsplanung, Ausschreibung und Vergabe		Werkstatt-planung (Firmen)	Bauausführung									
	Straßenbau	Straßenbau	Straßenbau			Straßenbau: Heerstraße, AS Messe Süd, AS Messe Nord, Flughafenentlastungsstraße mit -tunnel, Frachthofknotenbrücke, Parkhauserschließung									
						Ausstattung des Parkleitsystems									
	Brücken Tunnel	Brücken Tunnel	Brücken Tunnel		Brücken Tunnel	Brücken				Tunnel					

Abb. 3–21 Struktur der Steuerungsterminplanung

Die Steuerungsplanung dient zur direkten Umsetzung von Terminvorgaben bei den Projektbeteiligten (siehe Abb. 3–21).

Aus der Abbildung ist ersichtlich, wie viele unterschiedliche Planungsbereiche in einem großen Projekt in den verschiedenen Phasen zu koordinieren sind. Am Beispiel in Abb. 3–21 wurde die Planung über alle Phasen in die Bereiche Gebäude mit Freianlagen und die äußere Erschließung getrennt. Das hat den Vorteil, dass die Vernetzung von Vorgängen entzerrt wird, indem nur wenige Meilensteintermine für beide Bereiche gelten. Innerhalb dieser Meilensteine laufen beide Bereiche unabhängig voneinander.

Die Planung wird im Wesentlichen über Terminlisten gesteuert. Eine exakte Berechnung der Planvorlaufzeiten und deren terminliche und inhaltliche Kontrolle mit dem Ziel der sicheren Planversorgung ist unverzichtbare Grundlage für eine termingerechte Abwicklung und erfordert besonders erfahrene Mitarbeiter (siehe Abb. 3–22).

Die Planvorlaufzeiten müssen mit allen Beteiligten abgestimmt werden, um eine sichere Grundlage für die Planungskontrolle zu gewährleisten. Diese ist von größter Bedeutung, da meist mehr als 70 % der Terminverzögerungen auf das Konto von verspäteten Planlieferungen gehen. Verursacher können der Architekt und der Bauherr durch Änderungen, die Behörden durch Auflagen oder die Planer aus Kapazitätsgründen sein.

Planlieferliste Rohbau Bauteil A1 und A2

| Kontrolldatum: | 23.03.09 | | | Basis: | Ausführungsterminplan SP-ARC | | |

Ebene	Planbezeichnung	verantw. Planer	geplanter Baubeginn	Planvorlauf [in Wochen]	Plan-liefertermin Soll	Plan-liefertermin Ist	erledigt (Ja)
Allgemeine Unterlagen	Dachaufsicht (VA)	SP-ARC	01.12.08	4,0	03.11.08		
	Gebäudeschnitte	SP-ARC	01.12.08	4,0	03.11.08		
	Gebäudeansichten	SP-ARC	01.12.08	4,0	03.11.08		
	Außenanlagenplan (VA)	SP-ARC	01.12.08	4,0	03.11.08		
	Statische Berechnungen für Fertigteil-Elemente (Basis für Firmenplanung)	SP-ARC	01.12.08	4,0	03.11.08		
Aushub, Gründung, Entwässerung, Bodenplatte	Übersichtsplan Baugrubensicherung	SP-ARC	01.12.08	4,0	03.11.08		
	Entwässerungspläne, Fundamenterder, Drainageplanung	SP-ARC	01.12.08	4,0	03.11.08		
	koordinierter Werkplan Ebene -1 inkl. Detailschnitte/-angaben (baufrei)	SP-ARC	01.12.08	4,0	03.11.08		
	freigegebener Schalplan Gründung / Bodenplatte (baufrei)	SP-ARC	01.12.08	4,0	03.11.08		
	freigegebene Bewehrungspläne Gründung / Bodenplatte (baufrei)	SP-ARC	01.12.08	4,0	03.11.08		
	baufreie Bew.-Stahl-Stücklisten und Materialauszüge Gründung / Bodenplatte	SP-ARC	01.12.08	4,0	03.11.08		
	baufreie Leerrohrpläne für Elektroinstallationen Ebene -1	SP-ARC	01.12.08	4,0	03.11.08		
	Angaben für Einbauteile der Aufzüge, TGA und Fassade Gründung / Bodenplatte	SP-ARC	01.12.08	4,0	03.11.08		
Ebene -1	koordinierter Werkplan Ebene 0 inkl. Detailschnitte/-angaben (baufrei)	SP-ARC	01.12.08	4,0	03.11.08		
	freigegebener Schalplan Decke über Ebene -1 (baufrei)	SP-ARC	01.12.08	4,0	03.11.08		
	freigegebene Bewehrungspläne Decke über Ebene -1 (baufrei)	SP-ARC	01.12.08	4,0	03.11.08		
	baufreie Bew.-Stahl-Stücklisten und Materialauszüge Decke über Ebene -1	SP-ARC	01.12.08	4,0	03.11.08		
	baufreie Leerrohrpläne für Elektroinstallationen Ebene 0	SP-ARC	01.12.08	4,0	03.11.08		
	Angaben für Einbauteile der Aufzüge, TGA und Fassade Ebene -1	SP-ARC	01.12.08	4,0	03.11.08		
Ebene 0	koordinierter Werkplan Ebene 1 inkl. Detailschnitte/-angaben (baufrei)	SP-ARC	16.03.09	8,0	19.01.09		
	freigegebener Schalplan Decke über Ebene 0 (baufrei)	SP-ARC	16.03.09	8,0	19.01.09		
	freigegebene Bewehrungspläne Decke über Ebene 0 (baufrei)	SP-ARC	16.03.09	8,0	19.01.09		
	baufreie Bew.-Stahl-Stücklisten und Materialauszüge Decke über Ebene 0	SP-ARC	16.03.09	8,0	19.01.09		
	baufreie Leerrohrpläne für Elektroinstallationen Ebene 1	SP-ARC	16.03.09	8,0	19.01.09		
	Angaben für Einbauteile der Aufzüge, TGA und Fassade Ebene 0	SP-ARC	16.03.09	8,0	19.01.09		

Abb. 3–22 Planlieferliste

3.2.2 Kostenermittlung, Value Engineering

Eine wesentliche Aufgabe in der Planungsphase ist eine detaillierte Kostenermittlung auf Bauelemente-Basis, die gleichzeitig die Grundlage für Leistungsbeschreibungen und Wirtschaftlichkeitsuntersuchungen ist.

Kostenermittlung Entwurfsphase
Die Phase der Entwurfsplanung ist nahezu abgeschlossen. Der Objektplaner hat die Leistungen der Fachplaner und Berater in seine Planung integriert. Die Fachplaner haben ebenfalls ihre Planunterlagen und Beschreibungen fertiggestellt. Die endgültigen Gutachten zu Bauphysik, Baugrund/Gründung, Brandschutz liegen vor. Sämtliche planungs- und kostenbeeinflussenden Faktoren sind bekannt und untersucht. Alle Anforderungen der Nutzer sind integriert.

Wesentliche Änderungen mit Auswirkungen auf die Kosten wurden während der Entwurfsphase dem Bauherrn per Entscheidungsvorlage zur Genehmigung vorgelegt. Die sich daraus ergebenden Änderungen wurden in die Entwurfsplanung eingearbeitet.

In der Entwurfsphase hat der Projektmanager mit den Planungsbeteiligten den Ablauf der Kostenberechnung abgestimmt, die Nutzungsbereiche festgelegt und die rechtzeitige Vorlage der notwendigen Unterlagen vereinbart. Ziel der Kostenberechnung ist es, die voraussichtlichen Bau- und Planungskosten auf Grundlage der Entwurfsplanung möglichst genau zu berechnen und den Kostenrahmen zu bestätigen. Gleichzeitig werden die Vergabeeinheiten, d.h. die Budgets für die Vergabe der Aufträge definiert und die Kostenelemente diesen Vergabeeinheiten zugeordnet.

Nach DIN 276 müssten bei der Kostenberechnung die Kosten mindestens bis zur zweiten Ebene der Kostengliederung ermittelt werden. Dies würde bedeuten, dass bei einem minimalistischen Ansatz die Kostenberechnung mit 44 Elementen (KGR 100 bis 700) durchgeführt werden könnte. Eine fundierte Kostenaussage unter Berücksichtigung der Projektrandbedingungen ist damit nicht möglich bzw. nur mit einer hohen Kosten-Bandbreite. Ein Bauherr wird sich damit nicht zufriedengeben – zumal die Informationen vorliegen, um die Kosten genauer ermitteln zu können. In diesem

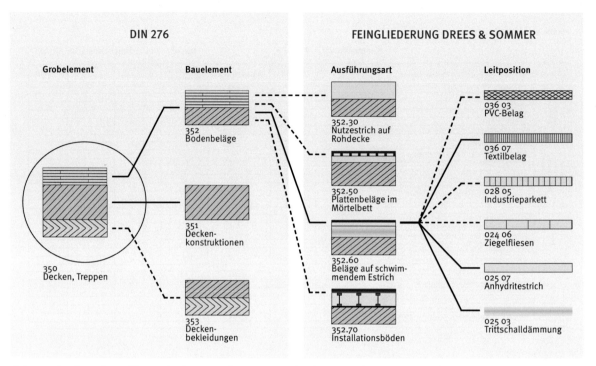

Abb. 3–23 Zunehmende Detaillierung der Kostenermittlung am Beispiel Deckenflächen (© Drees & Sommer)

Zusammenhang ist es wichtig, in den Leistungsbildern der Planer eine detailliertere Kostenberechnung, wie in der DIN 276 gefordert, zu verankern.

Kostenermittlung mit Bauelementen und Ausführungsarten

Liegen eine Vorplanung oder ein Gebäudeentwurf vor, so können die Grobelemente über Bauelemente weiter bis hin zu Ausführungsarten und Leitpositionen detailliert werden. Die Kosten können dabei in Abhängigkeit vom jeweiligen Planungsstand mit geeigneter Software gewerkeweise in unterschiedlichen Genauigkeitsstufen untersucht und dargestellt werden (siehe Abb. 3–23).

Bei der Kostenermittlung nach Bauelementen sind die Qualitäten und Standards der jeweiligen Bauelemente zu klären und bei der Wahl des Kostenkennwertes zu berücksichtigen (siehe Abb. 3–24).

Dazu dienen Kosten- und Preisdateien verschiedenster Art, die zum Teil am Markt angeboten, zum Teil aber

Gebäude	Fassadentyp	Fass. flächen m2	Kalkulierter Einheitspreis DM/m2	Gesamt- preis TDM
A1	Klinkerfassade	7.850	1.847	14.499
A2	Klimakastenfenster	7.050	1.552	10.942
	Fassade A1	**14.900**	**1.707**	**25.441**
B4 / B6	Leichtmetall-Fassadenelemente mit Isolierverglasung	16.530	1.718	28.399
	Fassade B4 / B6	**16.530**	**1.718**	**28.399**
C1	Terracotta-Fassade	17.570	1.218	21.400
C1	Doppelschalige Fassade	4.000	2.775	11.100
	Fassade C1	**21.570**	**1.507**	**32.500**

Abb. 3–24 Ermittlung Einheitspreis am Beispiel Fassade

DS-Gebäudedatenbank Mehrfachbericht Standard
Stand: 12.04.2012
Kosten ohne MwSt.

DREES & SOMMER

Gebäudeinformationen								Referenzbild
Projektart	Büro und Verwaltung							
Gebäudeart	Banken							
Bauart	Neubau							
BGF (a)	von	4.045 m²	bis	30.200 m²				
KGR 200-700	von	14 Mio. €	bis	62 Mio. €				
Preisbasis	von	10/2000	bis	04/2009				
Status	Abgerechnetes Projekt							

Kenngrößen	Referenz 1	Referenz 2	Referenz 3	Referenz 4	Referenz 5	Referenz 6	Mittelwert abs.	Mittelwert % 2-7
KGR 200		400.000 €	366.000 €	333.000 €	100.000 €	298.000 €	299.400 €	0,8%
KGR 300	7.292.000 €	34.800.000 €	8.092.000 €	32.027.000 €	20.850.000 €	26.021.000 €	21.513.667 €	56,3%
KGR 400	3.501.000 €	12.000.000 €	2.465.000 €	7.940.000 €	9.100.000 €	9.655.000 €	7.443.500 €	19,5%
KGR 300 + 400	10.793.000 €	46.800.000 €	10.557.000 €	39.967.000 €	29.950.000 €	35.676.000 €	28.957.167 €	75,8%
KGR 500	227.000 €	1.700.000 €	408.000 €	1.300.000 €	1.450.000 €	935.000 €	1.003.333 €	2,6%
KGR 600		3.300.000 €	312.000 €	230.000 €	3.300.000 €	2.640.000 €	1.956.400 €	5,1%
KGR 700	2.737.000 €	10.200.000 €	2.762.000 €	7.800.000 €	6.700.000 €	7.956.000 €	6.359.167 €	16,6%
KGR 200 - 700	13.757.000 €	62.400.000 €	14.405.000 €	49.630.000 €	41.500.000 €	47.505.000 €	38.199.500 €	100,0%
NF	3.384 m²	18.744 m²	5.273 m²	4.728 m²	15.375 m²		9.501 m²	55,0%
VF								
TF								
NGF	3.384 m²	18.744 m²	5.273 m²	4.728 m²	15.375 m²		9.501 m²	55,0%
KGF								
BGF (a) gesamt	4.045 m²	30.200 m²	6.035 m²	12.711 m²	23.182 m²	27.380 m²	17.259 m²	100,0%
BRI (a) gesamt	15.555 m³	122.000 m³	22.000 m³	65.986 m³	84.800 m³	108.963 m³	69.884 m³	

Kennwerte	Referenz 1	Referenz 2	Referenz 3	Referenz 4	Referenz 5	Referenz 6	Mittelwert abs.
Kennwert KGR 200 - 700							
Anteil KGR 300 + 400							

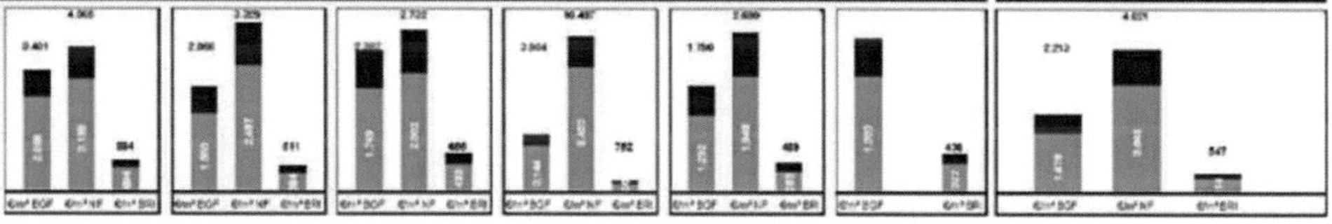

Abb. 3–25 Kostenbenchmark Banken aus DS-Gebäudedatenbank (Angaben in netto, ohne MwSt.)

auch bei Marktteilnehmern selbst gepflegt werden. Generell ist dazu anzumerken, dass nur selbst gepflegte Dateien eine wirklich sichere Aussage zulassen, da die Begleitumstände der Entstehung von Preisen und Kostendaten von erheblicher Bedeutung sind (siehe Abb. 3–25).

Kostenermittlung nach Vergabeeinheiten
Mit Beginn der Ausführungsplanung beginnt die Phase der Kostenüberwachung. Ziel der Kostenüberwachung ist es, mittels geeigneter Maßnahmen die Einhaltung der Gesamtprojektkosten sicherzustellen. Um den Übergang von der elementorientierten Kostenplanung nach DIN 276 zu der gewerkeorientierten Kostenüberwachung der Ausschreibung nach VOB zu schaffen, ist

ein Umsortieren der Kosten erforderlich. Wie aus Abb. 3–26 Übergang von Elementen zu Gewerken ersichtlich ist, muss im Bereich der Baukonstruktionen die Kostenermittlung bis auf die Ebene der Leitpositionen verfeinert werden, um den Übergang zu Leistungsbereichen und Vergabeeinheiten zu schaffen. Eine Vergabeeinheit ist die Zusammenstellung der Kosten aller Leistungen, die in einem Leistungsverzeichnis gemeinsam ausgeschrieben werden, wie z. B. Rohbauarbeiten, Maler- und Tapezierarbeiten, leichte Trennwände oder abgehängte Decken.

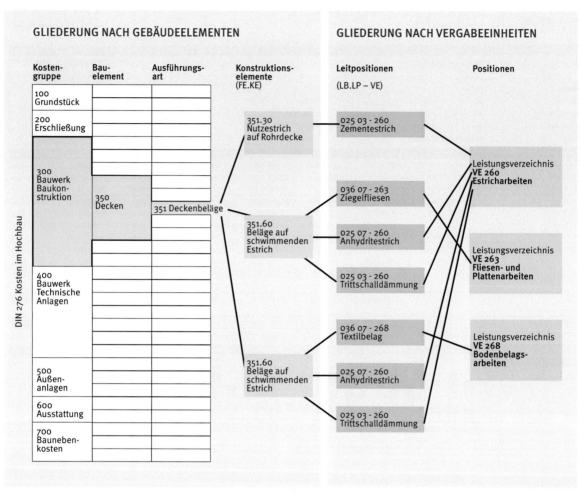

Abb. 3–26 Übergang von Elementen zu Gewerken

Kostenüberwachung

Während der gesamten Projektabwicklung muss damit gerechnet werden, dass sich die Kostengrundlagen aufgrund von Einflüssen aller Art verändern. Zu diesem Zweck müssen alle Kostenveränderungen mit einem geeigneten Kostenänderungs-Meldeverfahren (z. B. Planänderungstestaten) durch die Projektsteuerung erfasst und überprüft werden.

Kostenüberwachung der Planung: Mit dem Planänderungsmanagement werden Änderungen aller Art dokumentiert und auf der entsprechenden Bauherrenebene

zur Entscheidung gebracht. Das bedeutet, dass schon während der Planung laufend die Kostendeckung nachgewiesen wird, was eine enge Zusammenarbeit zwischen Planern und dem Projektmanagement erforderlich macht.

Wichtig sind in diesem Zusammenhang sowohl die Erfassung der Ursache als auch des Verursachers der Kostenveränderung sowie die Darstellung von Auswirkungen auf andere Bereiche und mögliche Terminauswirkungen. Veränderungen innerhalb des geplanten Gesamtbudgets werden der Projektleitung im Rahmen des Berichtswesens übermittelt. Bei definierten größe-

Musterprojekt

Anmeldung von Planungsänderungen zum Entwurf

1. Veranlasser

Bauherr

2. Beschreibung der Änderung(en)

Der Auftraggeber wünscht den Einbau von zusätzlichen Glaswänden zur Abschottung des Aufenthaltsbereiches der Bewohner von dem Schüleraufenthaltsbereich.

3. Begründung der Änderung(en)

Die Änderung soll zu einer Verbesserung der Aufenthaltsqualität und zur Vermeidung von Störungen im Pflegebereich führen.

4. Kostenauswirkungen

Nachtrag der Firma Leichtbau vom 31.12.2005	35.000,00 EUR brutto
zzgl.Rückstellungen 10%	3.500,00 EUR brutto
zzg. anteilige Baunebenkosten 18%	6.300,00 EUR brutto
Gesamtkosten	44.800,00 EUR brutto

5.Terminauswirkungen

Bei einer Entscheidung bis 28.02.2005 ergeben sich keine terminlichen Kosequenzen.

6. Stellungnahme Projektmanagement

Die o.a. Mehrkosten sind nicht im Budget enthalten und können nur durch eine Reduzierung der Rückstellungen gedeckt werden.

Stuttgart, den ....   Fachplaner ....

7. Freigabe durch die Bauherrschaft

genehmigt / abgelehnt

Stuttgart, den ....   Bauherr ....

Abb. 3–27 Beispiel Planänderungstestat

Ausschreibungskontrolle Nr. xy

Betreff:	**Malerarbeiten**
Grundlagen:	Leistungsverzeichnis Nr. 38 Stand: 08.05.19XX
Inhalt:	Die Inhalte stimmen mit der Standardbeschreibung prinzipiell überein. Es wird vorgeschlagen zusätzlich folgende Eventualpositionen aufzunehmen: - Zweites Streichen von Heizkörpern (ca. 20%).
Mengen:	Die Mengen sind gegenüber der Kostenberechnung um ca. 10% überhöht. Dies wird mit der Unsicherheit im Eingangsbereich begründet.
Empfehlung:	Die Sicherheitsreserve ist auf 5 % zu reduzieren, da für den Eingangsbereich bereits eine Budgetrückstellung vorhanden ist. Nach Einarbeitung der Änderungen kann das Leistungsverzeichnis verschickt werden.

Abb. 3–28 Dokumentation Ausschreibungskontrolle

ren Änderungen muss die Projektleitung zustimmen, bevor die Maßnahme in die Wege geleitet wird (siehe Abb. 3–27).

Kostenüberwachung der Ausschreibung: Dasselbe wie bei der Planung gilt bei der Umsetzung der Planung in Leistungsverzeichnisse. Die Prüfung des Leistungsverzeichnisses ist die letzte Möglichkeit für den Projektmanager, aktiv in die Kostensteuerung vor Auftragsvergabe einzugreifen.

An dieser Stelle befindet sich ein äußerst wichtiger Schnittpunkt, an dem unbedingt kontrolliert werden muss, ob die Planungsvereinbarungen auch umgesetzt werden. Vonseiten des Projektmanagements ist hierzu eine Kontrolle auf Übereinstimmung der wesentlichen Leitpositionen mit den ausgeschriebenen Positionen erforderlich. Weiteres Ziel der LV-Kontrolle ist es, Nachtragspotenziale infolge unklarer Ausschreibungsinhalte

und Schnittstellen zwischen den Gewerken zu beseitigen. Zu einzelnen Sachverhalten sind dann Berichte in der oben dargestellten Art erforderlich (siehe Abb. 3–28).

Kostenmanagement-Tools

Ein solides Kostenmanagement ist ohne die Anwendung von professioneller Software heute nicht mehr umsetzbar. Am Markt gibt es ein großes Standard-Angebot. Diese Standardsoftware ist jedoch überfordert, wenn es um große, komplexe Projekte geht und spezifische Anforderungen des Bauherrn angedockt werden müssen. Es wurden aus diesem Grund im Laufe der Jahre spezifische Kostenmanagement-Tools für große und komplexe Projekte entwickelt, die auf diese hohen Anforderungen an das Kostenmanagement reagieren und den Gesamtprozess unterstützen. Aufgrund der umfassenden Strukturierungsmöglichkeiten können die Ergebnisse und Kostenprognosen zu jedem Projektzeitpunkt auf unterschiedliche Aggregationsstufen gegliedert und zusammengefasst werden. Durch Zuordnung zu Bauteilen und Vergabeeinheiten erfolgt die Budgetbildung, also die Definition der Sollkosten. Entsprechend dieser Projektstruktur werden im weiteren Projektverlauf durch Gegenüberstellung der vergabebezogenen Istkosten die Kostenverfolgung und die Prognose-Berechnung durchgeführt.

3.2.3 Wirtschaftliche Beratung

Eine wesentliche Aufgabe des Projektmanagements ist es, sowohl die Investitions- als auch die Folgekosten so weit als möglich zu reduzieren und die Planung dazu unter steter Beachtung der Nutzung zu optimieren.

Zunächst interessiert den Investor natürlich die Optimierung der Investitionskosten, die im Wesentlichen die Höhe der erforderlichen Miete bestimmen. Hier arbeitet der Projektmanager in der Regel gegen einen vorgegebenen Kostenrahmen, der nur durch eine professionelle Optimierung der wesentlichen Kosteneinflussfaktoren in der Planung erreicht werden kann. Ebenfalls durch die Miete müssen die Instandhaltungskosten abgedeckt werden, denen in der Regel zu wenig Aufmerksamkeit gewidmet wird. Dabei sind sie über die Lebensdauer eines Objektes ein sehr erheblicher Kostenfaktor.

Die wesentlichen Kostenarten des Gebäudebetriebs sind die Reinigungskosten und die Energiekosten. Schließlich entstehen je nach Konzeption mehr oder weniger hohe Kosten für die Flexibilität bzw. organisatorische Veränderungen durch die Nutzer bis hin zur Drittverwendungsfähigkeit für den Investor. Und last not least ist schon beim Neubau der Abbruch zu berücksichtigen, da hier die Entsorgungskosten massiv beeinflusst werden können.

Die meisten dieser Kostenarten werden bei der Vergabe des DGNB-Zertifikats für nachhaltiges Bauen berück-sichtigt. Planungsunabhängige Kosten wie Verwaltung, Versicherungen, Müllentsorgung, allgemeine Dienste etc. sind nicht Bestandteil der Optimierung des Projektmanagements (siehe Abb. 3–29).

Optimierung der Investitionskosten
Die Investition wird zunächst durch die Menge des gebauten Bauvolumens beeinflusst.

So führen beispielsweise unterschiedliche Organisationsformen im Bürohausbau zu sehr unterschiedlichen Grundrisstypen aufgrund der unterschiedlichen Gebäudetiefen. Dies wirkt sich bei identischer Bruttogrundfläche massiv auf die Menge der zu erstellenden – teuren – Fassadenflächen aus, wie in Abb. 3–30 dargestellt. Ein Zellenbüro in einer Kammstruktur erfordert fast die doppelte Fassadenfläche wie eine Großraumstruktur. Kombibüros benötigen dagegen bei intelligenter Grundrissgestaltung nur unwesentlich mehr Fassadenfläche als eine Großraumstruktur.

Ein weiterer effektiver Ansatz zur Verbesserung der Wirtschaftlichkeit ist das hartnäckige Hinterfragen des Raumprogramms. Sind wirklich alle Raumanforderungen notwendig? Brauchen alle Mitarbeiter einen eigenen Arbeitsplatz? Wie viel Quadratmeter sind für einen Arbeitsplatz erforderlich und angemessen? Anzahl der Besprechungsräume? Kantine mit eigener Küche oder Catering? In der Regel kann die erforderliche Nutzfläche bei gleicher Anzahl von Arbeitsplätzen deutlich verkleinert werden.

		Kostenarten					
		Investition	Wartung Instandhaltung	Reinigung	Energie, Green Building	Flexibilität der Organisation	Abbruch- und Recyclingeignung
Kosteneinflussparameter	Funktion/Organisation	●		●	●	●	
	Flächenwirtschaftlichkeit NF/BGF	●		●		●	
	Kompaktheit Hülle/BRI	●	●	●	●	●	
	Konstruktion Rohbau	●			●	●	●
	Konstruktion Fassade	●	●	●	●	●	●
	Konstruktion Dach	●	●		●		●
	Konstruktion Ausbau	●	●	●		●	●
	Technisches Konzept	●			●	●	●

Abb. 3–29 Einfluss der einzelnen Kosteneinflussparameter auf die Kostenarten

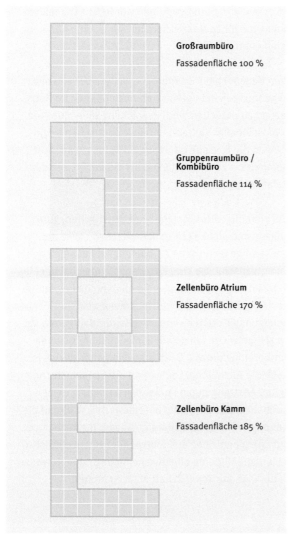

Großraumbüro

Fassadenfläche 100 %

Gruppenraumbüro / Kombibüro

Fassadenfläche 114 %

Zellenbüro Atrium

Fassadenfläche 170 %

Zellenbüro Kamm

Fassadenfläche 185 %

Abb. 3–30 Einfluss der Büroform auf die Fassadenfläche

weise möglich, wobei die architektonischen Belange dadurch nicht beeinträchtigt werden dürfen.

Schließlich sind weitere Verbesserungen der Wirtschaftlichkeit durch die Konstruktion und die Materialwahl bei den wesentlichen Gebäudeelementen möglich. Dies betrifft vor allem:

– *Geschossdecken Rohbau:* Hier entscheiden vor allem die erforderlichen Stützweiten und Öffnungen, die wiederum vom gewählten Gebäuderaster abhängig sind.
– *Fassaden:* Die Kosten für Fassaden entsprechen dem architektonischen Anspruch, der Materialauswahl, den bauphysikalischen Ansprüchen, dem Sonnenschutz sowie dem Können des Fassadenplaners bezüglich der Detailplanung. Vorgehängte, elementierte Metallfassaden sind deutlich teurer als Lochfassaden mit Kunststofffenstern.
– *Dach:* Bei den Dächern sind in der Regel wenig Einsparungspotenziale vorhanden, wenn sie sorgfältig ausgebildet sind.
– *Ausbau:* Der Aufwand für Boden, Wand und Decke wird zum einen von den bauakustischen und schalltechnischen Anforderungen und zum anderen von den qualitativen und architektonischen Anforderungen bestimmt.

Als weiterer wesentlicher Kostenfaktor bleibt schließlich das gesamte technische System zur Raumkonditionierung, Beleuchtung und Stromversorgung.

Intelligente Anordnung und Verknüpfung der Funktionen des Raumprogramms führt zu einer Reduzierung der Verkehrsflächen und damit zu einer Verbesserung der Flächenwirtschaftlichkeit. Das heißt, es muss pro Quadratmeter Nutzfläche (NF) weniger Bruttogrundfläche (BGF) gebaut werden als bei einer weniger geschickten Planung. Insgesamt kann durch solche Maßnahmen sehr viel Bruttofläche eingespart werden, was zu einer erheblichen Reduzierung der Investitionskosten führt. Weitere Einsparungen sind durch eine kompakte Bau-

Folgekosten

Wartungs- und Instandhaltungskosten: Die späteren Kosten für Wartung und Instandhaltung werden ganz wesentlich von der Qualität der Planung und Ausführung beeinflusst. Je mehr bei der Detailplanung auf langfristige Qualität anstatt nur auf eine möglichst preiswerte Ausführung geachtet wird, umso geringer werden später die Instandhaltungskosten sein. An dieser Stelle tritt ein klarer Interessenkonflikt zwischen dem Gebäudeersteller – sei es der Projektentwickler oder ein Generalunternehmer – und dem Investor auf. Der Investor muss nämlich die Instandhaltungskosten aus der Miete bestreiten und ist daher an einer möglichst guten Qualität interessiert. Gleichzeitig möchte er aber möglichst wenig bezahlen, was für den Ersteller möglichst preiswerte Produkte und Details bedeutet. An dieser Stelle kommt dem Projektmanager als Interessenvertreter des Investors die Aufgabe zu, eine möglichst hohe Qualität zu wirtschaftlich vertretbaren Kosten sicherzustellen.

Reinigungskosten: Enorme Einsparpotenziale gibt es, wenn Architekten und Bauherren schon frühzeitig die spätere Reinigung einplanen. Was viele nicht wissen: Die Reinigungskosten betragen bei einem Bürogebäude zwischen 0,20 bis 1,50 € pro m² Reinigungsfläche mit deutlichen Ausreißern nach oben. Kosten in Höhe von 20 bis 40 % könnten eingespart werden, wenn man die späteren Reinigungsaufwendungen bereits

im Vorentwurf berücksichtigen würde. In Extremfällen liegen die Einsparmöglichkeiten sogar noch höher (siehe Abb. 3–31).

Zum Beispiel bei Fassaden, die weder über einen fest angebrachten Reinigungskorb noch über einen Hubsteiger zu erreichen sind. In solchen Fällen muss ein professioneller Kletterer unter akrobatischen Bedingungen die Fassade reinigen und braucht dazu laut Sommer bis zu 20-mal länger als mit einer Fassaden-Befahranlage.

Gut zu reinigendes Material und Oberflächen, gute Zugangsmöglichkeiten zu allen Flächen sowie die notwendige technische Ausrüstung und ausreichende Energieanschlüsse sind Kriterien, die man bei der Planung im Auge haben muss. So bleiben die Reinigungskosten später gering. „Weichen die projektspezifischen Reinigungsleistungen von den Standardaufgaben ab, so ziehen wir im Einzelfall Reinigungsunternehmen zur Beratung hinzu." Doch diese Vorgehensweise ist noch die Ausnahme. Leider sind die planungstechnischen Anstrengungen im Bereich Reinigung derzeit normalerweise eindeutig unterbewertet. Während die Bauphysiker oder die Energiemanager ihr Augenmerk auf Energieeffizienz ausrichten, sind verantwortliche Fachplaner für eine effektive Reinigung normalerweise in der Planungsmannschaft nicht zu finden.

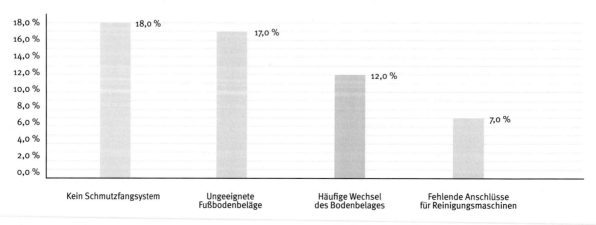

Abb. 3–31 Die vier Hauptverursacher hoher Reinigungskosten

Energiekosten – Green Building: Um möglichst geringe Energiekosten für den späteren Betrieb zu erreichen, muss das Projektmanagement ganz zu Beginn der Planungskonzeption die Anforderungen an das Energiesystem klären (siehe Abb. 4–73). Es ist entscheidend zu definieren, ob man alternative Energie wie z. B. Erdwärme nutzen will, da dies nur mit einer Niedrigtemperaturheizung möglich ist. Dies wiederum erfordert eine flächige Wärmeverteilung wie z. B. über Betonkerntemperierung, was spätestens zur Vorplanung definiert sein muss. Ebenso ist das Zusammenspiel mit der Gebäudebelüftung und der Beleuchtung sowie dem Nutzerstromverbrauch zu klären.

Der erforderliche Energiebedarf sollte auf das wirtschaftlich sinnvolle Minimum reduziert werden, im Extremfall im Wohnungsbau bis auf null. Auf alle Fälle sind die Vorgaben der Energieeinsparverordnung (EnEV) einzuhalten. Bei intelligenter Planung können die Vorgaben der EnEV so umgesetzt werden, dass die eingesparten Energiekosten die erhöhten Kapitalkosten für die erforderlichen Maßnahmen letztendlich weitgehend ausgleichen.

Die Reduzierung des Wärme- und Kälte-Energiebedarfs durch bauliche Maßnahmen wird im Wesentlichen über die Gebäudehülle und die Speicherfähigkeit der Konstruktion bedingt. Die Hülle gliedert sich in drei Bereiche:

– Kellerdecke
– Fassade (Wände, Fenster, Türen)
– Dach

Der aufwendigste Bereich und planerisch am anspruchsvollsten ist die Fassade, die in der Regel zugleich die größte Berührungsfläche mit der Außenluft aufweist. Schwachpunkte sind dabei vor allem Fenster, Außentüren und Deckenanschlüsse (Wärmebrücken). Die Außenwände können konstruktiv mit dämmenden Materialien ausgeführt oder mit Dämmstoffen eingepackt werden. Die Fenster müssen mindestens mit Zweischeiben-Wärmedämmglas, besser aber mit Dreischeiben-Verglasung ausgeführt werden. Gleiches gilt für die Dämmung der Außentüren.

Die Wärmeisolierung von Kellerdecke und Dach ist vergleichsweise einfach zu bewerkstelligen, wenn technisch einwandfreie Details geplant werden (siehe Abb. 3–32).

Um das optimale Ergebnis für Investor und Nutzer zu erreichen, sollten mehrere Gesamtalternativen simuliert und der jeweilige Gesamtenergiebedarf sowie der entsprechende Primärenergiebedarf ermittelt werden. Auf der Grundlage der verschiedenen Energiebedarfe der Varianten müssen die jeweiligen Investitions- und Energiekosten ermittelt und gegenübergestellt werden.

Gleichzeitig müssen aber auch die monetär nicht quantifizierbaren Faktoren z. B. nach dem Wertanalyseverfahren bewertet werden. Dazu gehören Gestaltung, Funktion sowie technische und zeitliche Durchführbarkeit. Aber auch Behaglichkeit und Komfort müssen angemessen berücksichtigt werden.

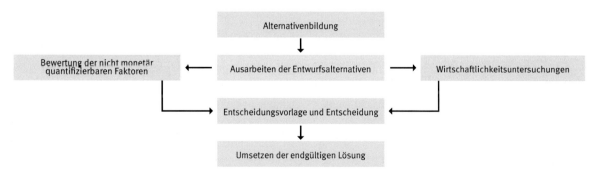

Abb. 3–32 Ablauf Energieoptimierung

Die Varianten müssen entscheidungsreif aufbereitet werden, sodass mit einer abgesicherten Lösung in die Entwurfsplanung gegangen werden kann. Die Entscheidung sollte neben den wirtschaftlichen vor allem auch nachhaltige Kriterien berücksichtigen.

Organisation und Flexibilität

Bereits vor und laufend nach Bezug des Gebäudes sind Organisationsänderungen an der Tagesordnung. Mitarbeiter ziehen um, Funktionsbereiche werden geändert, Unternehmensteile verlagert. In diesen Fällen zeigt es sich, wie flexibel die Grundrisse und der Ausbau geplant sind. Im Bürohausbau sind Kombibüros beispielsweise klar im Vorteil, da Mitarbeiter einfach von Raum zu Raum umziehen und keine Trennwände versetzt werden müssen. Bei Zellenbüros – vor allem bei Nutzern mit vielen Hierarchieebenen (Raster!) – kommen auf die Organisatoren viele Umbauten zu. Hier ist zu prüfen, ob die Investition in ein leicht umsetzbares Montagewandsystem letztlich trotz höherer Kosten nicht günstiger ist als ein ständiger Abbruch und Neuaufbau von Wänden.

Für den Nutzer ist die Beachtung der Drittverwendungsfähigkeit von großer Bedeutung. Denn was tun, wenn der Mieter auszieht und die Immobilie nicht mehr in derselben Form oder im selben Nutzungsbereich vermietbar ist? Vorteilhaft sind in diesem Falle Planungsvarianten, mit denen verschiedene Nutzungen simuliert werden. Großzügigere Flächenkonzepte und weniger kompakte Hüllen sind für diese Belange eher geeignet als sehr spezifische und kompakte Gebäude. Ebenso wichtig ist ein Rohbau in Skelettbauweise mit möglichst wenigen tragenden Wänden und getrennten Rastern für Rohbau und Ausbau. Auch das technische Konzept sollte möglichst variabel und flexibel aufgebaut sein.

Kosten des Rückbaus und Baustoffverwertung

Im Gegensatz zu früher gewinnt ein geordneter Rückbau aus Kostengründen und Nachhaltigkeitsgesichtspunkten immer mehr an Bedeutung. Dies bedeutet, dass vom Projektmanagement bereits in der Ausschreibung sowie in der Detail- und Werkstattplanung darauf zu achten ist, dass unterschiedliche Materialien leicht zu trennen und möglichst wiederverwertbar sind. Andern-

falls kommen auf die Investoren in Zukunft erhebliche Kosten- und Entsorgungsprobleme zu.

3.2.4 Qualitätsmanagement

Qualität wird zuallererst in der Planung erzeugt. Während der Bauausführung kann nur noch improvisiert und nachgebessert werden. Das heißt, bauliche Defizite entstehen bei der Planung und werden dann in der Ausführung noch verstärkt.

Qualitätsüberwachung Planung und Ausschreibung

Die Komplexität bautechnischer und technischer Sachverhalte macht es den Bauherren und Architekten schwer, die Arbeit der Fachplaner und später der ausführenden Firmen beurteilen zu können. So besteht häufig Unsicherheit darüber, ob die für den Betrieb eines Gebäudes unverzichtbaren Energiekonzepte ihren Nutzen und ihren Zweck optimal erfüllen. Moderne Gebäude müssen vielfältige wirtschaftliche und funktionale Ziele erfüllen, wovon sich einige teilweise sogar widersprechen. Als ob kurze Planungs- und Bauzeiten nicht genug Herausforderung wären, müssen die Gebäude auch ökologische Anforderungen einhalten. Je komplexer aber die Vorgaben, desto eher schleichen sich Systemfehler ein, die für den Bauherrn Mehrkosten oder Abstriche in der Qualität bedeuten.

Qualitätskontrollen müssen in der frühen Planung beginnen, denn hier werden die Weichen für den Projekterfolg gestellt (siehe Abb. 3–33).

Es ist sicherzustellen, dass die Anforderungen an das Gebäude in Form einer sorgfältigen Grundlagenermittlung aufgenommen wurden. Darauf aufbauend müssen die begleitenden Wirtschaftlichkeits- und Kostenvergleichsberechnungen durchgeführt werden, welche auch den späteren Betrieb, die Wartung und Instandhaltung berücksichtigen. Unklare Aufgabenstellungen führen zu Unsicherheiten im Planungsteam und zu unwirtschaftlichen Lösungen.

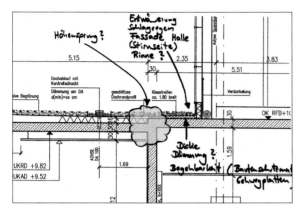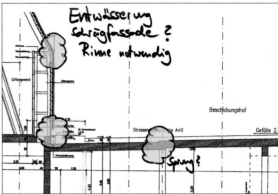

Abb. 3–33 Qualitätsüberwachung Planung

Planungsergebnisse müssen nach technischen und wirtschaftlichen Kriterien regelmäßig planungsbegleitend geprüft werden. Die Kriterien dabei sind:

- Werden die vereinbarten Planungsziele berücksichtigt und erreicht?
- Ist die Qualität in Ordnung?
- Stehen Entscheidungen aus, die in der Planung zu schwarzen Flecken führen?
- Ergänzen sich die Technologien (z. B. Zusammenspiel Fassade, Heizung und Kühlung)?
- Sind die verschiedenen Gewerke untereinander koordiniert?
- Wie sind die Anlagen dimensioniert? Sind Gleichzeitigkeitsfaktoren berücksichtigt? Sind Reserven überflüssig?
- Werden die Leistungen herstellerneutral geplant?
- Gibt es zu dieser Konzeption Alternativen, die preiswerter sind?
- Sind Unsicherheiten vorhanden?
- Ist die Kostenschätzung plausibel, entspricht sie der Planung und dem Budget?

Qualitätskontrollen in der Planung müssen durch eigene Berechnungen, Nachberechnungen und Plausibilitätsvergleiche unterstützt werden.

Sobald die Planungsphase abgeschlossen ist, werden die Leistungen in Leistungsverzeichnissen beschrieben, um ausführende Firmen zu finden. Die größten Abweichungen von den vereinbarten Planungszielen treten im Übergang von der Planung zur Ausschreibung auf. Oft werden Zusatzwünsche mit in die Leistungsverzeichnisse aufgenommen, die zu Kostenüberschreitungen führen können. Deshalb müssen diese Leistungsverzeichnisse geprüft werden. Dabei stehen folgende Themen im Vordergrund:

- Werden alle Leistungen beschrieben?
- Sind die Leistungen herstellerneutral beschrieben?
- Entsprechen die Qualitäten den Vereinbarungen?
- Sind Nebenleistungen, Vorbemerkungen etc. fair, praxiserprobt und vollständig?

Das Technisch-wirtschaftliche Controlling kann auch wirksame Unterstützung im Bereich von Angebotsauswertungen bringen: Sind Nebenangebote eventuell technisch und wirtschaftlich interessant, spiegelt der Markt bestimmte Signale aufgrund einer kurzfristigen Verknappung von Gütern, gibt es für solche Situationen Alternativen etc.?

3.2.5 Projektkommunikationsmanagement

Große oder komplexe Projekte sind heute wegen der Vielzahl der Beteiligten, die meist noch räumlich getrennt sind, ohne ein leistungsfähiges Projektkommunikationssystem nicht mehr effizient durchführbar. Diese laufen auf zentralen Servern, auf denen mittels Expertensoftware die zahllosen Daten ausgetauscht, gemanagt und archiviert werden (siehe Abb. 3–34).

Auf dem Markt haben sich webbasierte Projektkommunikationssysteme durchgesetzt. Sie bieten für alle Projektbeteiligten einen Mehrwert:

– als komplettes Projektarchiv
– durch hohe Qualität der Dokumentation
– durch eine hohe Verfügbarkeit
– durch eine erhöhte Sicherheit
– durch maximale Transparenz
– durch Prozessoptimierung

Voraussetzung hierfür ist, dass die Systeme die Vereinbarung der Projektorganisation genau abbilden und die Benutzer entsprechend ihren Rollen, ihren Rechten und Pflichten den Projektraum nutzen können und dies auch in Anspruch nehmen.

Der Projektmanager muss, unterstützt durch einen kompetenten Daten- und Planmanager, von Beginn

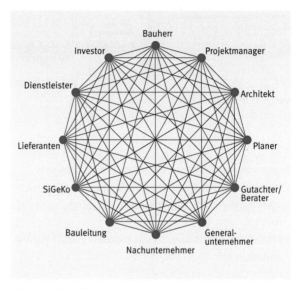

Abb. 3–34 Projektkommunikationsmanagement

INFORMATION	Informationssystem für die komprimierte Informationsbereitstellung an Entscheider
DOKUMENTENMANAGEMENT	Zentrale Ablage aller projektrelevanten Dokumente, Pläne und Zeichnungen
NACHRICHTENVERWALTUNG	Automatische Benachrichtigungen der Projektbeteiligten über neue Dokumente, Aufgaben, Nachrichten
AUFGABENMANAGEMENT	Aufgaben- und Terminüberwachung
TERMINMANAGEMENT	Projektterminkalender inkl. Verknüpfung mit Einladungen und Protokolldateien
PLANMANAGEMENT	Abbildung & Organisation von Planläufen auf Basis von Sollplanlisten
MÄNGELMANAGEMENT	Mängelerfassung, -verwaltung und -verfolgung
NACHTRAGSMANAGEMENT	Abbildung von Prozessen als Folge von Behinderungsanzeigen, Mehrkosten, Bedenken
DATENAUSTAUSCH	Schnittstellen zu anderen DMS- und CMS-Systemen. E-Mail-Multi-Upload. Datenaustausch mit FTP-Servern. Modul Reproanstalt mit integrierter Lieferscheingenerierung.
PROJEKTCONTROLLING	Cockpit zur komprimierten Ansicht verspäteter Aufgaben, Nachrichten oder Dateien der Projektbeteiligten. Abbildung von Freigabeprozessen
SUCHE	modular aufgebaute Suchmaschine mit Schnellsuche
MEHRSPRACHIGKEIT	benutzerspezifisch einstellbare Benutzeroberfläche für verschiedene Sprachen
TEIL - und MEHRPROJEKTFÄHIGKEIT	Unterteilung des Gesamtprojekts in Teilprojekte (Bauteile, Filialen) mit integrierter Rechtezuweisung für unterschiedliche Projektteams. Zusammenfassen verschiedener Einzelprojekte zu einem Multiprojekt mit rechtegesteuerter Auswertung und integriertem „Direkt-Datenaustausch"
MOBILE NUTZBARKEIT	Anbindung mobiler Endgeräte (Wireless Handheld, Mobiltelefon etc.)

Abb. 3–35 Funktionalitäten PKM

des Projektes an die richtige Weichenstellung für die Organisation und später die Kontrolle des digitalen Planungsprozesses einleiten.

Das bereits 1997 von Drees & Sommer entwickelte und seither in zahlreichen Großprojekten erfolgreich eingesetzte webbasierte PKM dient innerhalb eines Bauprojektes gleichzeitig als Projektraum, projektbezogenes Dokumentenmanagementsystem und Projektmanagementsystem. Ziel dabei ist es, Planungs- und Erstellungsprozesse effektiver zu gestalten und Transparenz zu erzeugen (siehe Abb. 3–35).

Installation eines Projektkommunikationssystems

Die klassische und häufigste Anwendung für alle Phasen eines Bauprojektes ist der *Projektraum*. Alle Projektbeteiligten, die einen aktiven Anteil am Planungsprozess leisten, erhalten Zugang und ihren Rollen entsprechende Zugriffsrechte. Dazu gehören der Auftraggeber, seine Vertreter und alle Auftragnehmer, wie Planer, Experten und ausführende Firmen. Die Nutzung des Projektraums muss vertraglich verankert und in einem „Projektstandard" als Ergänzung zum Organisationshandbuch definiert sein.

Der Projektraum fungiert als ständig aktualisiertes Projektarchiv und ist deshalb die ideale Grundlage für die Dokumentation zu jeder Phase des Projektes, insbesondere jedoch beim Projektabschluss. Voraussetzung hierfür ist, dass alle „projektrelevanten" Dokumente bereitgestellt werden. Dazu gehören neben CAD-Modellen und -plänen auch der gesamte Schriftverkehr, die Genehmigungsunterlagen, Vertrags-, Kosten- und Termindaten. Im Grunde alles, was Gegenstand von Projektbesprechungen ist oder zwischen Projektbeteiligten ausgetauscht wird (siehe Abb. 3–36).

Über den Projektraum kann der gesamte Planungsprozess einer 2-D- und 3-D-Planung abgebildet werden, was vor allem für die Generalplanung und das General Construction Management unverzichtbar ist. Besteht die Anforderung, eine komplette Dokumentation von Daten, Informationen (z. B. Entscheidungsdokumentation) und das Recherchieren von Unterlagen sicherzustellen, kann PKM auch als Dokumentenmanagementsystem (DMS) eingesetzt werden.

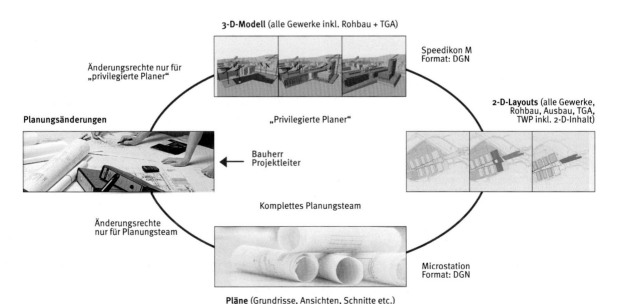

Abb. 3–36 Projektraum PKM

Sollen große Informationsmengen (z. B. Wissensmanagement) einem definierten Kreis von Beteiligten
zur Verfügung gestellt werden, lässt sich PKM auch
als Content Management System (CMS) ausbilden.

Der Projektraum sollte die alleinige Kommunikations-
plattform im Projekt darstellen und deshalb auch in der
Lage sein, alle „Aktivitäten" (z. B. Hoch- und Herunterladen bzw. Verteilen von Daten und Informationen) zu
dokumentieren. Dann wird es als projektspezifisches
Dokumentenmanagementsystem einen bedeutenden
Mehrwert leisten.

Es ist notwendig, Entscheider und Projektleitung zu
Beginn des Projektes zu beraten, alle Beteiligten in der
Anwendung des Projektraumes zu betreuen und ggf.
ihre Aktivitäten zu überprüfen. Das erfordert insbesondere im Falle von Durchführung von Planmanagement-
aufgaben im Projektraum sehr viel Fachkompetenz.

Multi-Projektraum: Der Multi-Projektraum unterscheidet
sich vom Projektraum durch die gleichzeitige Abbildung
von mehreren Projekten oder Teilprojekten. Er wird deshalb häufig von Institutionen mit reger und andauern-
der Bautätigkeit (Neubau, Bauunterhaltung und Umbau)
genutzt. Diesen bietet sich dann der Vorteil, dass der
Projektraum sich exakt auf deren Anforderung und Prozesse konfigurieren lässt und sich durch die Häufigkeit
der Anwendung erhebliche Einsparpotenziale erzielen
lassen. Eine weitere Besonderheit des Multi-Projekt-
raums besteht darin, dass neben den rollenabhängi-
gen Rechten sich zusätzlich projektabhängige Rechte
abbilden lassen. Das bedeutet, dass unterschiedliche
Projektteams parallel die Plattform nutzen können,
ohne Zugriff auf Daten anderer Projekte zu erhalten.
Dadurch lassen sich optimal Anforderungen an Erstell-,
Betriebs- und Umbauprozesse abbilden.

Nachstehend sind einige Screenshots dargestellt (siehe
Abb. 3–37 bis 3–39), um einen Eindruck von der Funktionalität zu geben. So können an jedem Ort und zu jeder
Zeit sowohl Informationen für die Entscheidungsebene
sowie alle Daten für die Arbeitsebene zur Verfügung
gestellt und die erforderliche Kommunikation durchgeführt werden.

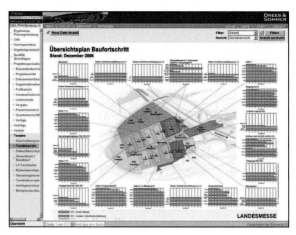
Abb. 3–37 Darstellung des Baufortschritts im Infoteil

Abb. 3–38 Workflow-Dokumentation

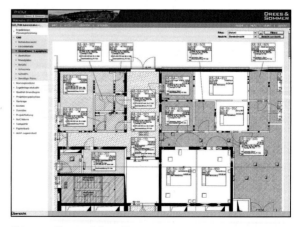
Abb. 3–39 Planungsinformationen

3.3 Planungsbegleitendes Facility Management

Häufig wird der für den Projekterfolg immens wichtige Planungsbestandteil übersehen, nämlich die Integration der FM-Belange in die Planungsphase (siehe Abb. 3–40).

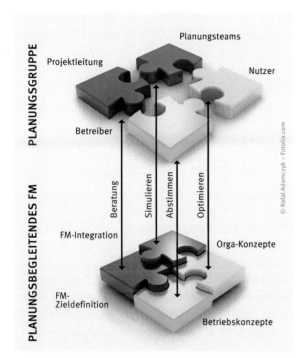

Abb. 3–40 Einbindung FM in die Planung

Das Planungsteam besteht in der Regel aus der Projektleitung (inkl. Projektmanagement), dem Vertreter des Betreibers und des Nutzers sowie den Planern und Beratern. Das planungsbegleitende FM muss in diesem Kontext spezielle Inputs einbringen bzw. beraten und optimieren.

– Mit der Projektleitung werden die inhaltlichen und terminlichen Ziele für die FM-Beratung definiert.
– Mit den Vertretern des Betreibers werden im Detail Betriebskonzepte entwickelt für den späteren Betrieb des Gebäudes.
– Die Beratung des Nutzers führt zu optimierten Organisationskonzepten.

– Alle Vereinbarungen müssen schließlich mit den Planern und Beratern in die konkrete Planung umgesetzt und der spätere Betrieb muss dabei abgebildet werden.

3.3.1 FM-Konzepte für die Planung

Nur durch detaillierte Kenntnisse der Bewirtschaftungsprozesse, deren Vernetzung und der damit konkret verbundenen baulichen, technischen und organisatorischen Anforderungen an die aktuelle Planung kann eine spätere nutzungsgerechte und ökonomische Bewirtschaftung von Gebäuden sichergestellt werden.

Dazu müssen die aktuellen Vorstellungen des Investors sowie der aktuelle Planungsstand aus FM-Sicht geprüft und mögliche Handlungsoptionen aufgezeigt werden. Dabei werden folgende FM-relevante Gebäudeprozesse betrachtet:

– *Erschließungskonzept* (Personenerschließung, Personenströme, Pkw, Parken, Aufzüge),
– *Ver- und Entsorgung* (Warenlogistik und Entsorgungskonzept),
– *Gebäudesicherheit* (Aufzeigen von Sicherheitszonen und die daraus abgeleiteten Anforderungen an die Planung und den Gebäudebetrieb),
– *Reinigungskonzept* (Unterhaltsreinigung, Glas- und Fassadenreinigung, Außenreinigung, Winterdienst und Grünpflege),
– *Wartung* (Inspektion, Instandsetzung, Störungsmanagement),
– *Instandhalten* (Bausubstanz und Gebäudetechnik),
– *Bedienkonzept für die Gebäudetechnik* (inkl. Hausmeister/Haustechnikleistungen).

Die mit den Bewirtschaftungsprozessen verbundenen Arbeitsabläufe müssen grundriss- oder modellorientiert beschrieben und die daraus resultierenden Anforderungen in Form einer Anforderungsliste dokumentiert werden (Wer macht was?). Außerdem sind die Auswirkungen auf organisatorische, bauliche oder technische Aspekte des zukünftigen Betriebs auszuweisen und die Konsequenzen hinsichtlich der zukünftigen Betriebskosten darzustellen.

Der Betrieb lässt sich anhand von Modellen vorwegnehmen und die Auswirkungen von Planungsänderungen sofort auf die Funktionalität des Gebäudes hin überprüfen (z. B. sind die Flurbreiten bei einer Änderung der Wandstärke noch eingehalten).

Die jeweiligen Ergebnisse müssen in einem Bericht dokumentiert und mit den Planungsbeteiligten abgestimmt werden, damit später keine unterschiedlichen Sichtweisen des Betrieb behindern.

Erschließungskonzept

Eine in hohem Maße planungsrelevante Thematik ist das Erschließungskonzept für Gebäude. Dies bezieht sich sowohl auf die Personenerschließung als auch die Parkierung, während die Erschließung mit Medien bei den Planern der TGA liegt.

Beispiel Anlieferung für Messehallen (siehe Abb. 3–41) – ein in der Regel nicht optimal gelöstes Problem. Die Lösung: vier Fahrzeuge einer Spedition – vom Tieflader bis zum Gabelstapler – rollten auf das Versuchsgelände und simulierten Be- und Entladevorgänge. Nachdem Höhen, Breiten, Schleppkurven und Ausschwenkradien vermessen waren, konnte die Breite der Anlieferhöfe funktional optimiert und wirtschaftlich festgelegt werden. So konnte praxisorientiert die optimale Lösung für das Netz der Andienungsstraßen erarbeitet werden.

Ver- und Entsorgung

In Abhängigkeit von der Gebäudenutzung können die Flächen und Raumhöhen für Ver- und Entsorgung ein erhebliches Ausmaß annehmen, das im ersten Raumprogramm für den Wettbewerb meist deutlich

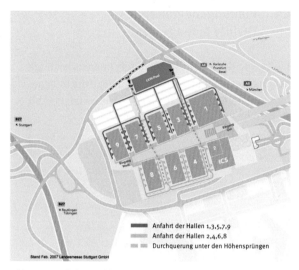

Anfahrt der Hallen 1,3,5,7,9
Anfahrt der Hallen 2,4,6,8
Durchquerung unter den Höhensprüngen

Stand Feb. 2007 Landesmesse Stuttgart GmbH

Abb. 3–41 Verkehrserschließung

unterschätzt wird. Deshalb sind während der Planung detaillierte Ermittlungen notwendig, um die Planungsgrundlagen abzusichern (siehe Abb. 3–42).

Zu Planungsproblemen kommt es neben zu geringen Flächenansätzen häufig durch zu gering geplante lichte Höhen. So wird immer wieder die erforderliche lichte Höhe von mind. 4,20 m an jeder Stelle der Zufahrt und Abfahrt nicht berücksichtigt.

Gebäudesicherheit

Die Einteilung des Gebäudes in Sicherheitszonen ist ein wesentlicher Bestandteil des funktionalen Konzepts und beeinflusst sowohl die Grundrissplanung als auch die Gebäudetechnik (siehe Abb. 3–43).

Abb. 3–42 Detail-Konzeption Ver- und Entsorgung

ZONE 1	ZONE 2	ZONE 3	ZONE 4	ZONE 5
Öffentlich zugänglicher Bereich	Zutritt nur für „hauseigene" Techniker, Hausmeister und Dienstleister	Zutritt nur nach Freigabe	Geschützter Bereich	Besonders geschützter Bereich
(während Besetzungszeit Empfang)		(vorherige Anmeldung am Empfang/ beim Pförtner)	(Zutritt nur mit Zugangsberechtigung oder in Begleitung eines Berechtigten)	(nur kleiner Personenkreis, ggf. Dokumentation der Zutritte)

Abb. 3–43 Sicherheitszonen in einem Bürogebäude

Größere Bürogebäude, in denen vertrauliche Daten bearbeitet werden, sind in der Regel in unterschiedliche Sicherheitszonen unterteilt.

Öffentlich zugänglich sind meist der Empfang und die zugeordneten WC-Bereiche und Garderoben, oft aber auch das Betriebsrestaurant. Besucher können nach Anmeldung in bestimmte Büro- und Konferenzbereiche gelangen. Eine erste Sicherheitszone sind meist die Gebäudetechnik-Zentralen aller Art sowie die Küche etc., die für die Mitarbeiter des Betreibers und seine Dienstleister zugänglich sind.

Geschützte Bereiche in verschiedenen Stufungen sind Rechenzentren, Entwicklungsabteilungen, Labore etc.,

also alle Bereiche, in denen Daten oder Modelle gesichert bearbeitet werden.

In der Regel werden alle diese Bereiche durch Zugangskontrollsysteme in Form von Kartenlesern oder biologischen Scannern entsprechend der vorgegebenen Hierarchie oder von Sondervollmachten geschützt.

Reinigungskonzept
Die bestehende Planung (z. B. ein Wettbewerbsentwurf) muss eingehend auf Funktionalität und Wirtschaftlichkeit analysiert und ein durchgängiges Konzept für alle Reinigungsbereiche erstellt werden (siehe Abb. 3–44).

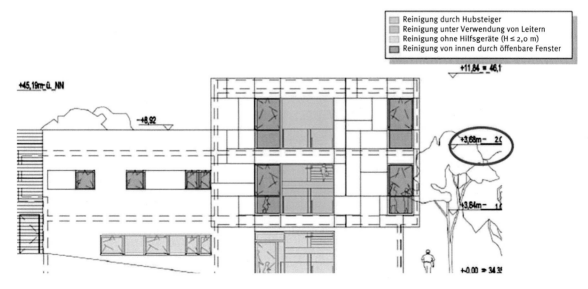

Abb. 3–44 Analyse der Reinigungsmöglichkeiten Fassade

Insbesondere bei den Fassaden sind oft aufwendige Reinigungsprozesse erforderlich, die durch entsprechende Maßnahmen (z. B. öffenbare Fenster) vermieden werden können.

Generell vertritt oder berät das FM bei allen Reinigungskonzepten die späteren Betreiber, da die Reinigungskosten inzwischen bei energiesparenden Gebäuden die Energiekosten bei Weitem übersteigen (siehe auch Kap. 3.2.3).

Wartung und Instandhaltung
Die Wartungskosten hängen im Wesentlichen von der verbauten Technik und den vertraglichen Vereinbarungen ab. Gerade da ist wieder das spezielle FM-Wissen gefragt, das zumeist in der erforderlichen Tiefe bei den Planern nicht vorhanden ist (siehe Abb. 3–45).

Die Instandsetzungskosten können durch die Auswahl, Qualität und Ausführung von Gebäudeelementen im Detail erheblich beeinflusst werden. Insofern kann eine gute FM-Beratung dazu führen, dass vor allem Erneuerungsinvestitionen erst später stattfinden werden und evtl. durch Teilerneuerungen sehr viel günstiger werden.

3.3.2 Baudatenmanagement – CAFM

Unter Computer-Aided Facility Management (CAFM) ist die Unterstützung des Facility Managements durch die Informationstechnik in Form eines Computerprogramms zu verstehen, welches aus einer Datenbank und einer Anwenderoberfläche besteht. Dabei stehen die Bereitstellung von Informationen über die Facilitys und die Unterstützung von Arbeitsprozessen im Vordergrund.

CAFM-Systeme werden verstärkt zur Abbildung von Facility-Management-Prozessen verwendet. So ist es beispielsweise möglich, von einem Gebäudenutzer gemeldete Defekte als Reparaturaufträge in dem System zu hinterlegen. Diese Aufträge können dann von dem entsprechenden Fachbereich oder einer externen Firma eingesehen und bearbeitet werden. Es kann eine Auftragsverfolgung eingesetzt werden, bei der die offenen Aufträge dem Fachbereich bzw. der durchführenden Firma wieder vorgelegt werden, falls der Auftrag nach einer bestimmten Zeitspanne noch nicht erledigt sein sollte.

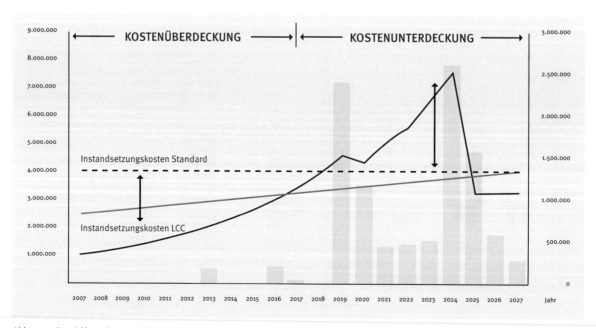

Abb. 3–45 Entwicklung der Instandsetzungskosten

Um für den zukünftigen Betrieb eines Gebäudes die geeignete Software- und IT-Prozessunterstützung sicherstellen zu können, müssen in der frühen Projektphase die relevanten Fragen gestellt werden:

– Welche IT-Systeme für den FM-/Immobilienbetrieb sind vorhanden?
– Welche Vorgaben an die Fachplaner und Architekten etc. wurden hinsichtlich der Datenlieferung über den Planungs- und Bauprozess bereits vertraglich verankert?
– Welche Themen sollen zukünftig IT-technisch unterstützt werden?

Durch die Einführung eines geeigneten Softwarewerkzeuges sollen diese Aufgaben und Prozesse effektiv unterstützt werden, um eine inkonsistente und widersprüchliche Datenhaltung zu vermeiden und eine transparente Dokumentation der erbrachten Leistungen zu ermöglichen. Damit die zünftigen CAFM- und Reporting-Informationen für die Inbetriebnahme und für die operative FM-Ausschreibung rechtzeitig zur Verfügung stehen, sollte die CAFM-Auswahl rechtzeitig zur Verfügung stehen. Dazu wird mit dem Investor/Betreiber ein Konzept für die Einführung eines CAFM-Systems erarbeitet mit folgenden Inhalten (siehe Abb. 3–46):

– den relevanten FM-Prozessen und dem sinnvollen Einsatzbereich (Module) einer CAFM-Software,
– den notwendigen Beteiligten,
– der Möglichkeit der Integration vorhandener immobilienrelevanter IT-Systeme,
– den erforderlichen Daten für ein CAFM-System,
– dem erforderlichen Termin- und Kostenrahmen einer CAFM-Einführung.

Die Leistung des FM-Consultings besteht darin, gemeinsam mit dem Betreiber die einzelnen FM-Prozesse zu identifizieren, ihre mögliche Abbildung in einem EDV-System zu bewerten, gemeinsam eine Priorisierung der Teilprozesse (CAFM-Module) durchzuführen und Empfehlungen zur Umsetzung des Projektes auszusprechen.

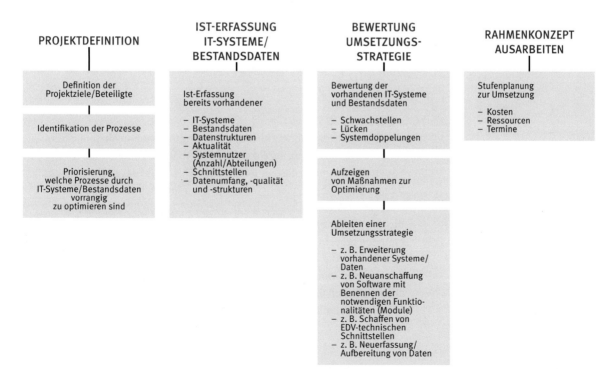

Abb. 3–46 Ablauf des Prozesses zur Beschaffung eines CAFM-Systems

PLANEN UND VORBEREITEN MIT BIM UND LEAN DESIGN MANAGEMENT

Mit der neuen Planungstechnologie Building Information Modeling (BIM) wird die Digitalisierung als ein großer Schritt hin zum industrialisierten Bauen genutzt, ohne dass es wesentliche Einschränkungen der Gestaltungsfreiheit gibt. Dabei eignet sich BIM nicht nur für Neubauten, sondern im Zusammenspiel mit Laserscannern auch und gerade für das Bauen im Bestand nach der Cradle-to-Cradle-Technologie. Als kooperative Planungsmethode braucht BIM eine entsprechende Steuerungsmethode wie das Lean Design Management, mit dem das Zusammenspiel der Partner terminlich geordnet wird. Schließlich ist BIM eine geniale Basis für eine industrialisierte Produktion und Vorfertigung sowie eine „just in time" organisierte Ablauf- und Logistikplanung.

Der in den Abschnitten 4.2.3, 4.2.4 und 4.5.1 dargestellte modulare Planungsansatz wurde in den letzten 20 Jahren durch die Fa. digitales bauen gmbh aus dem Forschungskontext der Universität Karlsruhe heraus methodisch entwickelt und in vielen Praxisbeispielen angewendet und verfeinert. Durch die zunehmende Durchdringung der Planungs- und Bauprozesse mit digitalen Werkzeugen bekommt diese Planungsmethode mit der Entwicklung eines einfachen beherrschbaren Gebäudedatenmodells eine zusätzliche Bedeutung. – www.digitales-bauen.de

4.1 Building Information Modeling (BIM)

An der Planung von Großprojekten wirkt eine große Zahl von Architekten und Fachplanern der verschiedensten Disziplinen mit, die zudem häufig bei unterschiedlichen Planungsbüros mit unterschiedlichsten Planungssystemen arbeiten. Dabei gibt es eine sehr starke gegenseitige Abhängigkeit bei Planungsentscheidungen, sodass die Planer einen intensiven Informationsaustausch pflegen müssen.

Abb. 4–2 Derselbe Plan – am Computer erstellt

4.1.1 Entwicklung der Planungstechniken

Zeichnen von Hand
Die Planung von Bauwerken wurde ursprünglich auf der Basis von manuell erstellten technischen Zeichnungen realisiert (siehe Abb. 4–1).

Abb. 4–1 Am Zeichenbrett erstellte Pläne

Diese Technik verlangte ein gründliches Vordenken, da Änderungen äußerst aufwendig waren. Entsprechend war die Neigung sehr gering, in Alternativen zu planen, und wenn möglich wurde eine „Schubladenplanung" eingesetzt.

CAD-Programme
Mit der Einführung von 2-D-CAD-Programmen in den 1990er-Jahren wurde diese Arbeit vom Zeichenbrett 1 : 1 auf den Computer übertragen (siehe Abb. 4–2).

Das Potenzial einer computergestützten Bauwerksplanung wird damit aber nur wenig genutzt:

– Eine gezeichnete Linie trägt nur die Information Punkt a zu Punkt b, Layer, Linienfarbe, Linienstärke, Linientyp
– Die Linie weiß nicht, was sie repräsentiert (Wand, Fenster, WC?)
– Planinhalte lassen sich nur über Zugehörigkeit zu einem Layer filtern
– Kollisionsprüfungen sind weiterhin nur durch visuelle Prüfung möglich
– Die Definitionen der Zeichnungselemente sind tief im Dateiformat vergraben und dadurch nicht von anderen Programmen lesbar bzw. nicht ohne Weiteres zugängig

Der Informationsaustausch wird durch das analoge oder digitale Versenden von Plänen realisiert, auf denen Änderungen entsprechend markiert sind. Und der Informationsaustausch wurde dadurch nur wenig verbessert. Eine echte „Verschwendung".

Austausch über Daten- oder Dokumentenräume
Deshalb wurden vor ca. zehn Jahren Dokumenten-Management-Systeme (DMS) entwickelt, die einen geordneten Datentransfer sicherstellten – aber mehr auch nicht. Zusätzliche Ansätze zur Information und Kommunikation sind in Software wie beispielsweise dem PKM von Drees & Sommer enthalten (siehe auch Kap. 3.2.4).

Der Schwerpunkt liegt damit neben der Übertragung von Dateien auf der Information der Beteiligten. Jeder Planer und der Bauherr kann die Dateien der anderen Beteiligten anschauen und zur Referenzierung herunterladen, aber nicht weiterverarbeiten.

Building Information Modeling (BIM)

Der Übergang vom Zeichenbrett zum CAD war eher eine Evolution, eine technische Weiterentwicklung, bei der die Prozesse und Arbeitsweisen weitestgehend unberührt blieben. Allerdings war die Veränderung sehr offensichtlich, da die großen Zeichenbretter verschwanden und den Bildschirmen Platz machten.

Viel tiefgreifender ist die Veränderung beim „Building Information Modeling", mit dem ein umfassendes digitales Abbild eines Bauwerks mit großer Informationstiefe erstellt wird. Dabei handelt es sich nicht nur um die virtuelle Beschreibung der Geometrie einer Konstruktion, sondern vielmehr um die Vernetzung und Kombination von Gewerke übergreifenden Informationen für das gesamte Projekt. Dies bedeutet eine tiefgreifende Änderung, eher eine Revolution, da sich Prozesse und Arbeitsweisen fundamental verändern werden (siehe Abb. 4–3).

Bei BIM wird nicht gezeichnet, sondern ein digitales Modell des späteren Gebäudes mit Gebäudeelementen

Abb. 4–3 Das 3-D-Gebäudemodell mit BIM erstellt

konstruiert. Dieses Gebäudemodell verfügt über eine Vielzahl von Informationen, die für die Produktion, die Logistik und die Herstellung des Gebäudes erforderlich sind.

4.1.2 Wie funktioniert BIM?

Um sich die Arbeit mit BIM generell vorstellen zu können, hilft zunächst ein Blick auf die zugehörige – hier stark vereinfachte – Software-Landschaft und den Einsatz der möglichen Komponenten. Der Ablauf ist in der Abb. 4–4 von links nach rechts zu lesen.

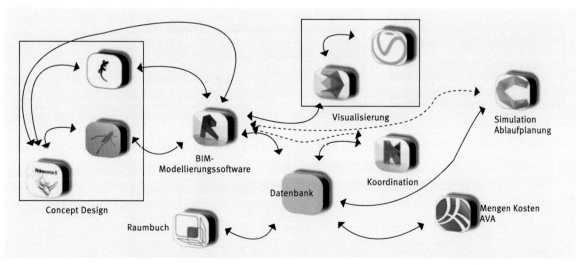

Abb. 4–4 Softwarelandschaft von BIM

Volumenmodell

Die Volumenmodelle wie z. B. Baumassenmodelle für Wettbewerbe oder sonstige konzeptionelle Entwürfe werden mit Concept-Design-Werkzeugen erstellt, in der Abbildung beispielsweise mit Revit. Aus dem Volumenmodell wird dann mit Festlegung der Geschosshöhenkoten ein Schichtenmodell „geschnitten". Jede Schicht ergibt dann einen Grundriss mit Bodenplatte, Geschossplatten und einer Dachplatte. Als Ergebnis bekommt man ein geometrisches Modell, das als Basis für die weitere Bearbeitung dient.

Grobelemente – Konzeptelemente

Um die Grobelemente wie Wände, Decken, Fassaden etc. zu definieren, werden sogenannte „Konzept"-Elemente erzeugt, die aber nur eine geometrische Information enthalten. Diese Konzeptelemente werden bereits – wie auch die Volumenmodelle – in der zentralen Datenbank abgelegt.

Definition der Gebäude- oder Detailelemente

Die Konzeptelemente (Geometrie) werden sukzessive durch Detailelemente – wie z. B. leichte Trennwände oder Fenster mit bestimmten Anforderungen – ersetzt,

die einen weitaus höheren Informationsgrad haben. Ihr Informationsgehalt kann durch die Nutzung der Datenbank beliebig erweitert werden (siehe Abb. 4–5).

Die Detailelemente können auch zu vorgefertigten Modulen zusammengefasst und in einer Projekt-Bibliothek abgelegt werden. Diese Bibliothek ist ein digitaler Modellbaukasten. Daraus entnimmt man Elemente oder Module, setzt diese in die Konzeptelemente ein und baut so ein digitales Modell des Gebäudes. Ihre Platzierung bzw. Verortung im Modell ist aber teilweise nur mithilfe anderer Elemente möglich, wodurch Zwänge, Abhängigkeiten und intelligente Verknüpfungen im Modell entstehen.

Das bedeutet, dass z. B. ein Fenster ein relatives Koordinatensystem einer Wand benötigt, um im Modell platziert werden zu können. Die Wand weiß, dass sie eine Wand ist und zu einem bestimmten Bauabschnitt gehört. Die Öffnung weiß, dass sie eine Öffnung ist und in welcher Wand sie sitzt. Das Fenster weiß, dass es ein Fenster ist und dass es zu einer bestimmten Öffnung gehört. Das Ganze erinnert in dieser Verschachtelung an eine russische Puppe.

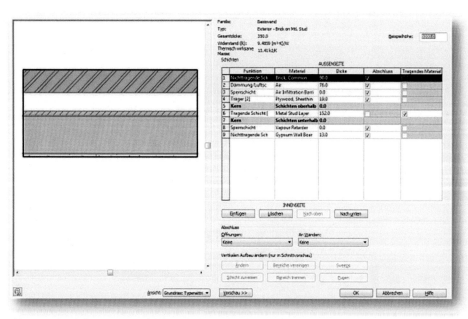

Abb. 4–5 Gebäudeelement mit Beschreibung in der Datenbank

Weitere Nutzung von Datenbank und Modellen

Modelle und Datenbank wirken immer zusammen. Das bedeutet, dass die Datenbank eine andere Repräsentation der Modelle ist. Oder anders ausgedrückt, wenn etwas im Modell existiert, ist es auch als Listenauszug aus der Datenbank vorhanden. Die weiteren Anwendungsschritte auf Basis der Datenbank und/oder der Modelle erfolgen aber erst, wenn das visuelle Modell erstellt ist.

So basieren beispielsweise Visualisierungen nur auf den Modellen, Mengen und Kosten nur auf Datenbankauszügen und das Raumbuch benötigt Modellgrafik und Datenbank zusammen. Dies gilt auch für Simulationen und die visualisierte Ablaufplanung.

4.1.3 Das BIM-Gebäudemodell für Kooperation und Koordination

Ein digitales Gebäudemodell besteht aus mehreren Teilmodellen. Diese Teilmodelle werden von verschiedenen Autoren (Planern) meist mit unterschiedlicher Software für Architekten, Tragwerk, TGA etc. erstellt.

Koordination

Wie üblich beginnt der Architekt, das räumliche Gebäudemodell anzulegen, wobei der Tragwerksplaner sehr frühzeitig mit einbezogen werden sollte. Aus den geometrischen Vorgaben wird dann z. B. vom TGA-Planer das Teilmodell für HLKKS und EMSR entwickelt (siehe Abb. 4–6).

Anzahl und Umfang der Teilmodelle werden durch den Umfang des Projektes bestimmt. So ist ein separates Fassadenmodell in manchen Projekten sinnvoll wie auch ein Baustellenmodell, das die Umgebung, den Bauplatz und die Geräte beinhaltet. Teilmodelle bestehen wiederum aus Submodellen. Ein Tragwerksmodell ist z. B. in Rohbaumodell, Schalungsmodell und Bewehrungsmodell unterteilt. Im sogenannten „BIM-Execution-Plan" (BEP) wird geregelt, welche Modelle in welchem Umfang zur Kooperation miteinander ausgetauscht werden. Dabei bleibt beispielsweise das Tragwerksmodell in der Hoheit des Tragwerksplaners und die anderen Teilnehmer laden sich ein Abbild dieses Modells in das eigene hinein. Da die Autorenschaft der Bauteile geregelt ist, kann ein Planer nicht die Elemente eines anderen verändern.

Abb.4–6 Teilmodelle für Architektur und TGA

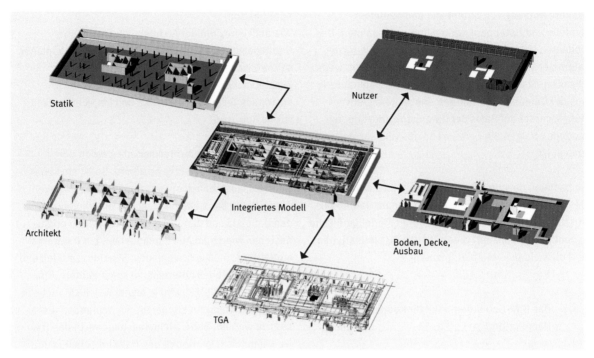

Abb. 4–7 Zusammenführung von Teilmodellen

Kollaboration

Entscheidend aber sind die Verknüpfung der Teilmodelle und der Blick auf das Gesamtmodell. Denn erst die gemeinsame Betrachtung aller Gewerke zeigt mögliche Problembereiche und Konflikte auf. Diese Verknüpfung erfolgt normalerweise durch das Austauschformat IFC (= Industry Foundation Class), was man mit einem DXF für CAD-Pakete vergleichen kann, also dem kleinsten gemeinsamen Nenner dieser Pakete (siehe Abb. 4–7).

Mit einer Koordinations-Software (z. B. Solibri-Model-Checker oder Autodesk Navisworks) werden zum einen geometrische Planungskollisionen zwischen den Teilmodellen Architektur, Tragwerk, TGA und weiteren Einzelgewerken aufgezeigt (siehe Abb. 4–8).

Aber dies ist nur ein kleiner Teil eines viele Möglichkeiten umfassenden Qualitätsmanagements. So können Regeln aufgesetzt werden, die bei jeder Koordination im Hintergrund prüfen, ob:

– die Bezeichnungen der Räume noch der vereinbarten Nomenklatur entsprechen,
– die Größe der Flächen noch im definierten Abweichungsbereich liegt,
– die Fluchtweglänge überall eingehalten wird,
– die Barrierefreiheit weiterhin gegeben ist und
– die Energieeffizienz sich in den festgesetzten Rahmen bewegt.

Abb. 4–8 Lösung geometrischer Probleme

Für manche solcher QM-Checks muss das Modell jedoch schon in einer bestimmten Art aufgebaut sein.

Über die erkannten Probleme kann mittels eines BIM-Collaboration-Formats kommuniziert werden, das zum schnellen Überblick nur wenige Daten enthält:

– die Kameraposition
– einen Text, der den Fehler beschreibt
– einen Screenshot der Situation

Jeder Beteiligte kann mit dieser Information zu der entsprechenden Stelle in seinem Modell navigiert werden. Da die Dateigrößen von Modellen beim Versenden recht schnell auch schnelle Verbindungen überfordern, kann mittels dieser schlanken und intelligenten Formate gut über die Kollisionspunkte kommuniziert werden.

Kooperation

Beim BIM-Prozess arbeiten Generalisten und Spezialisten im engen Dialog zusammen mit dem Ziel, die Ergebnisse der verschiedenen Disziplinen wie Architektur, Tragwerk, Fassade, Baustoffe, Gebäudetechnik zu einem optimierten und auf die jeweiligen Anforderungen ausgerichteten Gebäudesystem zu formieren. Um die digitale Unterstützung auch intensiv nutzen zu können, finden die Abstimmungen am besten in einem sogenannten BIG-Room oder i-Room statt (siehe Abb. 4–9). Dabei sind alle betroffenen Planer ebenso anwesend wie der Bauherr – ggf. vertreten durch sein Projektmanagement. Bei diesen Abstimmungen werden gemeinsam sowohl Lösungen für Kollisionen gesucht als auch eventuelle Änderungswünsche des Bauherrn oder der Planer diskutiert. Vor allem aber müssen hier die erforderlichen Entscheidungen zum Abschluss der jeweiligen Planungsschritte gefasst werden. Als Arbeitsmethode werden Koordinations- und Entwicklungsworkshops angewendet. Die Koordination kann partiell für ausgewählte Teilmodelle oder für alle Modelle erfolgen.

BIM ist ein digitaler Planungs-, Optimierungs- und Koordinationsprozess. Hinter diesem Prozess steht die ganzheitliche und lebenszyklusorientierte Betrachtung des Gebäudes als Produkt und dessen Nutzung. In dem Zusammenhang ist der Begriff „Integrated Project Delivery" (IPD) interessant, ein kooperatives Zusammenarbeitsmodell mit frühzeitiger Einbindung aller Beteiligten (also auch der ausführenden Firmen) mit dem Ziel eines Win-win-Geschäftsmodells (siehe hierzu auch Kap. 4.4).

Abb.4–9 Abstimmung von Kollisionen im BIG-Room

4.1.4 Die Organisation des BIM-Informationsmanagements

Die Vorteile von BIM entstehen ja nicht durch das bloße Anwenden von Software, sondern durch die Organisation der Prozesse. Dies erfolgt durch aufeinanderfolgende Schritte, die über entsprechende Dokumente definiert sind (siehe Abb. 4–10).

Ohne eine durchdachte Strategie sollte man mit BIM gar nicht anfangen, denn man würde kläglich scheitern. Das Aufsetzen einer solchen internen Strategie ist Ergebnis der in Kap.2.7 beschriebenen BIM-Beratung. Die Strategie ist Grundlage und alle folgenden Steuerungsmittel richten sich nach ihr aus.

BIM-Anforderung

Es gibt drei wesentliche Schritte mit Steuerungsdokumenten, die zum Management der modellbasierenden Zusammenarbeit eingesetzt werden. Diese bauen aufeinander auf und begleiten das Projekt. Um eine gewisse Durchgängigkeit zur aktuellen Praxis sicherzustellen, werden die allgemein verwendeten angelsächsischen Begriffe eingeführt.

Informationsbedarf des Bauherrn: In dem ersten Dokument, der EIR (Employer Information Requirements), werden die Informationsbedürfnisse des Bauherrn formuliert. Damit bestellt man bestimmte Informationen zu einem bestimmten Meilenstein im Projekt, anhand derer man bestimmte Entscheidungen treffen wird. Das Dokument enthält die BIM-Ziele und die Beschreibung des Nutzens für den Bauherrn. Damit ist dieser in der Lage, eine kompetente Bestellung aufzugeben, also BIM am Markt zu bestellen.

Prozess zur Erfüllung des Informationsbedürfnisses: Der BEP (BIM Execcution Plan) beschreibt die Prozesse als Antwort auf die EIR, nach denen die Informationsbedürfnisse aus dem EIR erfüllt werden sollen. Darin wird nachgewiesen, wie der Anbieter der BIM-Leistungen aufgestellt ist, wie er die Prozesse organisiert und dass er die Informationsbedürfnisse befriedigen kann. BIM erfordert also ein durchgängiges und konsequentes Gerüst der Informationsverarbeitung und des Informationsaustauschs. Zur effektiven Steuerung ist es erforderlich, genau festzulegen, in welchem Stadium bzw. in welcher Bearbeitungsstufe sich das jeweilige Modell zum Zeitpunkt x befindet.

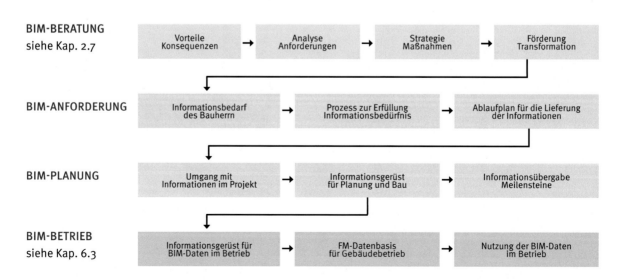

Abb. 4–10 Organisation des BIM-Einsatzes

Dazu wird unter anderem festgelegt, was LODs (Level of Development) bedeuten, nämlich die Entwicklungsstufe von Konzeptelementen und Gebäudeelementen. In Abb. 4–11 wird dargestellt, wie sich ein Gebäudeelement in den einzelnen Levels entwickelt:

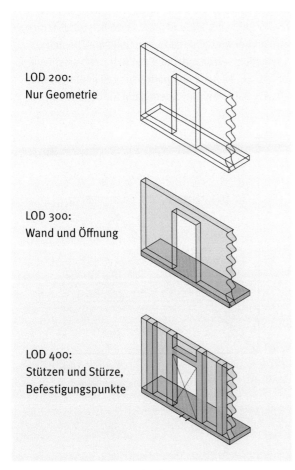

LOD 200:
Nur Geometrie

LOD 300:
Wand und Öffnung

LOD 400:
Stützen und Stürze,
Befestigungspunkte

Abb. 4–11 Level of Development (LOD)

Außerdem wird festgelegt, welche Software eingesetzt wird und wie das Team aufgestellt ist – vor allem aber, wie die Kooperation und Koordination im Projekt erfolgen soll.

Ablaufplan für die Lieferung der Informationen: Im MIDP (Master Information Delivery Plan) befindliche Unterlagen regeln die Lieferung von Informationen. Sie verknüpfen die Prozesse aus dem BEP mit dem Zeitplan, konkretisieren die technischen Details und unterstützen mit laufend aktualisierten Unterlagen die Projektsteuerung. Der MIDP enthält unter anderem eine Karte der verwendeten Softwarelandschaft (analog Abb. 4–4, aber sehr viel detaillierter). Sie zeigt den Zusammenhang der eingesetzten Software und wie die Verwendung in den Projektstufen erfolgt.

BIM-Planung
Ebenso wie die BIM-Anforderung ist die BIM-Planung bestimmten Regeln unterworfen. Diese dienen als Grundlage für eine geordnete Zusammenarbeit. Auch hier gibt es wieder drei Schritte:

Umgang mit Informationen im Projekt: Wesentlich ist die CDE (Common Data Environment). Diese beschreibt den Umgang mit allen Informationen im Projekt und zwar für die Grafik (Zeichnung und Modell) ebenso wie für die Verwendung von Listen und Dokumenten.

Grundlegend gilt es, drei Arten von Informationen zu organisieren: Grafik, Alphanumerik und Dokumente. Alle haben unterschiedliche Ansprüche, wie sie aufbewahrt und zur Verfügung gestellt werden und bearbeitet werden wollen.

Während Grafik mit Modellservern ausgetauscht wird, werden Dokumente mittels eines DMS wie z. B. PKM ausgetauscht. Für die alphanumerischen Informationen, wie Raumbücher, Türlisten etc., bieten sich Datenbanken als Ablageort an. Unabhängig von Modellierungen können so das Raumbuch und das Thema Mengen, Kosten und AVA bearbeitet werden und ergänzende Dokumente bereitgestellt werden. Es hat sich aber bewährt, die Grafik und insbesondere Modelle als Organisations- und Orientierungspunkt zu nehmen:

Tür mit dem Namen „Bürotür" im 3. Obergeschoss ┈┈> Türdatenbank mit allen nötigen Attributen wie: Farbe, Brandschutzklasse, Schallschutzwert, Schließzone etc. ┈┈> Link zu Dokumenten (z. B. Einbauanleitung, Prüfzeugnis, Wartungsvertrag etc.).

Informationsgerüst für Planung und Bau: Für Planung und Bau ist ein bestimmtes Informationsgerüst vorgegeben, das mit PIM (Project Information Model) bezeichnet wird. PIM wird als aufbauendes System entwickelt, zunächst als Design-Modell bis hin zum komplexen Modell mit allen Informationen für die Bauausführung. PIM wird im Rahmen des CDE gesteuert, wobei verschiedene Status-Levels definiert werden können wie z. B.:

– In Bearbeitung: noch nicht zur weiteren Verwendung
– Überprüfter Bereich: Die Information ist überprüft, korrigiert und freigegeben zum Austausch mit anderen Teilmodellen
– Veröffentlicht: Die Information ist vom Bauherrn freigegeben

Durch diese Kennzeichnungen ist ein geregeltes BIM-Projekt gewährleistet, bei dem der Planungsprozess stets auf gesicherten Daten aufbaut.

Informationsübergabe: Die Übergabe (Lieferung) von Planungsinformationen ist über sogenannte Data Drops oder Meilensteine geregelt. Zu diesen Meilensteinen sind bestimmte Informationen an den Bauherrn zu liefern, die er als Grundlage für Entscheidungen benötigt. Üblicherweise kommen diese Informationen zur Prüfung und Aufbereitung mit Kommentaren zuvor zum Projektmanagement, so dass es für eine Lieferung immer zwei Meilensteine gibt.

Diese Informationsübergabe ist ein wichtiger Link zur Ablaufplanung des Projektmanagements, da die Planlieferung ja auf die Bedürfnisse der Baustelle abgestimmt werden muss. Dabei kommt es vor allem darauf an, die Entscheidungen des Bauherrn so zu strukturieren und vorzubereiten, dass auch tatsächlich „sicher" Teilentscheidungen zu den Meilensteinen getroffen werden. Entscheidungsveränderungen wirken sich auch bei BIM ziemlich massiv aus, da meist mehr oder weniger alle Teilmodelle betroffen sind.

Durch dieses Verfahren wird die Planung direkt mit der Terminierung der notwendigen Entscheidungen für den weiteren Planungs- und Bauablauf verknüpft.

4.1.5 Closed BIM versus Open BIM, Little BIM versus BIG BIM

Closed BIM
Beim „Closed BIM" arbeiten alle Planer entweder mit der gleichen Softwarelösung oder einem vorgegebenen Software-Paket an einem Projekt. Eine solche Konstellation ist in der Regel dann anzutreffen, wenn ein Bauherr viele Projekte erstellt und/oder betreibt, wobei er sich nicht immer wieder mit anderen Software-Themen auseinandersetzen möchte. Es gibt derzeit verschiedene Anbieter, die solche Komplettlösungen anbieten, wie z. B. AECOsim, Bentley Speedikon, Autodesk Revit.

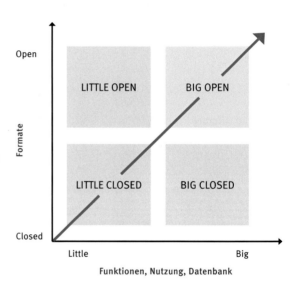

Abb. 4–12 BIM-Konstellationen

Der Vorteil für den Bauherrn kann dabei leicht zum Nachteil für die Planer werden, da sie möglicherweise parallel mit mehreren verschiedenen Systemen arbeiten müssen. Nicht zuletzt kann es sein, dass die Performance im Projekt deutlich eingeschränkt wird. Die unterschiedlichen Planungsbüros oder Abteilungen haben unterschiedliche Softwarelösungen, weil jeder so seine eigenen Kriterien hat und jeder die für seine Arbeit ideale Lösung sucht. Wenn aber alle auf der gleichen Plattform arbeiten, ist man abhängig von der Effizienz und Qualität einer von Dritten bestimmten Software (siehe Abb. 4–12).

Open BIM

OPEN BIM steht für einen modernen Ansatz der inter-
disziplinären Zusammenarbeit der unterschiedlichen
Planungsbeteiligten. Open BIM bezeichnet den offenen
modellbasierten Datenaustausch – also Austausch von
Modellen aus den unterschiedlichen Disziplinen, die
mit jeweils anderen Softwarelösungen erstellt wurden
(siehe Abb. 4–13).

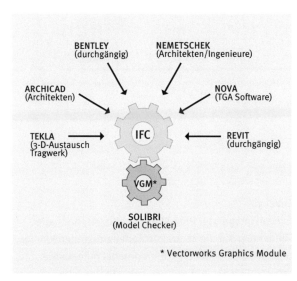

Abb. 4–13 Mögliche Open-BIM-Konstellation

Alle an einem Bauprojekt Beteiligten können mit der für
ihre jeweilige Disziplin besten Lösung arbeiten, ohne
Gefahr zu laufen, aus Gründen der Inkompatibilität von
einem BIM-Projekt ausgeschlossen zu werden. Open
BIM ist die Wahl, wenn projektbezogen immer wieder
andere Planungsteams zusammengestellt werden
müssen.

Little BIM

Das Projektteam verständigt sich lediglich auf die
Grundfunktion einer qualitativ hochwertigen, kollisionsfreien und modellbasierenden Planung anhand der
BIM-Methodik. Als Litte BIM bezeichnet man die
BIM-basierte Planung in einem einzelnen Büro. Das
bedeutet, dass das Architekturmodell z. B. zuerst für
die Planerzeugung in ARCHICAD und später auch für

Kostenermittlungen, Modellbau/3-D-Druck, Visualisierungen und Energieberechnungen genutzt wird – also
alle Tätigkeiten im Architekturbüro.

BIG BIM

Das Projektteam versucht, möglichst viele Modellanforderungen des Bauherren, aber auch des Projektmanagements zu erfüllen. Also ein Modell für die
Kooperation und Koordination unter den beteiligten
Planern, das nach der Modellierung auch für Kostenermittlungen, Modellbau/3-D-Druck, Visualisierungen
und Energieberechnungen genutzt wird.

Level der digitalen Planung oder BIM-Levels

Um das Niveau der BIM-Implementierung anzugeben,
hat sich der Begriff der BIM-Levels etabliert. Mit diesem
Begriff beschreibt z. B. die englische Regierung ihre
Strategie. Im Sommer 2015 wurde ihre Level-3-BIM-
Strategie PAS1192 (UK) vorgestellt (siehe Abb. 4–14).

Level 0

Die Digitalisierung wird als CAD-Lösung zur Erstellung
von Zeichnungen genutzt, wobei es einzelne nicht
integrierte Programme zur Auswertung von Mengen etc.
gibt.

Level 1

Es handelt sich um eine qualitativ hochwertige, kolli-
sionsfreie und modellbasierte Planung anhand der BIM-
Methodik ohne weiterführende Anwendungen.

Level 2

Die Modellinformation werden für weiterführende
Anwendungen genutzt. In diesem Zusammenhang
werden Attribute im Modell bewusst befüllt und
genutzt. Der Zugriff auf die Zentralmodelle ist aber noch
nicht jedem Beteiligten möglich.

Mit der Erweiterung auf *4-D-BIM-Zeit* wird aus den vorhandenen Daten der Bauablauf visualisiert und durch
Simulation optimiert werden.
5-D-BIM-Massen & Kosten erweitert das Gebäude- und
Zeitmodell um Baukosten, Material- und Ressourcen-
planung für Fertigung, Lieferung und Montage. Durch
entsprechende Simulationen lassen sich Baustellen-,

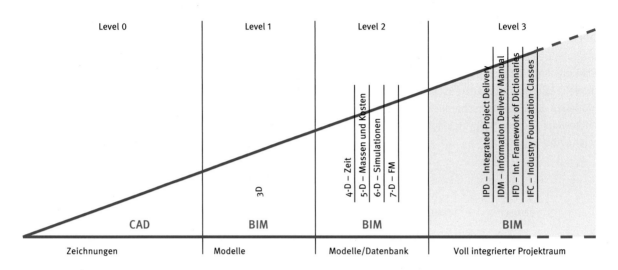

Abb. 4–14 Die verschiedenen Level der digitalen Planung

Montage- und Logistikabläufe optimieren und gewerke-übergreifende Konflikte eliminieren.

6-D-BIM-Simulationen ermöglichen die Optimierung von Energieeffizienz, Brandschutz (Entrauchung), von Verkehrswegen und Funktionsbeziehungen.

Des Weiteren sind die Daten als *7-D-BIM-FM* bei entsprechender Strukturierung eine hervorragende Basis für den späteren Gebäudebetrieb, z. B. als Raumbuch und Basis für Wartung und Instandhaltung.
Diese Ordnung ist nicht vollzählig und wird in verschiedener Literatur verschiedentlich genutzt, dient aber einer einfachen Erklärung.

Level 3
Ein voll integrierter Projektraum bedeutet, dass alle Teilnehmer auf die zentralen Modelle zugreifen können und interdisziplinär und interoperabel miteinander arbeiten. Bisher gibt es nur wenige Projekte, die diesen Ansprüchen genügen, und es muss noch viel standardisiert werden. Aber es gibt jetzt schon fünf Basisstandards, die zum Teil auch schon mit ISO hinterlegt sind und auf welche man in Zukunft aufbauen kann (siehe Abb. 4–15).

Begriff	Inhalt	Standard
IDM – Information Delivery Manual	beschreibt Prozesse	ISO 29481-1 / ISO 29481-2
IFC – Industry Foundation Class	Format und Struktur für Modellinformationen	ISO 16739
IFD – International Framework for Dictionaries	Begriffsbestimmung	ISO 12006-3
BCF – BIM Collaboration Format	Mittel zur Koordination	buildingSMART Standard
MVD – Model View Definition	Überführt die Prozesse in technische Vorschriften	ISO 29481-3

Abb. 4–15 BIM-Basis-Standards

4.1.6 Vorteile von BIM gegenüber der herkömmlichen Planung

Planung ist das Entwickeln von etwas Neuem. Dies erfolgt immer nach dem gleichen Prinzip; dem Wechsel zwischen Analyse und Synthese. In der Analyse werden Einflüsse, Beschränkungen und Informationen von außen auf die eigene Arbeit verwendet und ihre Auswirkung bewertet. In der folgenden Synthese werden die Ergebnisse aller zusammengetragen und im Verbund betrachtet, dies ist wiederum die Ausgangslage einer weiteren Analyse (siehe Abb. 4–16).

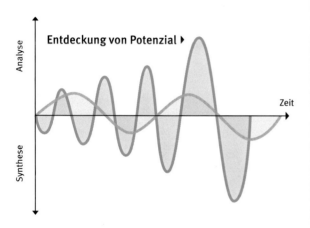

Abb. 4–16 Planung als Wechsel von Analyse und Synthese

Mit BIM ändern sich an der sinusförmigen Kurve zwei Dinge. Zum einen verkürzt es die Intervalle durch den schnelleren Zugang zu Informationen. Das verkürzt die Zeit des Suchens und schafft mehr Zeit für die Arbeit und die Kommunikation. Zum anderen wird die Amplitude größer, da durch Simulationen bessere Erkenntnisse erzielt werden als durch separate Berechnungen und entkoppelte Bewertungen.

Das kommt aber nur zur Wirkung, wenn die Potenziale wirklich genutzt werden, das heißt, wenn die verschiedenen Informationen nicht nur für die Planung, sondern für weitere Möglichkeiten von BIM genutzt werden.

Sowohl für die Planer als auch für das Projektmanagement ergeben sich eine Reihe von Vorteilen:

Kollaboration und Zusammenarbeit
– Modellbasiertes Arbeiten
– Integrative Zusammenarbeit
– Zugriff auf alle aktuellen Informationen
– Kontinuierliche Steuerung der Prozesse

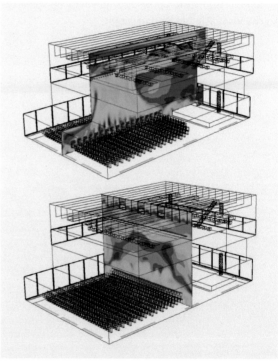

Abb. 4–17 Simulation der Luftgeschwindigkeiten in einem Konferenzsaal

Präzision durch Simulation
Durch die verschiedenen Möglichkeiten der Simulation unterschiedlicher Varianten ist eine genaue Vorhersage der Leistungsfähigkeit unterschiedlichster Zustände und Funktionen möglich (siehe Abb. 4–17). Die einzelnen Varianten lassen sich schnell vergleichen, sodass man gezielt zu optimalen Ergebnissen kommt.

Vor allem kann auch das Projektmanagement von dieser Zusammenarbeit profitieren, da diese eine perfekte Basis für das Value Engineering bietet.

Schneller und besser entscheiden durch Visualisieren
Alle Visualisierungen werden aus den Modellen ohne
Beteiligung der Datenbank erzeugt. In Abhängigkeit
vom Anwendungsbereich sind diese Darstellungen
mehr oder wenig aufwendig. Für planungsinterne Abstimmungen genügen in der Regel einfache Visualisierungen mit begrenztem Rechenaufwand. Für Entschei-
dungsvorlagen beim Bauherrn oder Marketingzwecke
sind dagegen gerenderte Darstellungen mit hoher
Auflösung erforderlich, die entsprechend rechenenten-
siv sind. In Abb. 4–18 bis 4–22 sind einige Beispiele für
solche Visualisierungen dargestellt.

Sie sind ein wichtiges Hifsmittel für die Kommunikation und Koordination der Planer untereinander; vor
allem aber für die Kommunikation mit dem Bauherrn.
Dabei ist besonders vorteilhaft, dass für alternative
Vorschläge zeitgleich Aussagen zu Kosten und Terminen
gemacht werden können. Somit werden Entscheidungen fundiert und können aufgrund der ganzheitlichen
Informationen entsprechend leichter getroffen werden.

Allerdings müssen dazu die Kostenermittlung und die
Ablaufplanung in geeigneter Weise mit den Elementen
aus der Bibliothek der Gebäudeelemente verknüpft
sein, was besondere Programmierungen erfordert.

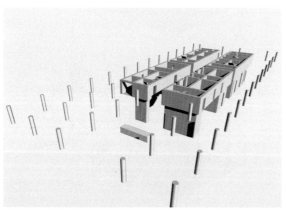

Abb. 4–18 Tragwerkselemente

Abb. 4–19 Fußbodeninstallation ohne Gebäude

Abb. 4–20 Deckeninstallation mit Ausbau

Abb. 4–21 Ausbau und Möblierung

Abb. 4–22a Experimenta Heilbronn – Visualisierung gerendert bei Nacht

Abb. 4–22b Experimenta Heilbronn – Visualisierung gerendert bei Tag

Gezielte Planänderungen (siehe Abb. 4–23)
– Automatische Nachverfolgung von Änderungen
– Finden von Konflikten
– Kommunikation über „Issues"

Abb. 4–23 Lösung geometrischer Probleme

Synergieeffekte (siehe Abb. 4–24)
– Einfaches Fortschreiben und Pflegen eines
  Dokumentes durch alle Beteiligten
– Keine Versionierung, keine Doppeldeutigkeiten
– Nahtloser Übergang bis in den Betrieb

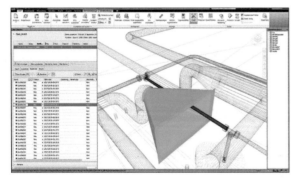

Abb. 4–24 Lösung geometrischer Probleme

Datenverlust und Risiko

Unser heutiges Bauen ist geprägt vom permanenten Informationsverlust, was gleichbedeutend ist mit Kontrollverlust und mühsamer Improvisation zum Verhindern von Schlimmerem (siehe Abb. 4–25).

Die großen Vorteile sind der digitale Austausch und die Mehrfachverwendung von Daten ohne Datenverlust! So ist es mit BIM möglich, die Information in hoher Qualität durch die Phasen des Projekts zu erhalten und den wechselnden Beteiligten die richtigen Informationen zur richtigen Zeit zur Verfügung zu stellen. Der Zugriff auf die BIM-Daten ist also während des gesamten Lebenszyklus eines Gebäudes gewährleistet: von der Planung über den Bau bis zur Bewirtschaftung.

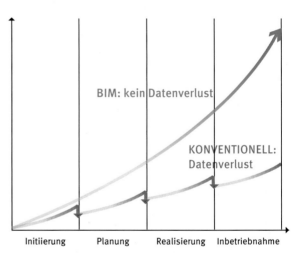

Abb. 4–25 Kein Datenverlust und Datensicherheit bei BIM

Raumbücher

Durch die Verknüpfung von Modell und Datenbank können Raumbücher mit geometrischen und inhaltlichen Daten fast in jeder Genauigkeitsstufe und für jeden sinnvollen Zweck erstellt werden. Allerdings ist auch hier die Erstaufstellung mit allen Verknüpfungen eine ziemlich aufwendige Arbeit. Deshalb muss genau überlegt werden, welche Informationstiefe man verlangt.

Sind die Verknüpfungen allerdings gemacht, dann geht das Ändern im Modell und in der Datenbank mit jeweiliger Übernahme sehr schnell und vor allem für den Betrieb ist dies eine unglaubliche Erleichterung.

Lohnt sich BIM?

Natürlich bedeutet BIM auch Aufwand, aber demgegenüber steht auch ein großer möglicher Nutzen. Dinge mit überschaubarem Aufwand und hohem Nutzen sollte man priorisieren, für „Neulinge" also eher Little BIM! Big BIM erfordert sicher einen hohen Aufwand mit ungewissem Nutzen für die, die BIM erst einführen wollen. Deshalb ist es beim Aufsetzen der Strategie wichtig, Nutzen und Aufwand ins Verhältnis zu setzen und so zu einer nachvollziehbaren Bewertung zu gelangen.

Aufwand entsteht bei BIM-Benutzern durch:

- Kosten für Hardware und Software und Support
- Kosten für Schulungen, Beratung
- Übungsprojekte für das längere oder kürzere Durchlaufen der Lernkurve
- Erfordernis von (teuren) Spezialisten für Datenmodelle und das Datenmanagement
- Delegation hoher Verantwortung im Projekt an Spezialisten
- größere Abhängigkeit von Einzelpersonen

Das heißt, dass die Hürde die zu nehmen ist, relativ hoch ist. Das wird auf absehbare Zeit vielleicht einige Marktteilnehmer abschrecken. Denn BIM ist eine sogenannte „Disruptive Innovation", also eine Innovation, die große Umwälzungen mit sich bringt. Man kann das durchaus vergleichen mit dem Aufkommen der digitalen Satz- und Druckmethoden, die den Beruf des Schriftsetzers im Hand- oder Maschinendruck zum Aussterben verurteilten. Bei BIM wird es in absehbarer Zeit den CAD-Bauzeichner wohl nicht mehr geben.

Natürlich scheut man zunächst den Aufwand, denn jede Veränderung geht mit einem Einbruch der Produktivität einher. Aber es ist vermutlich die einzige Chance, danach auf einem höheren Niveau zu arbeiten, wenn man dabeibleiben will.

Es gibt zunächst einen deutlich höheren Aufwand in einem BIM-Projekt, wenn das Team dies noch nie praktiziert hat. Dies relativiert sich aber bei Teams, die schon mehrere Projekte durchgeführt haben.

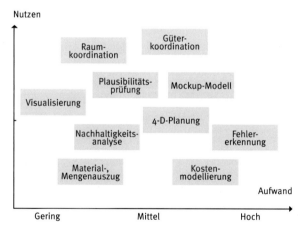

Abb. 4–26 Aufwand und Nutzen einzelner BIM-Pakete

Aus Abb. 4–26 ist eine ungefähre Einstufung der einzelnen BIM-Pakete auf Basis einer Modellierung ersichtlich. So sind z. B. die Raumkoordination und die Visualisierung mit relativ geringem Aufwand aus den vorhandenen Modellen abzuleiten. Demgegenüber ist eine Kostenmodellierung im aktuellen Status doch nur mit großem Aufwand möglich, insbesondere, wenn zu sehr ins Detail gegangen wird. In diesem Bereich ist noch viel Systemarbeit notwendig, um zu einer günstigen Kosten-Nutzen-Relation zu kommen.

4.1.7 Auswirkungen von BIM auf das baubegleitende FM

Das Building Information Modeling ermöglicht als Methode den Ansatz „Build it twice", das heißt einmal digital und einmal real. Die Belange des Facility Managements und damit des späteren Betriebs lassen sich so bereits in der Planungsphase antizipieren. Wechselwirkungen, beispielsweise mit der Architektur oder der Gebäudetechnik, können – lange bevor der erste Bauarbeiter Hand anlegt – erkannt und optimiert werden.

Dafür muss ein Wechsel im Denken stattfinden: weg von der Datenlieferung hin zum Workflow. Schließlich ist BIM ein Zusammenarbeitsmodell bzw. -prozess, der mit konkreten Vorgaben hinsichtlich Daten und Informationen zur richtigen Zeit im Planungsprozess die relevanten Grundlagen für Varianten und Entscheidungen ermöglicht.

So kann ein datentechnisch erfasstes Objekt, z. B. eine Kantine, vom Architekten mit den Anforderungen an Farbe und Oberfläche, vom Bauphysiker mit Anforderungen an den Schallschutz, vom Brandschutzexperten mit den Anforderungen an Feuerwiderstand und vom Facility Manager mit den Anforderungen an ein nutzergerechtes Catering usw. ergänzt werden.

Da die Informationen dem Objekt zuordenbar sind, lässt sich auch überprüfen, ob sich Anforderungen gegenseitig ausschließen und zudem bereits in der Planung die Kosten für den späteren Betrieb prognostizieren.

BIM endet jedoch nicht mit der Fertigstellung der Immobilie. Auch die für FM-Belange erforderlichen zusätzlichen Daten werden in die zukünftige Betriebssoftware (CAFM) integriert und kontinuierlich überprüft und fortgeschrieben. So stehen dem Betrieb (CAFM und Betreiberteam) von der Inbetriebnahme an sämtliche betriebsrelevanten Informationen zur Verfügung. Damit ist BIM eine geniale Ergänzung und Unterstützung für das baubegleitende FM. Der Betrieb führt das in der Planung aufgebaute CDE (Common Data Environment)

fort und blendet die Informationen, die für den Betrieb unnötig sind, einfach aus. Damit wird BIM zu einem AIM (Asset Information Management), das bei mehreren Projekten zu einem Portfolio Information Management zusammengebaut werden kann. Im FM hat man dadurch die Möglichkeit, bei Umbau, Reparatur oder anderen Tätigkeiten den Durchgriff auf die hohe Detaillierung der Planung wieder zu nutzen. Bei einem Defekt kann mit dem BIM-Modell der Schaden analysiert und geortet werden, man hat Zugriff auf alle mit diesem Objekt verbundenen Informationen (z. B. Zugehörigkeit zu einem Schaltkreis) und mit dem Objekt verlinkten Dokumente (z. B. Einbauanleitung, Garantieschein, Produktbeschreibung), um schnell den passenden Ersatz zu finden und den Schaden zu beheben.

Auch Auswirkungen auf andere Bereiche lassen sich schnell erkennen und präventiv behandeln. Es gibt mittlerweile eine Reihe von Best-Practice-Berichten, die den Betrieb mit und ohne BIM in Vergleich zueinander setzen und zu eindrucksvollen Produktivitätsverbesserungen gelangen. Wer einmal in einem Papierarchiv in einem größeren Projekt nach Jahren Informationen gesucht hat, dem leuchtet diese Verbesserung sofort ein. Damit ist BIM eine geniale Ergänzung und Unterstützung für das baubegleitende FM und den Betrieb eines Gebäudes.

4.1.8 Verträglichkeit mit der HOAI

Auf dem Weg zu BIM sind jedoch noch einige Hindernisse zu überwinden. So wird von vielen als eines der größten Hemmnisse bei der Einführung der BIM-Technologie die derzeit geltende Fassung der Honorarordnung für Architekten und Ingenieure (HOAI) gesehen. Die strikte Unterteilung in Leistungsphasen und die damit verbundene Aufteilung der Vergütung machen angeblich das frühzeitige Erstellen eines umfassenden digitalen Modells zurzeit wenig attraktiv für die Planenden.

BIM und die HOAI

Zunächst: Die HOAI ist für bestimmte BIM-Leistungen häufig überhaupt nicht anwendbar, denn

- Beratungsleistungen sind nicht vom zwingenden Preisrecht erfasst
- Leistungen von Paketanbietern sind ebenfalls nicht erfasst
- Die HOAI gilt nur für Leistungen von inländischen Architekten/Ingenieuren, soweit die Leistung aus dem Inland erbracht wird
- Die HOAI regelt auch nicht, welche Leistungen die Vertragsparteien beauftragen müssen, zu welchem Zeitpunkt die Leistungen erbracht werden müssen oder welche Planungstools zum Einsatz kommen

Insofern sind die Rechtsanwälte Kapellmann bei einer Bewertung der Verträglichkeit zwischen BIM und HOAI in ihrer Studie zu dem Schluss gekommen, dass sich BIM und HOAI nicht generell ausschließen. Denn durch die grundsätzliche Vertragsfreiheit der HOAI kann man beliebig Leistungen als besondere Leistungen ergänzen und z. B. Koordinationspflichten über die Verwendung von BIM einfordern. Dadurch wird niemand übervorteilt, denn wenn dem geforderten Mehrhonorar ein entsprechender Mehrwert gegenübersteht, dann kann man auch diesen in Euro bewerten. Der Bauherr kann dann immer entscheiden, ob er diese Ergänzung beauftragt.

BIM und öffentliches Bauen

Die RBBau und VHB sind auf den Einsatz von BIM bislang nicht zugeschnitten, denn:

- Es ist eine sequenzielle Abwicklung von Bauvorhaben vorgesehen.
- Es wird auf einer strikten Trennung von Planung und Ausführung bestanden.
- Im Zuwendungsrecht ist regelmäßig ein bestimmter Planungsfortschritt nachzuweisen.

Andererseits erlaubt auch BIM eine phasenweise Projektstrukturierung und eine Feststellung des Projektfortschritts anhand von Meilensteinen, wenngleich nicht nach dem gleichen Muster wie vorgesehen. Das Gutachten „BIM-Leitfaden für Deutschland" hat dazu jedoch bereits Fertigstellungsgrade definiert, welche sich in das Strukturschema der RBBau einfügen lassen.

Vertragliche Regelungen

Möglich und üblich sind bei BIM Mehrparteienverträge in Form von „Integrated Project Delivery" oder „Early BIM-Partnering", also eine frühe Einbeziehung auch der ausführenden Firmen. Dies ist teilweise verbunden mit gegenseitigen Haftungsverzichten und entsprechenden Projektversicherungen. Das Problem bei Mehrparteienverträgen ist, dass alles mit allen Beteiligten parallel abgestimmt und gleichzeitig unterzeichnet werden muss.

Die andere Variante sind Einzelvertragslösungen mit ergänzenden BIM-Vertragsbedingungen („BIM-BVB"). Darin sind Verweise auf (technische) BIM-Abwicklungspläne und Protokolle (Einzelheiten zur einzusetzenden Software, Anforderungen an Planungsleistungen etc.).

Unabhängig von der Vertragsart sind generell zu klären (siehe Abb. 4–27):

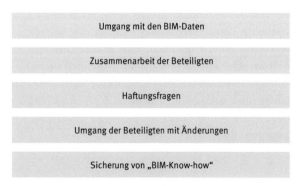

Abb. 4–27 Zu klärende Fragen bei BIM-Verträgen

Haftungsfragen

Die Haftungsverantwortlichkeiten ändern sich generell beim Einsatz von BIM nicht, denn jeder Beteiligte haftet für seinen Planungsbeitrag und seine Handlungen. Aber durch die kooperative Zusammenarbeit besteht schon die Gefahr, dass Verursachungsbeiträge nicht mehr klar zugeordnet werden können. Deswegen sind die in Kap. 4.1.4 beschriebenen Prozessregeln von großer Bedeutung. Es muss ganz klar sein, wann wer welche Arbeiten am Gebäudemodell vornimmt und wie die Prüf- und Hinweispflichten geregelt sind. Auch die Rolle des BIM-Koordinators ist dabei klar zu regeln.

4.2 BIM als Grundlage für industrialisiertes Bauen

Die Komplexität eines Gebäudeentwurfes wird durch unterschiedliche Abmessungen und die Anzahl unterschiedlicher Gebäudeelemente bestimmt. Gelingt es, diese Komplexität zu reduzieren, dann werden die Wiederholungsraten größer und die Wahrscheinlichkeit für den Einsatz industrieller Prozesse beim Bauen steigt. Standardisierte Konstruktionen lassen sich industriell vorfertigen und wiederkehrende Montageprozesse führen zu einer Beschleunigung und Qualitätsverbesserung des Bauprozesses.

Zerlegt man einen architektonischen Entwurf in seine Teilbereiche, dann wird die geometrische Vielfalt offenbar. Die Fragestellungen lauten: Wie verhalten sich Rohbauraster, Ausbauraster und Fassadenraster zueinander? Wie sind die Fassaden in den Ecken ausgebildet? Liegen die Wände, Stützen, Deckenkanten auf dem Gebäuderaster? Liegen Kerne, Schächte, Wandscheiben und WC-Bereiche vertikal durchgängig und störungsfrei in der Nutzfläche? Wiederholen sich Bereiche oder nicht? Oft kann man durch kleine Korrekturen an der Gesamtgeometrie die Flächenvielfalt deutlich reduzieren, ohne dabei die Funktionalität des Gebäudes oder die architektonische Wirkung zu beeinträchtigen.

4.2.1 BIM unterstützt das Projektmanagement beim Optimieren

Üblicherweise ist es die Aufgabe des Architekten, die Vielzahl der Einzelplanungen zusammenzuführen und daraus ein Gesamtwerk zu erstellen. Die Erstellung dieses Gesamtwerks erfolgt überwiegend sequentiell. Dabei werden die Fachplanungen aufeinanderfolgend in den architektonischen Entwurf integriert, insbesondere die Planungen der Haustechnik. Eine Koordination erfolgt in vielen Fällen nur zwischen direkt aufeinanderfolgenden Fachplanungen (Architekt/Tragwerk, Architekt/Haustechnik, Haustechnik/Tragwerk). Die Fachplaner ihrerseits haben sich folglich nur mit den sie tangierenden Nachbargewerken abzustimmen.

Bei der Arbeit mit einem Building Information Model erfolgt die Planung simultan. Für die Planer ist BIM also zuallererst ein Prozess mit neuen Werkzeugen, welcher die Qualität der Planerstellung durch kooperative Zusammenarbeit und Zusammenschau der Einzelmodelle verbessert. Die vollständige und umfassende Integration sowie die Koordination aller Fachplanungen untereinander ist vom Grundsatz her eine Managementaufgabe. Es braucht eine leitende Instanz, wie z. B. den BIM-Koordinator. Diese Aufgabe sollte vom Projektmanagement wahrgenommen werden. Seine Aufgabe als BIM-Koordinator ist es, verantwortlich diese Einzelleistungen konfliktfrei zusammenzuführen, mit dem Ziel einer machbaren Gesamtlösung. Nach entsprechender Einübung wird der dafür notwendige Aufwand der Planer durch zukünftige Effizienz und höhere Planungsqualität belohnt und das Projektmanagement auf eine neue Stufe gehoben.

Damit ist das Potenzial des Building Information Modeling aber bei Weitem noch nicht ausgeschöpft. Insofern ist BIM für das Value Engineering des Projektmanagements geradezu eine Schatzkiste, prall gefüllt mit Daten aller Art, die dafür optimal geeignet sind. Denn die bauteilorientierte Modellierung eines Bauwerks erlaubt die unmittelbare Anwendung unterschiedlichster Analyse- und Simulationswerkzeuge. Dadurch kann man jetzt doch verschiedene Varianten mit ihren Auswirkungen auf Kosten und Termine über alle Gewerke hinweg simulieren, was eine perfekte Basis für das Entscheidungsmanagement als Hauptaufgabe des Projektmanagers ist!

Daraus ergibt sich der Vorteil, dass das Modell bereits in diesen frühen Phasen für erste Simulationen und Berechnungen verwendet werden kann. Auf diese Weise können unterschiedliche Entwurfsoptionen eingehend untersucht werden, was zu einem verringerten Aufwand in späten Planungsphasen und einer erhöhten Entwurfsqualität führt. Durch die enorme Informationstiefe, die ein Building Information Model bietet, kann der überwiegende Teil der benötigten Eingangsinformationen direkt aus diesem abgeleitet werden.

4.2.2 Ordnen und Optimieren der Funktionen

Form und Funktion sind in den allermeisten Fällen nicht von Beginn an im Einklang. Sei es, dass der Projektmanager erkennt, dass die räumliche Verortung der Funktionen nicht optimal ist oder insgesamt zu viel Bruttofläche verbraucht wird (Kosten!) – geändert werden muss auf alle Fälle. Im normalen Ablauf ist aber jede Änderung der Geometrie ein Problem für Architekten und Ingenieure, weil sie mit „Mehrarbeit" verbunden ist.

Building Information Modeling hilft hier dem Projektmanager ungemein, weil BIM dem Architekten erlaubt, Alternativen zu erzeugen und diese parallel zu entwickeln. Mit BIM können Grundrisse, Ansichten und Schnitte in unterschiedlichem Maßstab generiert werden – egal, wie ungewöhnlich die Gebäudegeometrie ist. Schon bei der Grundlagenermittlung und im Vorentwurf können mit BIM Massenmodelle in 3-D erstellt werden. Die Gebäudekennwerte nach DIN 277 wie Bruttorauminhalt (BRI) oder Bruttogrundfläche (BGF) stehen nach entsprechender Strukturierung automatisch und als „single point of truth" allen Projektbeteiligten zur Verfügung.

Es ist also möglich, in der frühen Planungsphase Erscheinung und Funktion so in Einklang zu bringen, dass sowohl aus ästhetischen als auch aus wirtschaftlichen Gesichtspunkten mit akzeptablem Aufwand die optimale Gebäudeform gefunden werden kann. Und zwar in direkter Zusammenarbeit mit allen beteiligten Partnern, denn dem Auftraggeber können so gleich mehrere Entwurfsalternativen präsentiert werden (siehe Abb. 4–28).

Dabei können die einzelnen Optionen einfach visualisiert und mitsamt ihren Auswirkungen erläutert werden: durch Mengen- und Kostenanalysen etwa, die der Projektmanager elementbezogen mit BIM verknüpfen und aufzeigen kann. So kann er dem Bauherrn für jede Veränderung von Gebäudeform, Material und Ausstattung aufzeigen, welche Alternative die kostengünstigste ist, und dieser kann entscheiden, ob er für eine gute Lösung gegebenenfalls mehr ausgeben möchte oder nicht.

Mit dieser generellen Optimierung ist schon ein großer Schritt in Richtung eines optimierten Gebäudes getan.

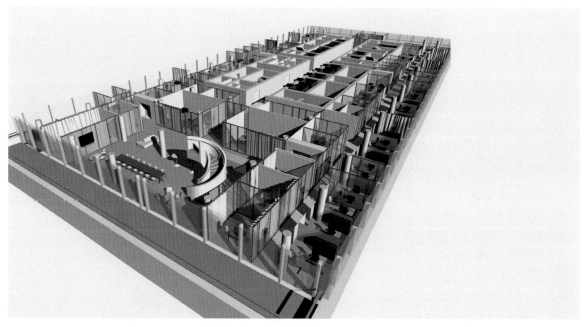

Abb. 4–28 Räumlich optimiertes Bürogeschoss

4.2.3 Modularisieren mit BIM

Verlässliche Geometrien sind die Voraussetzung für eine modulare Bauweise. Sie sind auch die Bedingung für die Vorfertigung von Baukomponenten, für koordinierte Montageprozesse auf der Baustelle und für die Flexibilität des Gebäudes während seiner Nutzungszeit. Modulares Planen und Bauen braucht daher präzise geometrische „Spielregeln". Wie eingangs dieses Kapitels erwähnt, ist es das Ziel, die Komplexität zu reduzieren und den Wiederholungsfaktor zu erhöhen. Je granularer die Module sind, desto einfacher ist es, mit immer gleichen Elementen jegliche Form eines Architektenentwurfs zu modellieren. Mit BIM ist es sehr einfach möglich, modulbasiert zu planen. Es werden nicht mehr aufwendige Geschosspläne mit zahlreichen Sonderlösungen gezeichnet, stattdessen werden verschiedene dreidimensionale Raummodule konstruiert. Diese werden dann, den vordefinierten Spielregeln folgend, logisch aneinandergefügt, um so mit einem hohen Wiederholungsfaktor ganze Geschosse zu modellieren. Die Modularisierung umfasst hierbei jedoch nicht allein die Möblierung und den Ausbau, sondern umfasst auch die technische Ausrüstung des Gebäudes. Die Verwaltung der Module erfolgt mittels BIM. Es wird also mit Modulen oder Bauelementen aus der Datenbank konstruiert bzw. modelliert und nicht mehr nur gezeichnet.

Die Ergebnisse dieser Planung sind hohe Wiederholraten in den Konstruktionen und Prozessen und ihre bessere Beherrschbarkeit. Die Komplexität des Gebäudeentwurfes sinkt um bis zu 80 %. Die Planung wird konfliktfreier und besser ausgearbeitet. Die Montageprozesse werden durch den Lerneffekt deutlich beschleunigt und verbessert, die Vorfertigung und Logistik werden systematisch unterstützt. Am Ende des Prozesses wird das Gebäude mit einem schlüssigen und im Verhältnis zu klassischen Verfahren einfachen Gebäudedatenmodell (BIM-Modell) an den Bauherrn, Nutzer oder Betreiber übergeben.

Die Modularisierung eines Projektes erfolgt stufenweise, wie es im Folgenden anhand eines konkreten Projektbeispiels dargestellt wird.

Nach der Festlegung des Gebäuderasters werden zunächst die Flächen erfasst, die zukünftig kaum oder wenig wandelbar sein sollen. Diese sog. „statischen Nutzflächen" (grün dargestellt) umfassen im vorliegenden Beispiel den Kern sowie Kommunikationszonen mit Besprechungsräumen und Cafeterien. Der Anteil der statischen Nutzfläche, die im Nutzungsverlauf nicht flexibel belegt wird, beträgt ohne die Kerne ca. 24 % (siehe Abb. 4–29).

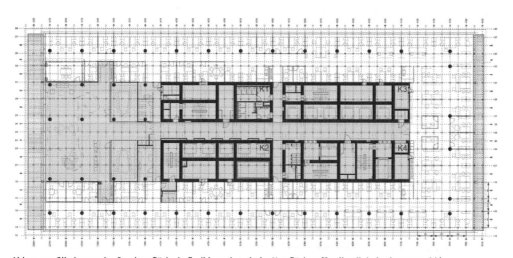

Abb. 4–29 Gliederung der Geschossfläche in flexible und statische Nutzflächen (Quelle: digitales bauen gmbh)

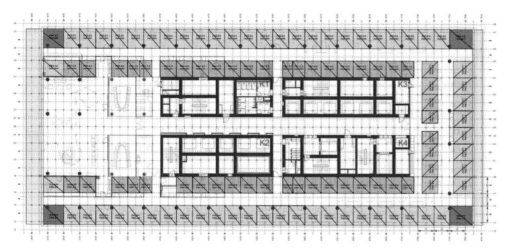

Abb. 4–30 Strukturierung der flexiblen Geschossfläche in Flächenmodule (Quelle: digitales bauen gmbh)

Im nächsten Schritt erfolgt die Strukturierung der flexiblen Flächen (weiß dargestellt), die ca. 76 % der Nutzflächen betragen (siehe Abb. 4–30).

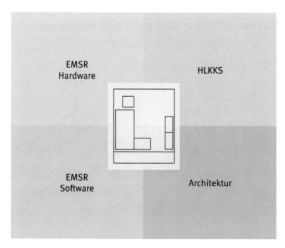

Abb. 4–31 Die verschiedenen Planungsaspekte eines Raummoduls (Quelle: digitales bauen gmbh)

Diese werden in strukturell gleiche Teilflächen, sogenannte Flächenmodule, unterteilt. Auf jedem Flächenmodul ist es möglich, entsprechend den mit dem Nutzer vordefinierten „Spielregeln" unterschiedliche Raum-

typen, sog. Raummodule, anzuordnen. Die Verwaltung der Raummodule erfolgt über einen Raummodulkatalog mittels Datenbank. Raummodule sind z. B. Einzelbüros, Arbeitsplätze im Open-Space-Bereich, Doppelarbeitsplätze, kleine Besprechungsräume, Druckerzonen, Archive etc. Jeder Raumtyp benötigt eine entsprechende technische Ausrüstung (z. B. Leuchten, Steckdosen, Brandmelder, Lüftungsauslässe etc.). In unserem Beispiel gibt es für die aktuelle Belegungsplanung beispielsweise 200 unterschiedliche Raumtypen, die durch die Modularisierung auf wenigen technischen Ausbaumodulen aufbauen können (siehe Abb. 4–31).

So kommt man für die Raumkonditionierung beispielsweise mit 14 Basisdetails aus, für Elektro-, Mess-, Steuer- und Regeltechnik mit 22, was bereits zu einer ganz erheblichen Rationalisierung in der Fertigung führt.

Für die Modularisierung der Gebäudetechnik wird konsequent im Boden und in der Decke zwischen der modularen Grund- und Ausbauinstallation unterschieden. So besteht beispielsweise im Boden die Grundinstallation aus der Zulufttrasse mit Abgängen bis zu den Volumenstromreglern und Schalldämpfern (was ca. 90 % der Gesamtinstallation ausmacht), den 40- und 24-Volt-Bus-Systemen sowie LON Bus, Telefon und LAN.

Diese Grundinstallation wird im Zuge der Einrichtungs-
planung mit den oben beschriebenen Raummodulen
verknüpft, womit in der Analogie „Steckdose und
Stecker" eine sauber getrennte Montage der Ausbauinstallation (z. B. Quellauslass, Schalldämpfer, Motor-
klappe, Überströmelemente, Apparate, Bedien-
elemente etc.) möglich ist (siehe Abb. 4–32).

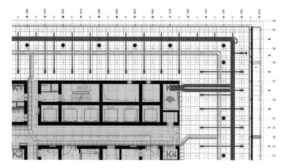

*Abb. 4–32 Die modularisierte Grundinstallation im Doppelboden
(Quelle: digitales bauen gmbh)*

Die spezifischen Informationen zu den technischen
Ausbaumodulen sind selbstverständlich in einer
Datenbank gespeichert. Folglich sind Änderungen und
Anpassungen während des Planungs- und Bauprozesses
stets transparent abbildbar. Mengenverschiebungen
und damit Auswirkungen auf Kosten und Termine
können zeitnah nachvollzogen werden (siehe Abb. 4–33).

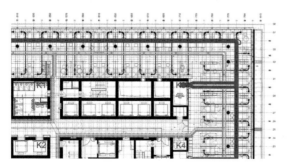

*Abb. 4–33 Die vollständige Doppelbodeninstallation bestehend
aus modularisierter Grund- und Ausbauinstallation
(Quelle: digitales bauen gmbh)*

4.2.4 Standardisieren mit BIM

Standardisierung ist seit jeher mit dem Bauen verbunden, insbesondere wenn es darum geht, ein Bauwerk
möglichst schnell, effizient und ökonomisch errichten,
abbauen oder verändern zu können. Ihre Wurzeln
findet die Standardisierung mit der Idee, industrielle
Prozesse auch auf das Bauen zu übertragen. Vorteile
und Kennzeichen dieser Bausysteme gegenüber dem
klassischen Bauen sind unter anderem eine überschaubare Anzahl gut aufeinander abgestimmter Bauelemente und ein hoher Vorfertigungsgrad, der mit einer
deutlichen Beschleunigung der Bauprozesse verbunden
ist. Vorteile sind: klare Montagevorgänge, die sich
häufig wiederholen, die klar definierte Flexibilität sowie
die Kalkulierbarkeit und Transparenz von Mengen,
Kosten, Terminen und Qualitäten.

Außerdem erfordert die Idee der Stoffkreisläufe nach
dem Cradle-to-Cradle-Prinzip ebenso ein solches
Denken in demontierbaren Modulen und Bauelementen,
sodass sich auch hier wieder Ökonomie und Ökologie
im Sinne des blue way bestens entsprechen.

Konkret bedeutet Standardisierung die Zerlegung der
Module bzw. Baugruppen in standardisierte Einzelelemente (siehe Abb. 4–34).

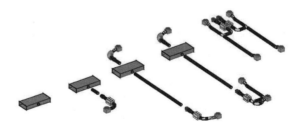

*Abb. 4–34 Die Komponenten und Baugruppen der Grund- und
Ausbauinstallation des Gewerks Zuluft (Quelle: digitales bauen gmbh)*

Im Falle der Baugruppe Zuluft Boden konnten die
Hauptkanäle zu 95 % standardisiert werden. Von den
insgesamt über 2.000 Standardkanälen gibt es nur
22 Varianten, wobei über 90 % der Hauptkanaltrasse
aus nur drei Varianten bestehen.

Von den ca. 2.600 Anbindungen an den Hauptkanal gibt es 105 Varianten, wobei 75 % der Anbindungen wiederum auf lediglich drei Varianten basieren. Das Prinzip ist es also, die absolute Mehrzahl der Module aus wenigen Varianten herzustellen und die Sonderfälle auf eine geringe Stückzahl zu reduzieren.

Ganz ähnlich verhält es sich mit Fassadenelementen, Trennwänden und anderen Ausbauelementen. So enthält der Katalog einer Metallkassettendecke für das 5. Obergeschoss beispielsweise ca. 2.000 Einzelelemente, von denen ca. 1.400 oder 70 % aus

15 Varianten bestehen. Das Ziel muss es sein, die anderen 600 Elemente weiter zu standardisieren, was auf der Basis der mit BIM vorhandenen Materialauszüge mit Beschreibungen gezielt machbar ist (siehe Abb. 4–35).

Modularisierung und Standardisierung ermöglichen durch eine industrielle Produktion und die Montage vorgefertigter Module fast zwangsläufig erhebliche wirtschaftliche Einsparungen, verbunden mit einer Erhöhung der Qualität und einem massiven Rückgang von Nachtragspotenzialen.

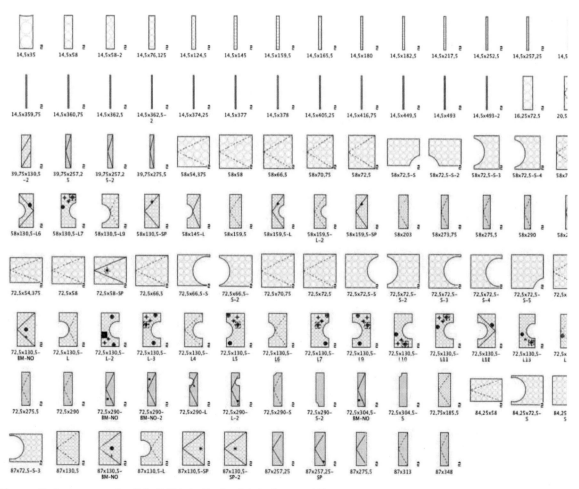

Abb. 4–35 Die Komponenten einer Heiz-/Kühldecke (Quelle: digitales bauen gmbh)

4.3 BIM-Steuerung mit Lean Design Management (LDM)

Wie im Eingangskapitel dargestellt, hängt die Produktivitätsentwicklung in der Bauindustrie deutlich hinter der Entwicklung anderer Industriezweige wie beispielsweise dem Maschinenbau oder von Automotive zurück. Die aktuellen Prozesse und Rahmenbedingungen führen auch bei an sich relativ gut organisierten Projekten und trotz großer Anstrengungen der beteiligten Projektmanager häufig zu Termin- und Kostenüberschreitungen sowie zu Baumängeln und ihrer aufwendigen Beseitigung. Der Grund dafür liegt fast immer schon im linearen Planungsprozess, in veralteten Vergabemodellen und der dadurch traditionell ausgeprägten Konfliktkultur der Prozessbeteiligten.

4.3.1 Vergleich der Prozesse

Der wesentliche Ansatzpunkt zur Optimierung der Planung liegt eindeutig in einer kooperativen Zusammenarbeit von Bauherr, Projektmanagement und Planern nach Lean-Prinzipien, wobei die BIM-Methode noch als Erfolgsverstärker eingesetzt werden kann.

Herkömmlicher Prozess (HOAI)
Dieser Prozess ist weitgehend linear und führt in der Regel eher zu einer Konkurrenzveranstaltung als zu einer partnerschaftlichen Zusammenarbeit (siehe Abb. 4–36). Traditionell wird die Planung in Fachdisziplinen unterteilt. Dies führt zu einer isolierten Betrachtungsweise, die sehr viele Schnittstellen verursacht.

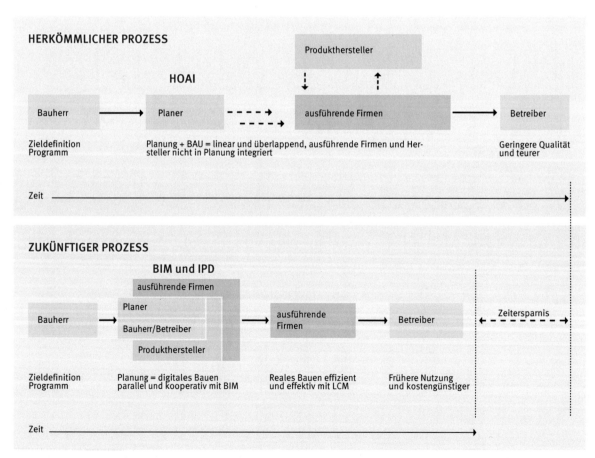

Abb. 4–36 Vergleich linearer Planungsprozess mit HOAI versus integraler Planungsprozess mit BIM und IPD

Damit verbunden ist auch ein erhöhter Koordinationsaufwand, um diese Schnittstellen aufeinander abzustimmen. Die vorhandenen Strukturen nach HOAI ermöglichen nur eine erschwerte Einbringung der ausführenden Firmen in den Planungsprozess. In der Vergabephase müssen die Fachfirmen vorgegebene Details anbieten. Die Verschwendung hierbei liegt darin, dass das vorhandene Know-how des Anbieters in der Planung nicht berücksichtigt worden ist. Jeder Ansatz zu einem mehr industriellen Bauen wird verhindert, was zu Qualitätseinbußen und höheren Kosten führt.

Integraler Prozess (BIM und LDM)
Durch den Einsatz von BIM und die gemeinsame Prozessoptimierung mittels LDM entwickelt sich schon in der Planungsphase ein integraler und kooperativer Prozess (siehe Abb. 4–36).

Produkthersteller und ausführende Firmen können schon früh mit funktionalen Vergabeverfahren (in wirtschaftlicher und innovativer Konkurrenzsituation) und dem anschließenden Abschluss eines LOI mit ihrem Know-how in den Planungsprozess einbezogen werden. Der Bauherr ist an die ausgewählte Firma nur gebunden, wenn die erwarteten und beschriebenen Effekte auch eintreten. Mit zunehmender Planungstiefe unter Beratung durch die ausgewählten Firmen wird die Beschreibung der Gebäudeelemente und deren Abmessungen konkreter, sodass sich daraus konkrete Leistungsbeschreibungen entwickeln lassen, die die Grundlage für einen endgültigen Vertragsabschluss werden. Da die so erzeugte Leistungsbeschreibung aus dem mit dem realen Gebäude identischen BIM-Gebäudemodell entstanden ist, wird das anschließende reale Bauen deutlich effizienter, kostengünstiger und

ist von besserer Qualität als in der Vergangenheit. Zudem wird die Projektlaufzeit auch noch deutlich kürzer als nach den alten Prozessen.

4.3.2 Steuerung der Planung mit Lean Design Management

Die traditionelle Art der Planung mit Balken oder Netzdiagrammen eignet sich, um die Machbarkeit der Terminschiene zu prüfen oder den kritischen Pfad im Gesamtkontext aufzuzeigen. Um die Planung zu steuern, reichen allerdings die vorhandenen Planungswerkzeuge nicht mehr aus. Der kreative Geist der Planung führt oft auch zu einer sehr diffusen Phase. Daher ist die Planung geprägt durch viele unvorhergesehene Objekteigenschaften, die im Zuge des Planungsprozesses erst einmal entstehen müssen. Demzufolge ist Projektmanagement oft reaktiv und damit nicht in der Lage, so schnell UND richtig auf neue Gegebenheiten im Planungsablauf proaktiv zu reagieren, wie es nötig wäre.

Anders als in der Ausführung bzw. Produktion von Bauprojekten liegt der Fokus von Lean nicht auf Stabilität, sondern primär auf Agilität. Agile Planung bedeutet nicht, das Rad neu zu erfinden, da die neuen Planungsinstrumente (BIM) bereits bekannt sind. Agile Planung bedeutet die richtige Kombination und das zielgerichtete Zusammenspiel der wesentlichen Beteiligten. Es handelt sich um einen Paradigmenwechsel und das Aufbrechen starrer, traditioneller Planungsstrukturen. Die Zeiten mit konzentrierter Arbeit werden deutlich erhöht, um mehr Effektivität und Effizienz zu erreichen (siehe Abb. 4–37).

Zeiten diffuser Arbeit   Zeiten konzentrierter Arbeit

Abb. 4–37 Agiles Planungsmanagement

Das sind keine einfachen Veränderungsprozesse. Aber das Vereinfachen der Planung, das Eliminieren der Scheingenauigkeit und das Ersetzen starrer Planungen werden den Planungsprozess nachhaltig positiv verändern.

In einem „Pull-System", also durch Ziehen, werden die Pläne nachfrageorientiert produziert. Das bedeutet, dass durch die Baustelle – bzw. den geplanten Bauablauf – ein Nachfragesog erzeugt wird. Dieser „zieht" nur die Pläne, die auch wirklich für Produktion und Einbau benötigt werden, also eine Art Just-in-time-Produktion von Plänen.

Das Null-Fehler-Prinzip, also die Perfektion der Planung, soll auf Anhieb eine Kultur der Qualität anstatt eine Kultur der ewigen Nachbesserung schaffen. Dadurch können stabile und fehlerfreie Planungsprozesse geschaffen werden, die die Planbarkeit erhöhen und Verschwendung reduzieren.

Beim integrierten Planungsprozess handelt es sich definitiv nicht mehr um lineare Strukturen und auch die vorgenannten „LEAN-Prinzipien" können nur im gemeinsamen Einverständnis umgesetzt werden.

Deshalb muss hier die herkömmliche Terminsteuerung mit „Befehl und Gehorsam" versagen. Gefragt ist vielmehr die gemeinsame Entwicklung des optimalen Prozesses unter steuernder Moderation des Projektmanagers. Dies geschieht in drei Stufen:

– Prozessanalyse der gesamten Planungsphasen
– Prozessplanung der Planungsphase
– Planprozesssteuerung

4.3.3 Prozessanalyse der gesamten Planungsphasen

Die Inhalte und Ziele der einzelnen Planungsphasen werden kollaborativ mit den relevanten Projektbeteiligten in einem Workshop festgelegt und zu Arbeitspaketen geformt. Dies geschieht zu Beginn der jeweiligen Planungsphase (von der Initiierungs- bis hin zur Ausführungsplanung). Die Arbeitspakete werden so abstrakt gehalten, dass von sich unabhängige Planungsmodule entstehen können. Diese werden grob gegliedert und in Sequenz gebracht. Es entsteht ein gemeinsames Verständnis über die Projektphase, das wiederum zu klaren greifbaren Zielen führt und dadurch das Verschwommene in der Planungsphase eliminiert (siehe Abb. 4–38).

Abb. 4–38 Gemeinsame Prozessanalyse

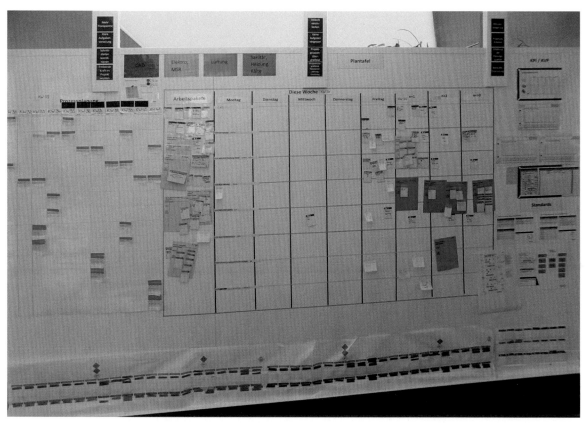

Abb. 4–39 Fertiger Prozessplan

Dann wird der Ablauf der Gesamtplanung – ausgehend von den aus dem Meilensteinplan resultierenden Lieferterminen – rückwärts entwickelt, um die erforderlichen Starttermine ermitteln zu können. Dazu werden zunächst alle erforderlichen Vorgänge gesammelt und zu Planungspaketen zugeordnet.

Im nächsten Schritt wird der Ablauf der Prozessplanung nach dem Fließprinzip strukturiert und die Vorgänge in den einzelnen Planungspaketen miteinander verknüpft. Die entstandenen Abläufe oder Teilabläufe werden dann in einem vorläufigen Prozessplan aufgezeichnet und in der Runde diskutiert (siehe Abb. 4–39).

Dabei werden „rote Punkte" verwendet, um ungeklärte Vorgänge oder Schwachstellen zu identifizieren und die Probleme zu lösen und in Aktionslisten zu verfolgen. Schließlich wird das Ergebnis dieser Abstimmungsrunde komprimiert und mit einem Grafikprogramm für alle aufgezeichnet, wobei die übrig gebliebenen kritischen Lieferzeitpunkte weiterhin rot gekennzeichnet sind (siehe Abb. 4–40).

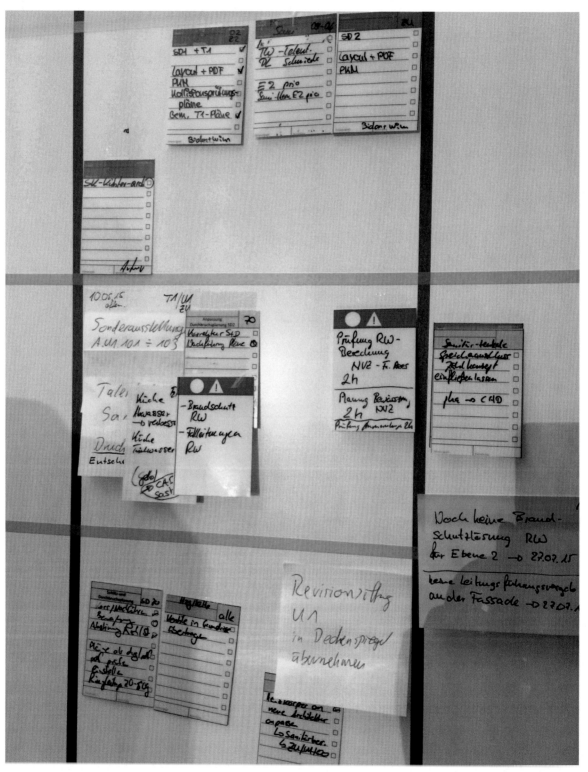

Abb. 4–40 Prozessplan im Detail

Ist schließlich Einigkeit über die Struktur und den Ablauf erzielt, dann wird aus dem Prozessplan der Rahmenplan für Planungsterminierung erstellt. Dieser Rahmenterminplan unterscheidet sich von einem herkömmlichen Rahmenplan dadurch, dass er in einem gemeinsamen Prozess mit allen Beteiligten erstellt wurde und einvernehmlich verabschiedet ist (siehe Abb. 4–41).

Mit dem Rahmenterminplan ist die Phase der Prozessanalyse und Prozessstrukturierung beendet.

4.3.4 Pull-Kriterien für den Rahmenplan

Im Hinblick auf die sogenannte „Ziehende Baustelle" ist die Rückwärtsrechnung von verschiedenen Zeitpunkten aus erforderlich. Wesentlich für das Funktionieren der rechtzeitigen Planlieferung ist dabei die Kenntnis

der erforderlichen Lieferzeitpunkten einschließlich einer klaren Definition des Planinhalts, der zu diesem Zeitpunkt geliefert werden muss. Dabei geht es beim Einsatz von BIM weniger um eine „Planfertigstellung", sondern um den jeweiligen „Planstatus", da die Pläne ja stetig weiter verfeinert werden.

Das soll am folgenden Beispiel erläutert werden:

Beispiel TGA: Die „Lieferzeitpunkte" sind in drei verschiedene Planstadien aufgeteilt:

Planstadium I: Die Planung muss alle Angaben enthalten, um eine „funktionale Leistungsbeschreibung" für Grobangebote zu erstellen. Das heißt, die eingeladenen Firmen müssen den Umfang der Leistungen und die geforderten Qualitäten grundsätzlich beurteilen können. Die Firma mit der besten Bewertung erhält einen LOI und arbeitet ab diesem Zeitpunkt

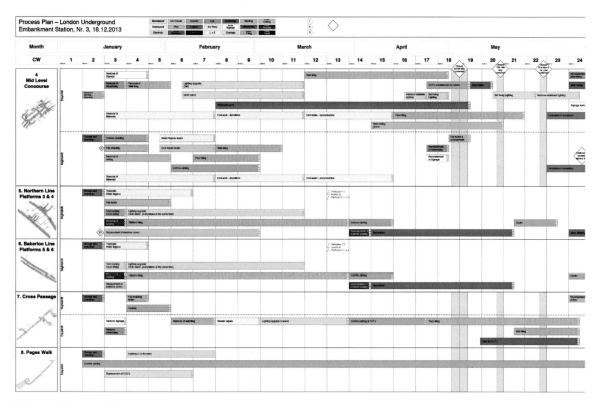

Abb. 4–41 Rahmenterminplan

beratend im Planungsteam mit, um die Planungsoptimierung zu unterstützen.

Planstadium II: Für die „Produktionsplanung" müssen
alle Elemente eindeutig beschrieben und vermaßt sein.
Die Pläne sollten schwerpunktmäßig mit der ausführenden Firma abgestimmt werden, um eine wirtschaftliche
Produktion zu erreichen, denn auf dieser Grundlage
werden nun die Vertragsleistungen im Bauleistungs-
vertrag festgeschrieben.

Planstadium III: Schließlich sind für den Einbau auf
der Baustelle „Montagepläne" erforderlich, die im
Wesentlichen von der ausführenden Firma – aber immer
ausgehend vom BIM-Teilmodell TGA – erstellt werden.

Prozessplanung der Planungsphase
Auf der Grundlage des Rahmenplans und der Prozessanalyse werden die einzelnen Planungsphasen nun

detailliert betrachtet. Zu Beginn der jeweiligen Planungsphase wird von jedem Planungsteam ein eigener
Prozessplan für die komplette Phase erstellt. Hierbei
geht es wieder um die Inhalte bzw. Arbeitspakete, die
von der jeweiligen Fachplanungsdisziplin erbracht
werden müssen. Basierend auf der Vorbereitung wird in
einem gemeinsamen Workshop ein einheitlicher Prozessplan erstellt, der mit allen Beteiligten abgestimmt ist.
Da die Planung mit zunehmender Zeit detaillierter wird
und ständig neue Anforderungen im Projekt entstehen,
wird diese einmal im Monat gemeinschaftlich aktualisiert. Hier findet nun das Prinzip der Nivellierung und
der Taktung Anwendung. Alle in diesem Zeitraum erforderlichen Planungsschritte müssen erbracht werden,
aber in der Weise geordnet, dass mit gleichmäßiger
Kapazität gearbeitet werden kann. Der Gesamtprozess
muss zum Fließen gebracht werden (siehe Abb. 4–42).
Die Prozessplanung wird einmal im Monat aktualisiert.
Außerdem wird sie auch in Terminlisten übersetzt.

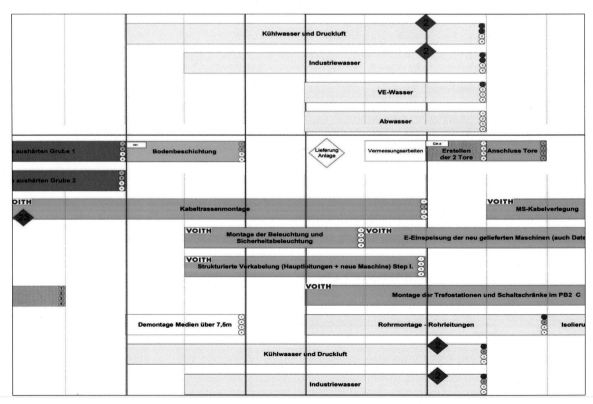

Abb. 4–42 Prozessplan

4.3.5 Planprozesssteuerung

In regelmäßigen Besprechungen werden die zuvor definierten Arbeitspakete anhand einer Plantafel und/oder einer webbasierten Softwarelösung von den jeweiligen Planungsteams bzw. deren Arbeitsgruppen abgearbeitet. Hierbei dient die Plantafel als Visualisierungswerkzeug, um die offenen Aufgaben und Ressourcen des Planungsteams im Detail zu steuern (siehe Abb. 4–43).

Die Abhängigkeiten und kritische Aufgaben werden im Team gemeinschaftlich erkannt und untereinander kommuniziert.

Bei Drees & Sommer werden diese Tätigkeiten in einem eigenen Online-Whiteboard oder einer physischen Plantafel geführt.

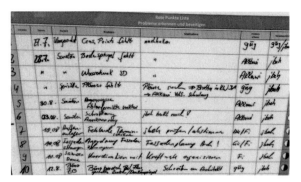

Abb. 4–44a Nachhalten der nicht fertiggestellten Aufgaben

Die Methodik ist eng angelehnt an die SCRUM-Methode zur Steuerung von Planungsprozessen (siehe Abb. 4–44).

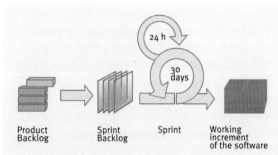

Abb. 4–44b SCRUM-Prozess

Abb. 4–43 Steuerung an der Plantafel (Quelle Drees & Sommer)

Der Prozessverantwortliche verfolgt die geplanten und fertiggestellten Aufgaben und führt ein Backlog (das heißt, einen Aufgabenspeicher) für die nicht erledigten Aufgaben. Änderungen werden direkt als neue Aktivitäten im Backlog aufgenommen und je nach Priorität eingeordnet.

Auf diese Weise wird immer aktuell und tagesgenau gesteuert. Vor allem werden keine Aufgaben vergessen oder als unerledigt zurückgelassen. Es werden gemeinsam Lösungen gesucht – und gefunden –, die eine Einhaltung der Gesamtterminschiene ermöglichen.

Scrum heißt eigentlich „Gedränge". Bei SCRUM handelt es sich um eine agile Methode, um komplexere Projekte effektiv und flexibel zu bewerkstelligen, und zwar so, dass der vorgegebene Zeitrahmen immer eingehalten wird. Es gilt das Prinzip „teile und herrsche". Vielschichtige und langfristige Projekte werden in mehrere Teilprojekte gegliedert. Je nach Umfang können diese Teilprojekte wiederum in weitere Teilprojekte oder Aufgaben unterteilt werden. Bei diesem Prozess kristallisieren sich gleichzeitig essenzielle Aufgaben heraus, die gemäß den gewünschten Anforderungen priorisiert werden. Beim SCRUM-Ansatz soll der vorgegebene Zeitrahmen immer eingehalten werden. Deshalb zeichnet sich SCRUM dadurch aus, dass im Fall eines Zeitverzugs die Anforderungen auf das Wesentliche reduziert werden, um wieder in den Zeitrahmen zu kommen.

4.4 Beschaffung der Bauleistungen bei BIM

Ein besonderes Kapitel bei der Planung mit BIM stellt die Vergabe der Bauleistungen dar. Der Schnittstelle zwischen Planung und Ausführung kommt hierbei besondere Bedeutung zu. Vor allem wenn BIM im Einsatz ist. Im Grunde gibt es drei Varianten:

Variante 1 – normale Ausschreibung mit Mengen und Massen aus BIM

Auf der Basis einer BIM-Planung werden Leistungsverzeichnisse erstellt, zu denen die Teile-Listen aus der Modellierung informativ als Basis herangezogen werden können. Allerdings: Ein Leistungsverzeichnis auf Basis einer modularen Planung sieht ein wenig anders aus als ein klassisches EP-LV. Durch die Modularisierung wird die Planung kleinteiliger. Dies kann einen entsprechenden Aufwand für die Bieter bedeuten, da diese es nicht gewohnt sind, Module zu kalkulieren. Die Idee ist, dass man einen „Modulpreis" erhält und mit dem Massenauszug aus der Datenbank entsprechend „spielen" kann.

Ein Beispiel: Firmen kalkulieren Lüftungsleitungen als Meterware. Das Projektmanagement interessiert aber, was ein 2,90-m-Stück-Modul mit bestimmtem Querschnitt (TYP XY) kostet, das 2.000-mal vorkommt. Dies überfordert den „normalen" Kalkulator, da er von Haus aus das 2,90-m-Kanalelement teurer kalkulieren würde als eines von 6 oder 12 m Länge. Dass das 2,90-m-Stück aber 2.000 Mal vorkommt, bleibt eher unberücksichtigt! Man müsste also eine Kanallänge von 2,90 m x 2.000 = 5.800 m Kanal, Typ XY ausschreiben. Bei dieser eher trivialen Art der Ausschreibung würden die Möglichkeiten von BIM aber nur rudimentär genützt.

Variante 2 – modulare Ausschreibung

Bei dieser Variante würde die Ausschreibung wie bei Variante 1 erfolgen. Die Unternehmen erhalten aber zusätzlich eine produktions- und terminorientierte Zusammenstellung der Daten mit dem Angebot übergeben, sie bei der Produktionsplanung so zu unterstützen, dass sie diese für das Projekt optimieren können.

Für das Einpflegen der Werkstatt- und Montageplanung in die „as-built"-Dokumentation müssten die Unternehmen BIM beherrschen oder sich ggf. Support von einem BIM-Planungspartner „einkaufen".

Allerdings ist auch diese Variante nicht wirklich befriedigend.

Variante 3 – IPD (Integrated Project Delivery)

Bei einem Planungs- und Optimierungsprozess mit BIM können die vorhandenen Möglichkeiten dann am besten ausgenutzt werden, wenn alle Beteiligten – also auch die wesentlichen ausführenden Firmen – möglichst frühzeitig in den Prozess eingebunden werden. Durch diesen kooperativen BIM-Prozess können das besondere Kapital der frühzeitigen Festlegung von Modulen und Bauelementen sowie die Festlegung der Herstelltechnologie optimal genutzt werden. Diese frühzeitige Einschaltung der ausführenden Firmen wird mit IPD bezeichnet.

Nun ist es natürlich nicht möglich, jemand einen Vertrag für eine Bauausführung zu erteilen, wenn die Inhalte noch gar nicht definiert sind. Es könnte deshalb folgende Vorgehensweise gewählt werden:

– *Zeitpunkt der Einschaltung:* Der Grobentwurf müsste stehen. Dies ist in der Regel der richtige Zeitpunkt, um mit der Erstellung des BIM-Modells zu beginnen. Die Optimierung von Gestalt und Funktion sowie die Modularisierung der Nutzflächen sind abgeschlossen. Der detaillierte Entwurf mit geometrischer und inhaltlicher Beschreibung der Gebäudeelemente für das jeweilige Gewerk würde gerade begonnen. Zum Abschluss der Entwurfsplanung liegt dann das erste Gebäudemodell vor.

– *Auswahl der Vertragspartner:* Die Vorauswahl der ausführenden Firma würde im Idealfall ähnlich erfolgen wie bei dem in Kap. 2.4.1 beschriebenen Baupartner-Management. Dazu werden zunächst die Unternehmensstruktur und die Organisation sowie die Leistungsfähigkeit in den zu bearbeitenden Gewerken überprüft. Das heißt zuallererst, dass die Bewerber BIM-fähig sein müssen, um die erarbeiteten

Unterlagen später in ihre Werkstatt- und Montageplanung übernehmen zu können.

Dazu kommen Arbeitsproben, Referenzen und die Inno-
vationsfähigkeit sowie Finanzen, Versicherungen etc.
Stimmen diese Kriterien, werden mit dem engeren Kreis
der Bewerber Gespräche über die Ziele des Bauherrn
und die Ideen des Bewerbers zur Umsetzung sowie über
wesentliche Kalkulationsparameter geführt.

– *Vorvertragsphase:* Mit dem ausgewählten Bewerber
wird ein LOI (Letter of Intent) abgeschlossen, der
dann zu einem Vertragsverhältnis führen wird, wenn
man sich bei den ab der Entwurfsphase im Rahmen
der Planung geführten Preisgesprächen handelseinig
wird. Das heißt, in diesem Falle wird im Rahmen der
Modularisierung und Standardisierung automatisch
der spätere Auftrag generiert – und zwar bereits mit
Preisen versehen. Im oben genannten Beispiel ist
das ausführende Unternehmen also bei der Kanal-
optimierung bereits dabei und versieht das Kanal-
stück Typ XY seinerseits mit einem Preis, bei dem
schon die Stückzahl von 2.000 berücksichtigt ist.
Im Rahmen der Optimierung wird das Know-how aus
Fertigungs- und Montageprozessen ebenso mit eingebracht wie das Vordenken in Bezug auf die
Logistikplanung.

– *Endgültiger Zuschlag:* Der endgültige Zuschlag
erfolgt vor Beginn der Werkstattplanung auf einer
gemeinsam erarbeiteten Grundlage, sodass –
zusammen mit einer professionellen Logistikplanung –
die Kosten und die Qualität stimmen und der vereinbarte Ablauf eingehalten werden müsste.

In Verbindung mit Big BIM ist die Variante 3 sozusagen
die Königsdisziplin, bei der alle Register gezogen
werden. Besteht damit erst ausreichend Erfahrung,
werden sich Ergebnisse erzielen lassen, die man heute
noch nicht für möglich hält. Allerdings werden damit
die Anforderungen an die Projektmanager und Planer in
Bezug auf das inhaltliche und prozessuale Know-how
sowie die BIM-Kenntnisse gegenüber dem heute oft
üblichen Niveau massiv ansteigen (siehe Abb. 4–45).

Gegenüber den Bauherren muss für diese Variante viel
Vertrauen aufgebaut werden, da die Variante 3 ja nur
im Rahmen des Auswahlverfahrens eine Konkurrenzsituation darstellt, nach der die Besten am Markt für
eine bestimmte Aufgabe ausgewählt werden. Deshalb
kommt dem Auswahlverfahren unter Leitung des
Projektmanagements eine sehr große Bedeutung zu.
Und damit natürlich dem Vertrauen des Bauherrn in
das Know-how, die Erfahrung und die Integrität des
Projektmanagers.

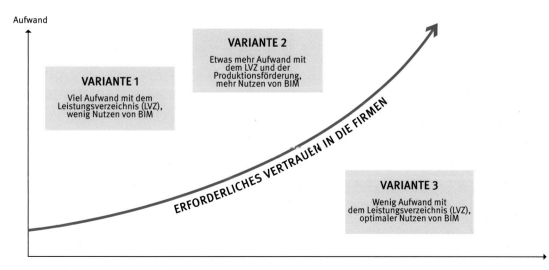

Abb. 4–45 Nutzen-Aufwand-Verhältnis der Varianten

4.5 Produktions- und Logistikplanung mit BIM und LCM

4.5.1 Just-in-time-Logistik

BIM als Methode des digitalen Bauens versteht die Gebäudeplanung in erster Linie als logistische Aufgabe. Anders als in den Branchen Automotive und Industrie handelt es sich beim Bauen auch heute noch weniger um eine „Produktion" als vielmehr um eher handwerkliche Abläufe. Außerdem ist die Arbeit auf der Baustelle noch witterungsbedingten und räumlichen Einschränkungen unterworfen.

Das Ziel muss es daher eigentlich sein, die Grundlagen für ein industrielles Bauen zu schaffen, wie in Kapitel 4.1 beschrieben, und gleichzeitig die Logistik und die Montageprozesse so zu professionalisieren, dass die negativen Einflüsse auf der Baustelle minimiert werden. Dafür können die Voraussetzungen durch Modularisierung und Standardisierung geschaffen werden (siehe Abb. 4–46).

Die Einzel-Bauelemente werden entsprechend der BIM-Planung möglichst weitgehend in Serien industriell gefertigt. Entsprechend den Anforderungen aus dem Terminplan (Liefertermine) werden die Einzel-Bauelemente zu montagevereinfachenden Modulen/ Baugruppen im Werk vormontiert und nach Bauteilen und Montageabschnitten/Geschossen zusammengestellt und codiert. Die Baugruppen werden auf Paletten verpackt und innerhalb der errechneten Liefertermine transportfertig gemacht (siehe Abb. 4–47).

Die Anlieferung der Baugruppen erfolgt dann entsprechend den Lieferterminen abschnittsweise direkt an die Einbaustellen, versehen mit den Verlege- bzw. Montageplänen (siehe Abb. 4–48).

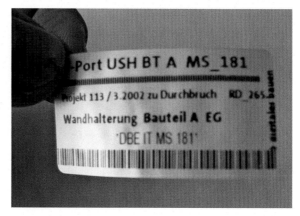

Abb. 4–47 Modulare Vorfertigung und Logistik (Quelle: digitales bauen gmbh)

Abb. 4–48 Anlieferung der Baugruppen (Quelle: digitales bauen gmbh)

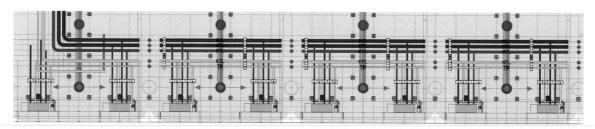

Abb. 4–46 Montagepläne aus modularer Planung (Quelle Hovestadt)

Entsprechend den Montageplänen und ggf. auch Einbauanleitungen und bei flexiblen Gebäuden sogar mit Rückbauanleitungen in Form von 3-D-Darstellungen werden die Baugruppen montiert (siehe Abb. 4–49).

Modellbaukasten beigefügt ist. Gleichzeitig hat man eine gute visuelle Kontrolle, ob die eingebauten Leitungen auch tatsächlich den Montageplänen entsprechen. Das gilt ganz speziell auch für besondere Bereiche,

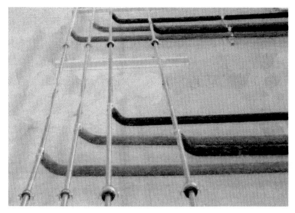

Abb. 4–49 Denkbare Einbauanleitung aus BIM, 3-D

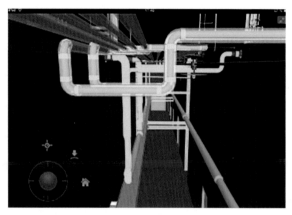

Abb. 4–51 Komplizierter Montagebereich im BIM

Abb. 4–50 Modularisierte Montage, Qualitätsprüfung und Inbetriebnahme (Quelle: digitales bauen gmbh)

in denen der Vorfertigung Grenzen gesetzt sind, denn solche komplizierten Einzelinstallationen erfordern geradezu eine 3-D-Visualisierung für die Montage (siehe Abb. 4–51).

Auf diese Weise kann man relativ sicher sein, dass auch singuläre Bereiche plankonform erstellt werden, was später für die Dokumentation des tatsächlich Gebauten (as built) von Bedeutung ist (siehe Abb. 4–52).

Dadurch wird eine zügige und weitgehend fehlerfreie Montage sichergestellt, die zudem auf eine große Lagerhaltung verzichten kann (siehe Abb. 4–50).

Dies gilt vor allem dann, wenn nicht genügend ausgebildetes Fachpersonal zur Verfügung steht. In diesen Fällen ist es zur Qualitäts- und Termineinhaltung unerlässlich, dass die Vorarbeiter anschauliches Material für den Einbau zur Verfügung haben, so wie es jedem guten

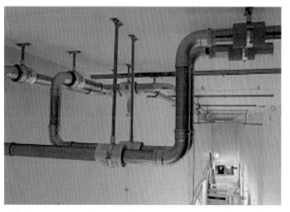

Abb. 4–52 Erfolgreiche Montage

4.5.2 Logistikplanung mit LCM

Die Eckpfeiler einer Logistikplanung mit LCM sind ein sinnvoller, das heißt machbarer Ablaufplan sowie das Vermeiden von Verschwendung von Zeit auf der Baustelle. Damit einher gehen eine Verbesserung der Qualität und die Grundlage für ein ungestörtes Arbeiten (siehe Abb. 4–53).

Abb. 4–53 Verschwendungsgründe

Werden alle die im „Kreislauf der Verschwendung" dargestellten Tatbestände vermieden, dann kann eine geordnete Projektabwicklung durchgesetzt werden. Das erfordert jedoch ein integriertes Denken und Planen in Bezug auf alle im Kreislauf dargestellten Bereiche und ihre Optimierung. Es beginnt mit nicht auf die Realität abgestimmten Ablaufpänen, zieht sich über die Bereitstellung und den Transport bis zum unkoordinierten Lagern und Verteilen.

Im Ergebnis entstehen Wartezeiten und damit Ineffizienz und Mängel.

Ausmerzen der Verschwendung

Es sind zahlreiche Verursacher von Verschwendung auf den Baustellen anzutreffen, wie die nachstehenden Abbildungen zeigen (siehe Abb. 4–54 bis 4–55).

Diese Verursacher lassen sich aber durch ein konsequentes Lean Management bei der Logistikplanung vermeiden, wenn die Prozesse und ihre Einhaltung systematisch geplant werden. Mit der Logistikplanung werden optimale Voraussetzungen für den gesamten Bauablauf geschaffen, die Verschwendung reduziert und Arbeiten mit hoher Wertschöpfung maximiert.

Abb. 4–54 Zu große Bestände

Abb. 4–55 Belegte Arbeitsflächen

Beispiele von Verschwendung sind neben zu später Anlieferung oft auch zu große Bestände oder belegte Arbeitsflächen.

Abb. 4–56 Wartezeiten

Abb. 4–57 Logistik im Planspiel

Die Folgen solcher Zustände sind Wartezeiten auf der Baustelle (siehe Abb. 4–56) oder die Firmen ziehen ihre Arbeitskolonnen ganz ab zu anderen Baustellen.

Um die Verantwortlichen zu motivieren, haben die Experten bei Drees & Sommer regelrechte Baustellenszenarien im Spielzeugformat entwickelt, bei denen die jungen Projektmanager lernen, Logistik-Abläufe zu durchschauen und mit Plantafeln abschnittsweise vorauszudenken. Gar nicht so einfach (siehe Abb. 4–57).

Optimieren der Ablaufplanung

Der erste Schritt bei der Logistikplanung ist die Analyse der vorgesehenen Bauphasen und gegebenenfalls auftretender Spitzen (siehe Abb. 4–58).

Sind die Spitzen zu ausgeprägt, sodass sie nicht abgedeckt werden können, dann muss eine Entzerrung oder Umstellung des Terminplans erfolgen. Ansonsten besteht die Gefahr, dass eine vorgesehene Taktung nicht umgesetzt werden kann und der Ablauf fast zwangsläufig aus dem Tritt gerät.

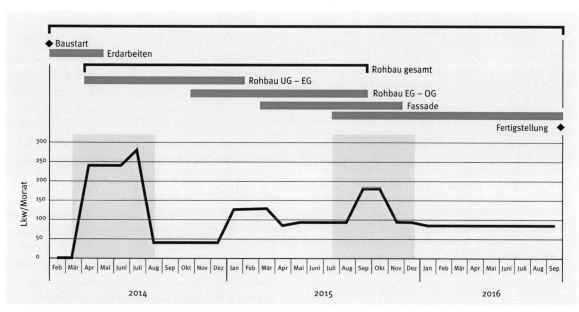

Abb. 4–58 Analyse von Montagespitzen im Bauablaufplan

Ver- und Entsorgung

Beim Logistikkonzept müssen sowohl die Versorgung mit Materialien sowie die Entsorgung von Bauschutt und Müll geplant werden.

Dazu gehören der Transport vom Produzenten/ Lieferanten über den Wareneingang bis zur Verteilung der Materialien auf der Baustelle. Dazu kommen die regelmäßige Reinigung der Bauflächen und der Abtransport von Müll über Sammelstellen (siehe Abb. 4–59).

Versorgung mit Material

Unabhängig davon, ob eine Integration mit BIM und LCM erfolgt oder LCM auf der Baustelle allein eingesetzt wird, lässt sich durch die hohe Stabilität der Planung der Ausführungsschritte für die nächsten vier Wochen deren enge Verknüpfung mit dem benötigten Material erreichen. Entscheidend ist die Einhaltung folgender Kriterien für die Bereitstellung von Material. Es wird benötigt:

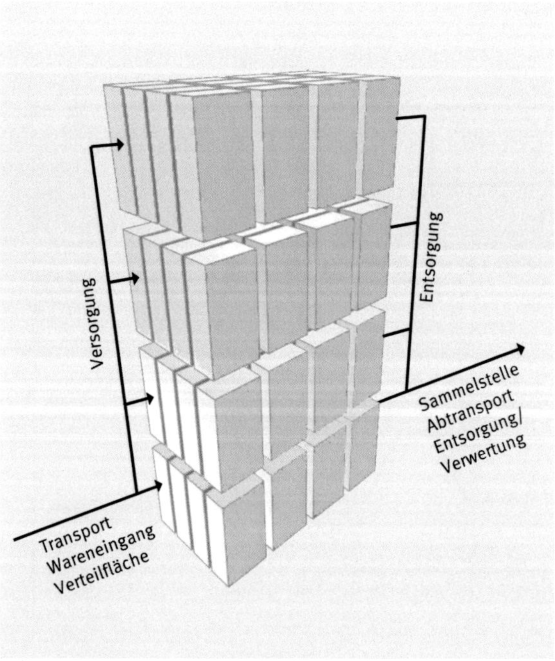

- das richtige Material
- in der richtigen Menge
- zum richtigen Zeitpunkt
- in der richtigen Qualität
- am richtigen Ort

Angeliefert wird auf der Baustelle nur, was in den nächsten zwei bis drei Tagen verbaut wird. Mit diesem Just-in-time-Prinzip nehmen Bestände auf der Baustelle und im Lager ab, verringern sich Transporte und die benötigten Güter sind ohne großen Aufwand für jeden auffindbar.

Im Ergebnis sinken die Lagerkosten, die Qualität der Baustoffe bleibt erhalten und das Material wird nur einmal angefasst. Logistikplanung heißt zu organisieren, wie das Material auf die Baustelle gelangt, ob es zwischengelagert werden muss und wer alle relevanten Informationen benötigt. Die Logistik kann dabei auch durch einen zentralen Logistiker übernommen werden. Die Unternehmen konzentrieren sich dann auf die tatsächliche Wertschöpfung, die Arbeiten am Gebäude.

Eine weitere Optimierung der Logistikkette kann durch folgende Methoden erreicht werden:

- *Einbindung eines Check Points:* Für die Zufahrt zum Baustellengelände kann ein sogenannter Checkpoint eingerichtet werden. Dieser Checkpoint ist außerhalb der Baustelle eingerichtet und dient als Wartezone für anfahrende Fahrzeuge. Vor der Baustelle selbst gibt es noch eine weitere Zugangskontrolle bei der Einfahrt. Jeder anfahrender Lkw registriert seine Fahrt in einem Online-Avisierungs-System und hat den Checkpoint anzufahren, hier zu halten und auf eine Freigabe zur Fahrt in Richtung Baustellen zu warten. Nach Abruf des Logistikers von der Baustelle aus kommt der Lkw auf eine geeignete Abladefläche auf der Baustelle.
- *Einbindung eines Logistik-Hubs oder Konsolidierungszentrums:* Hier liefern die Unternehmen und Zulieferer der Baustelle ihre Materialien an (siehe Abb. 4–60). Die Versorgung der Baustelle erfolgt durch den Logistiker im Pendelverkehr zwischen Logistik-Hub und Baustelle. Die Steuerung erfolgt hierbei durch die Planungstafel auf der Baustelle.

Abb. 4–59 Systematik von Ver-und Entsorgung

Bei einer Kopplung der Entsorgung der Baustelle kann somit eine Reduzierung der Fahrten zur Baustelle von bis zu 75 % erreicht werden. Gerade für Innenstadt-Baustellen hat dies einen erheblichen Effekt, der auch in CO_2-Einsparung gemessen werden kann.

Entscheidend ist, dass das Material auf der Baustelle gezielt zum Arbeitsplatz der Handwerker gebracht wird, sodass diese sich auf ihre eigentliche Aufgabe konzentrieren können und der Bauprozess wirtschaftlicher wird. Um genau zu definieren, wo und wann welche Leistung erbracht werden muss, erfolgt die Logistikplanung und -steuerung immer eng verzahnt mit der BIM-Modularisierung sowie im gegenseitigen Austausch mit der Terminplanung und -steuerung. Dadurch werden große Lagerflächen und unnötig herumliegendes Material vermieden, das vor Ort schnell beschädigt werden kann. Es wird übersichtlicher und es gibt keinen unnötigen Suchaufwand oder überflüssige Wegezeiten für die Handwerker. Die Materialbestände auf der Baustelle werden minimiert und Materialien just in time direkt am Einbau- bzw. Montageort in den Geschossen bereitgestellt.

Entsorgung von Schutt und Müll

Bauschutt, Schmutz und Abfall fallen auf jeder Baustelle an und behindern in der Regel ein zügiges und ungestörtes Arbeiten. Zwar sind im Grundsatz alle ausführenden Firmen und ihre Nachunternehmer auf eigene Kosten für die Entsorgung verantwortlich. In der Realität funktioniert aber auch das nur mit einer gemeinsamen Entsorgungsstrategie, deren Kosten auf die Firmen umgelegt werden. Hier gibt es verschiedene Methoden z. B. kann die Entsorgung durch den Logistiker direkt vom Arbeitsplatz, stockwerksweise oder ansonstigen Sammelstellen erfolgen. Ungeordnete Baufelder würden den Projekterfolg trotz LCM gefährden. Außerdem wird das Unfallrisiko erhöht.

Das Entsorgungskonzept muss also Teil der gesamten Logistikplanung sein. Damit wird eine umweltgerechte und wirtschaftlich optimierte Entsorgung – verbunden mit einer zeitgleichen Erhöhung der Arbeitssicherheit und der Sauberkeit der Baustellen – zum Standard. Dazu gehört ein Wertstoffhof auf der Baustelle mit Abfallcontainern für unterschiedliche Müllfraktionen.

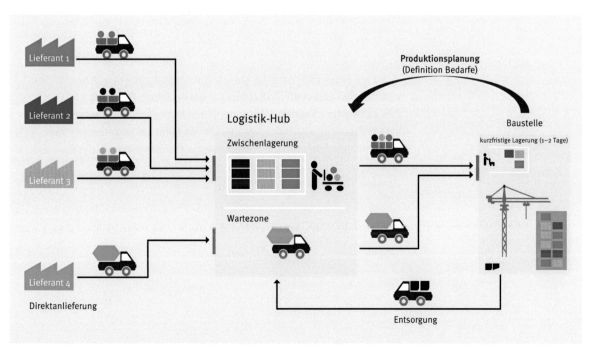

Abb. 4–60 Optimierung der Supply Chain auf der Baustelle

BAUEN MIT BAUMANAGEMENT UND NEUEN LEAN-METHODEN

Wenn ein Projektmanager die Abläufe auf der Baustelle qualifiziert planen, koordinieren und steuern will, muss er die einzelnen Gewerke, ihre Zusammenhänge und Besonderheiten beherrschen. Dabei geht es mehr um Prinzipien und Ausführungsalternativen denn um Einzeldetails und Berechnungsverfahren. Die Managementleistungen während der Bauausführung werden auf der Steuerungsebene durch die Methoden des Lean Construction Managements in effektiver Weise ergänzt.

5.1 Die Phasen der Bauabwicklung

5.1.1 Baustellenvorbereitung und Baustelleneinrichtung

Vor dem Beginn der eigentlichen Arbeiten ist bei Großbauvorhaben zunächst eine Infrastruktur zu schaffen (siehe Abb. 5–1).

Abstimmung mit Behörden
Um seine Baustelle später reibungslos abwickeln zu können, muss der Bauleiter während der ganzen Bauvorbereitungsphase eine große Anzahl von Einzelpunkten mit den beteiligten Behörden abstimmen. Dazu gehört unter anderem:

– Verkehrsführung (eventuell Einbahnverkehr)
– Verkehrsbelastung durch Baustellenfahrzeuge
– Straßensperrungen
– Leitungs- und Straßenbau der Behörden

Dies sollte nicht dem Rohbauunternehmer allein überlassen werden, da dadurch viel Zeit verloren gehen kann.

Bauzaun
Die erste Arbeit muss stets die Sicherung des vorgesehenen Geländes durch einen Bauzaun (Maschendraht, Bretter o. Ä.) mit festen Ein- und Ausfahrtstoren sein, um das Betreten der Baustelle durch Unbefugte und die damit verbundene Unfallgefahr zu verhindern.

Herrichten des Geländes
Nach Erhalt der Baufreigabe (Roter Punkt) für die Abbrucharbeiten wird mit dem Abbruch und der Beseitigung von bestehenden Gebäuden, Bäumen, Unrat usw. begonnen. Falls erhaltenswerte Bäume oder Baumgruppen auf dem Grundstück stehen, so sind diese durch massive Holzabsperrungen gegen Beschädigung zu sichern (Baumsicherung).

Umlegen von Leitungen, Neuverlegen von Hauptleitungen
Falls aus den Leitungsbestandsplänen oder durch Baugenehmigungsauflagen bekannt wird, dass öffentliche

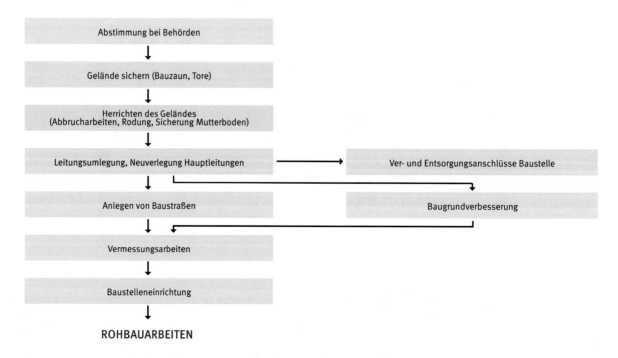

Abb. 5–1 Ablauf Herrichten und Erschließen der Baustelle

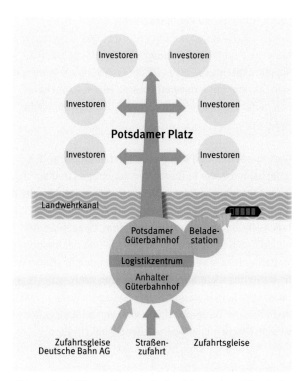

Abb. 5–2 Logistikkonzeption beim Großprojekt Potsdamer Platz Berlin

Baustraßen

Bei großen Baustellen werden anschließend an die Leitungsverlegung die Baustraßen gebaut. Baustraßen, die nur für Aushub und Rohbauarbeiten erforderlich sind, können als Schotterstraßen ausgeführt werden, alle übrigen, die auch für die Transporte der Gebäudetechnik und des Ausbaus erhalten werden müssen, sind als Asphaltstraßen auszuführen.

Baugrundverbesserungen

Falls sich aus dem Bodengutachten erforderliche Maßnahmen zur Verbesserung des Baugrunds ergeben haben, so sind diese entweder gleichzeitig mit oder nach den Baustraßen durchzuführen. Im Einzelnen unterscheidet man:

– Bodenaustausch
– Bodenverbesserung
– Verpressung des Untergrunds

Sind diese Methoden nicht ausreichend oder zu aufwendig, so wird evtl. die Gründungssohle tiefer gelegt oder eine spezielle Gründungsart gewählt (siehe bei Rohbauarbeiten).

Vermessung

Einmessen von Hauptvermessungspunkten (Referenzpunkten) als Grundlage für das Einmessen des Gebäudes durch den Unternehmer.

Baustelleneinrichtung

Dazu gehören alle Einrichtungen, die der Unternehmer zur Durchführung seiner Leistungen unter Beachtung der entsprechenden Vorschriften benötigt, wie z. B.:

– Transporteinrichtungen (Krane, Betonpumpen, Bauaufzüge)
– Mischanlagen mit Zufahrten oder Übernahmebehältern bei Fertigbeton
– Lagerplätze für Schalung, Bewehrung, Fertigteile, Mauersteine und sonstige Materialien
– Baracken für Bauleitung, Unterkünfte, Kantine und sanitäre Einrichtungen
– Baustromtrafos, Wasserhydranten

oder private Ver- und Entsorgungsleitungen im Baugrundstück verlegt sind, so ist umgehend die erforderliche Verlegung – oft auch Stilllegung – dieser Leitungen mit den Beteiligten abzustimmen und die Umlegung vorzunehmen. Bei großen, flächigen Baustellen empfiehlt es sich, hierbei auch sofort die künftigen Hauptversorgungs- und Entsorgungsleitungen bis zu Schächten in Gebäudenähe zu verlegen, um später nicht nochmals das Gelände außerhalb der Baugrube aufgraben zu müssen.

Ver- und Entsorgungsanschlüsse

Damit der Unternehmer nach Beauftragung schnell mit der Durchführung seiner Leistungen beginnen kann, empfiehlt es sich bei großen Baustellen, dass bereits Hauptanschlüsse für Baustrom und Bauwasser geschaffen werden und genügend Fläche für Lagerplätze und Wohnmöglichkeiten bereitgestellt wird.

Die erforderlichen Flächen stehen allerdings bei Innenstadtbaustellen meist nicht zur Verfügung. Bei sehr großen Projekten geht der Baustellenbereich weit über den eigentlichen Bauplatz hinaus. So wurden beispielsweise beim Projekt Potsdamer Platz externe Baustraßen und Brücken zu einem externen Logistikcenter mit Bahn- und Schiffsanschluss gebaut, um das öffentliche Verkehrsnetz nicht zu belasten (siehe Abb. 5–2).

Es empfiehlt sich deshalb, dass vom Projektmanagement vor der Ausschreibung ein Baustellenleitplan erstellt wird, auf dem die mögliche Infrastruktur der Baustelle eingeplant ist. Dieser Baustellenleitplan ist als Grundlage für die Ausschreibung der Baustellenerschließung, des Rohbaus und für die Erstellung eines realistischen Rahmenterminplans unverzichtbar.

5.1.2 Rohbau und Raumabschluss

Das erste Paket in der Baudurchführung ist der Rohbau mit Raumabschluss, das heißt die Erstellung der konstruktiven Struktur mit einer wetterfesten Hülle. Dabei kann man in der Regel von folgendem Ablauf ausgehen (siehe Abb. 5–3):

Aushubarbeiten und Baugrubenverkleidungsarbeiten
Zunächst muss der Mutterboden abgetragen und auf den dafür vorgesehenen Flächen gelagert werden. Anschließend beginnen die eigentlichen Aushubarbeiten entsprechend dem Aushubplan bis zum Grobplanum. Danach werden mit kleineren Geräten das Feinplanum und der Aushub für Fundamente und Versorgungsleitungen durchgeführt. Wo die Baugrube nicht abgeböscht werden kann, weil sie zu tief ist oder kein Platz vorhanden ist (Innenstadt), müssen die Seiten der Baugrube durch eine Verkleidung gehalten werden. Hierzu gibt es verschiedene Möglichkeiten:

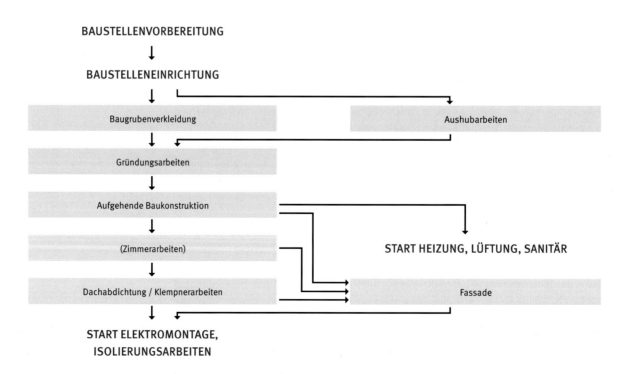

Abb. 5–3 Ablauf Rohbau und Außenhaut

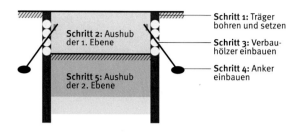

Abb. 5–4 Ablaufschema Berliner Verbau

– Berliner Verbau mit Rückverankerung (für
normale Belastung und Bauten mit Arbeitsraum
(siehe Abb. 5–4))
– Bohrpfahlwand mit Rückverankerung (für hohe
Belastung, Sicherung von Nachbargebäuden)
– Schlitzwand (für Bauten, bei denen der Verbau
zugleich Tragwand oder zumindest Schutzwand
für die Isolierung sein soll (siehe Abb. 5–5))

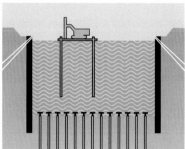

Schritt 1:
Aushub bis oberhalb Grundwasserspiegel und
Einbau der Schlitzwände mit Injektionsankern

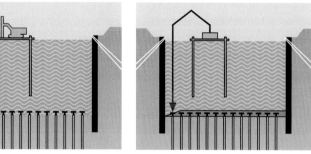

Schritt 2:
Aushub der Baugrube bis zu einer Tiefe von
ca. 20 m im Unterwasseraushubverfahren

Schritt 3:
Einbau von Abtriebsankern zur Sicherung
der Unterwasser-Betonsohle

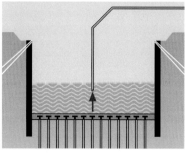

Schritt 4:
Elastische Betonsohle aus Stahlfaserbeton

Schritt 5:
Grundwasser wird aus der dicht um-
schlossenen Baugrube abgepumpt

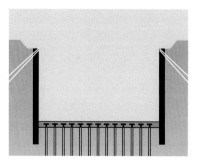

Schritt 6:
Herstellung der Untergeschosse aus
wasserdichtem Beton

Abb. 5–5 Baugrube mit Schlitzwand und Unterwasserbeton (Unterwasseraushub)

– Spundwand mit Wirkung wie Bohrpfahlwand,
jedoch gerammt (sehr teuer). Die Spundwand wird
für Baugruben des Hochbaus kaum verwendet.

Die Aushubleistung ist grundsätzlich von folgenden
Parametern abhängig:
– Größe der Baugrube (je größer, desto mehr Leistung)
– Tiefe der Baugrube (je tiefer, desto aufwendiger)
– Bodenbeschaffenheit
– Transportentfernung zur Deponie und Verkehrssituation
– Notwendigkeit eines Baugrubenverbaus
– Art des Baugrubenverbaus
– Anforderungen an das Planum

Abb. 5–6 Herstellen der Bodenplatte

Besondere Anforderungen werden bei Aushubarbeiten
im Grundwasser gestellt. In Abb. 5–5 wird ein Unterwasseraushub am Beispiel eines großen Bauvorhabens
in Berlin gezeigt.

Gründungsarbeiten
Wenn auf einer genügend großen Fläche (ca. 400 m²)
die Baugrubensohle fertiggestellt ist, kann mit den
Fundamenten und Entwässerungsleitungen begonnen
werden. Fundamente und Entwässerungsleitungen haben im Ablauf fast immer gegenseitige Abhängigkeiten,
sodass sie von der Ausführungszeit her parallel eingeplant werden müssen (Sonderfälle beachten!). Oft sind
auch parallel zu den Fundamenten betonierte Bodenkanäle, Aufzugsunterfahrten (Hydraulikstempel), Brun-

nen o. Ä. einzubauen. Nach der Fertigstellung dieser
Bauteile werden die entstandenen Hohlräume verfüllt
(z. B. mit Siebschutt). Danach wird eine Sauberkeits-
schicht aufgebracht und darauf die bewehrte Bodenplatte eingebaut (siehe Abb. 5–6). Mindestens drei
Wochen vor Beginn der Fundamentarbeiten müssen
die vollständigen, geprüften Planunterlagen vorliegen.
Dazu gehören insbesondere:

– Fundamentschalplan (mit Fundament-Erder)
– Entwässerungsplan
– Fundamentbewehrungsplan (mit Anschlussbewehrung
für Stützen und Wände)
– Schalplan Untergeschoss

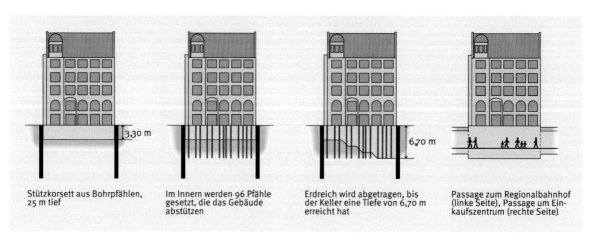

Stützkorsett aus Bohrpfählen,
25 m tief

Im Innern werden 96 Pfähle
gesetzt, die das Gebäude
abstützen

Erdreich wird abgetragen, bis
der Keller eine Tiefe von 6,70 m
erreicht hat

Passage zum Regionalbahnhof
(linke Seite), Passage um Ein-
kaufszentrum (rechte Seite)

Abb. 5–7 Aushub unter einem bestehenden Gebäude mit Gründung und Ausbau

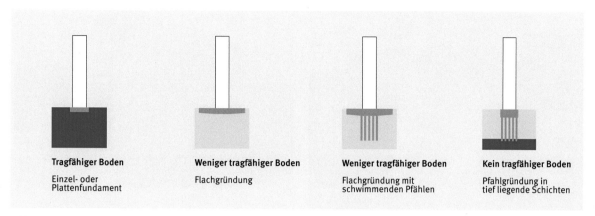

Abb. 5–8 Alternative Gründungsverfahren im Hochhausbau

– Bewehrungsplan Untergeschoss (wenn Bodenkanäle
usw. vorhanden sind)

Sondergründung mit Unterfangung: Ein spezieller Fall
sind Unterfangungen von Gebäuden mit nachträglichem
Ausbau, vor allem, wenn dies noch im Grundwasser
erforderlich ist, wie z. B. beim Weinhaus Huth am Potsdamer Platz in Berlin (siehe Abb. 5–7).

Hochhausgründungen: Das Konzept einer Hochhaus-
gründung wird neben den Baugrundverhältnissen vor
allem durch Randbedingungen bestimmt wie Grundstücksgröße, Nachbarbebauung, zentrische oder
exzentrische Lage der aufgehenden Konstruktion zur
Gründung (siehe Abb. 5–8).

Die einfachste und wirtschaftlichste Lösung ist eine
Flachgründung, sofern in geringer Tiefe ausreichend

tragfähige Bodenschichten vorhanden sind. Neben der
klassischen Pfahlgründung, die die Bauwerkslasten auf
eine tiefer liegende tragfähige Bodenschicht ableitet,
werden „schwimmende Pfahlgründungen" vorgesehen,
wenn weniger tragfähige Bodenschichten mit großer
Mächtigkeit anstehen. Bei derartigen kombinierten
Pfahl-/Plattengründungen, die z. B. bei einem Baugrund
wie dem Frankfurter Ton zum Einsatz kommen, werden
die Bauwerkslasten anteilig von der Fundamentplatte
und den Pfählen angetragen. Da die Pfähle ihre Lastan-
teile in tiefere Bodenschichten einleiten, kann hierdurch die Gesamtsetzung deutlich reduziert werden,
was gleichzeitig auch das Risiko einer Gebäudeschief-
stellung mindert. Während bei reinen Flachgründungen
an Hochhäusern in Frankfurt Setzungen von bis zu
30 cm beobachtet werden, kann die Setzung auf 10 cm
bis 15 cm reduziert werden, wenn für 30 bis 50 % der
Bauwerkslast zusätzlich Pfähle angeordnet werden.

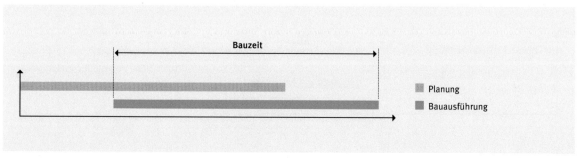

Abb. 5–9 Fertigung mit Stahlbeton, Mauerwerk, Mischbauweise

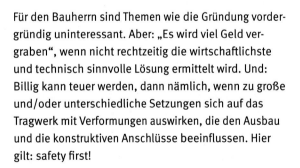

Abb. 5–10 Ortbetonbauweise

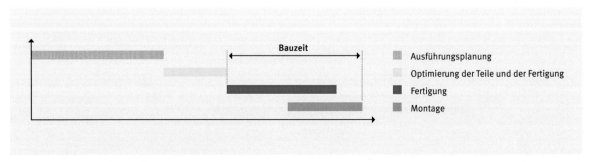

Abb. 5–11 Stahlbetonskelettbau

Für den Bauherrn sind Themen wie die Gründung vordergründig uninteressant. Aber: „Es wird viel Geld vergraben", wenn nicht rechtzeitig die wirtschaftlichste und technisch sinnvolle Lösung ermittelt wird. Und: Billig kann teuer werden, dann nämlich, wenn zu große und/oder unterschiedliche Setzungen sich auf das Tragwerk mit Verformungen auswirken, die den Ausbau und die konstruktiven Anschlüsse beeinflussen. Hier gilt: safety first!

Aufgehende Baukonstruktion
Beim konstruktiven Rohbau unterscheidet man im Wesentlichen nach folgenden Fertigungsarten:

– Ortbetonbauweise
– Mauerwerksbau
– Mischbauweise (Stahlbeton – Mauerwerk)
– Fertigteilbauweise
– Stahlbau

Abb. 5–12 Rohbau mit Betonfertigteilen oder Stahlbauelementen

Abb. 5–13 Stahlmontagebau

Bei großen öffentlichen Bauwerken und Verwaltungsgebäuden hat sich vor allem die Ortbetonbauweise, z. T.
vermischt mit Mauerwerksbau, durchgesetzt. Im Groß-
wohnungsbau, soweit er noch stattfindet, herrschen
Mischbauweise oder Mauerwerksbau vor (siehe Abb.
5–9 bis 5–11). Diese Bauweisen ermöglichen eine
relativ große Überlappung von Ausführungsplanung und
Baudurchführung, da die Festlegung von Aussparungen,
Schlitzen und Anschlussteilen jeweils direkt vor der

Ausführung der Einzelabschnitte erfolgen kann. In der
Regel sind diese Bauteile auch eher unempfindlich
gegenüber späteren Änderungen (zusätzliche Durchbrüche, Bohrungen usw.). Die Ausführungsdauer ist
allerdings relativ lang.

Die *Fertigteilbauweise und der Stahlbau* finden sich vorzugsweise bei Industriebauten. Die Art der Fertigung hat
insbesondere Einfluss auf den Ablauf von Planung und
Bauausführung. Um preislich konkurrenzfähig zu sein,
müssen Stahlbetonfertigteile bzw. Stahlbauelemente
rechnerisch sehr exakt dimensioniert werden; auch ist
die Anzahl der verschiedenartigen Elemente möglichst
zu begrenzen (siehe Abb. 5–12, 5–13 und 5–14).

Dies ist nur möglich, wenn die Ausführungsplanung
komplett abgeschlossen ist, sodass eine Optimierung
aller Elemente erfolgen kann. Da zudem gleiche Elemente in einer Fertigungsreihe hergestellt werden müssen
(Umstellung von Schalungen bzw. Maschinen), ist zusätzlich eine Optimierung der Fertigungsreihenfolge in
Abstimmung auch mit dem Montageablauf erforderlich.

Daraus folgt ein relativ großer Planungsvorlauf bei diesen
Verfahren, der überdies sehr gut abgesichert sein muss,
da spätere Änderungen nur noch mit hohem Aufwand
möglich und nach Montage praktisch ausgeschlossen
sind. Die eigentliche Montagezeit ist allerdings extrem
kurz, was bei entsprechenden äußeren Umständen
ausschlaggebend sein kann (siehe Abb. 5–12).

Im Industriebau können diese Verfahren aufgrund der
relativ einfachen Gebäudestrukturen in der Regel gut
angewendet werden.

Hochhauskonstruktionen: Eine bei niedrigen Gebäuden
zu vernachlässigende Belastung ist der mit zunehmender Höhe eines Gebäudes ansteigende Winddruck. Bei
Messungen in Frankfurt wurden z. B. am Main Tower in
51 m Höhe und bei der Commerzbank in 275 m Höhe die
Windgeschwindigkeiten über einen längeren Zeitraum
gemessen. Dabei zeigte sich, dass die Höhe von 51 m
noch stark von der Stadt beeinflusst ist und geringere
Windgeschwindigkeiten aufweist. Der Messpunkt bei
275 m Höhe entspricht dagegen der freien Landschaft.

Abb. 5–14 Hoher Vorfertigungsgrad beim Stahlmontagebau

Man kann sich ein Hochhaus im Prinzip als eingespannten Stab vorstellen. An diesem Stab greift der Wind an und würde ohne ausreichende Aussteifung hohe Biegemomente und eine Verformung des Stabes bewirken. Dieser Verformung wird durch Aussteifungen entgegengewirkt, die durch unterschiedliche Maßnahmen hergestellt werden können (siehe Abb. 5–15).

Die erste Entwicklungsperiode wurde von Stockwerksrahmen in Stahlbauweise geprägt, die zum Teil durch nicht tragende massive Fassaden versteift wurden. Am bekanntesten sind das in dieser Bauweise hergestellte Chrysler Building und das Empire State Building mit immerhin 381 m Höhe. Der Nachteil dieses Systems ist der bei größerer Höhe immense konstruktive Aufwand, der überdies die Nutzbarkeit der Grundrisse stark einschränkt. Typisch ist die stufenweise zurückgesetzte Bauweise bei größeren Höhen. In Deutschland wurden die Stockwerksrahmen bei Gebäuden bis ca. 40 Geschossen durch gegliederte oder miteinander gekoppelte Stahlbetonscheiben hergestellt.

Die aufwendige Herstellung und die Einschränkung in der Nutzung haben in der Folge zur Kernaussteifung geführt. Bei diesem System übernimmt der Gebäudekern als Hohlkasten die gesamte Aussteifung, in der Regel in Stahlbeton- oder Verbundbauweise. Der große Vorteil dieser Bauweise liegt in der großen Freiheit der Grundriss- und Fassadengestaltung, auch was die äußere Kontur anbelangt. Allerdings ist die reine Kernaussteifung durch die relativ geringen Abmessungen in der Höhe auf 120 m bis max. 170 m begrenzt.

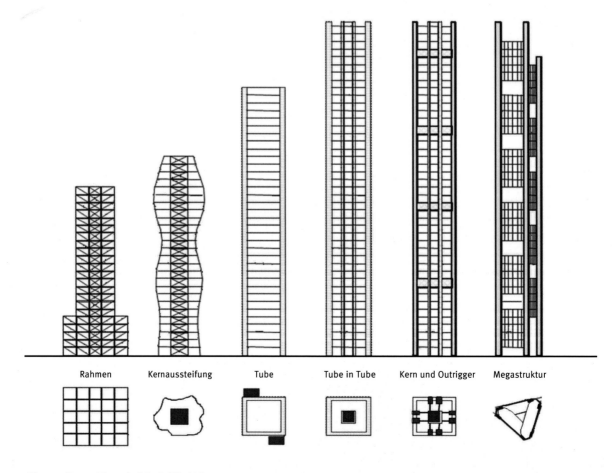

| Rahmen | Kernaussteifung | Tube | Tube in Tube | Kern und Outrigger | Megastruktur |

Abb. 5–15 Konstruktionsprinzipien bei Hochhäusern

DIE PHASEN DER BAUABWICKLUNG

Für höhere Gebäude wurden daher die sogenannten Tube-Systeme (Tube = Röhre) entwickelt, die den Hohlkasten in die Fassadenebene verlegen, wodurch geometrisch eine sehr viel größere Steifigkeit entsteht. Der Hohlkasten wird entweder durch den räumlichen Rahmen einer Lochfassade oder durch relativ eng stehende Stützen mit Querriegeln gebildet. In der Steifigkeit verhält sich dieses System gegenüber der Kernaussteifung wie ein dickes Rohr gegenüber einem dünnen. Der Nachteil des Tube-Systems liegt in der Forderung, dass der Baukörper in der Höhe nicht gegliedert werden kann (Beispiel: früheres World Trade Center in New York oder Amoco in Chicago). Auch die Zugänglichkeit in den Eingangsebenen bildet ein konstruktives Problem, da der enge Stützenabstand aus den Obergeschossen über aufwendige Abfangkonstruktionen aufgenommen und in die Gründung geleitet werden muss.

Eine Weiterentwicklung bilden die Tube-in-Tube-Systeme, in denen sowohl der Kern als auch die Fassade als Hohlkasten ausgebildet werden, was die Schubverformung des Systems stark reduziert. Die Lastverteilung zwischen Kern und Fassade liegt etwa je bei der Hälfte, was sich positiv auf die wirtschaftliche Bemessung der Bauteile auswirkt. Beim Tube-in-Tube ist das Tragsystem der inneren und äußeren Röhre völlig entkoppelt, was für die Nutzung des Innenraums größtmögliche Freiheit bietet (Beispiel: Messeturm Frankfurt und World Financial Center in Shanghai mit 460 m).

Eine weitere Entwicklung für Gebäude mit großen Bauhöhen ist das Kern-Outrigger-System (Outrigger = Ausleger). Dieses Tragwerk besteht aus wenigen Megastützen im Fassadenbereich und dem Kern, mit dem die Megastützen in den Technikgeschossen schubsteif verbunden sind. Durch die Beschränkung der Verbindung auf die Technikgeschosse ist die Nutzung in den Bürogeschossen weiterhin uneingeschränkt möglich bei gleichzeitiger Erhöhung der Steifigkeit des Gesamtsystems (Beispiel: Jin Mao Building, Schanghai).

Schließlich gibt es noch das Prinzip der sogenannten Megastrukturen, bei denen ein stockwerksübergreifendes Rahmensystem mit Megastützen kombiniert wird. Das erste anerkannte Beispiel dieser Tragwerksform war die Bank of China in Hongkong, bei der die Kopplung der Megastützen über ein Riesenfachwerk sowohl in der Fassade als auch in den Grundriss-Diagonalen erfolgt. Aktuelles Beispiel ist die Commerzbank in Frankfurt, wo die Megastützen durch mehrgeschossige Vierendeel-Träger schubfest verbunden sind.

Die maximal möglichen Höhen dieser Konstruktionsprinzipien scheinen bis heute nicht erreicht. Ausführungsreife Entwürfe für über 1.000 m hohe Gebäude liegen vor – ob das sinnvoll ist, mag bezweifelt werden.

Bauverfahren: Grundsätzlich unterscheidet man bei den Bauverfahren Beton- und Stahlkonstruktionen. Bei den sehr hohen Gebäuden in den USA werden meist etwa zwei Geschosse pro Woche in Stahl montiert. Dabei sind sämtliche Teile bereits in der Werkstatt als Segmente geschweißt vorgefertigt. Auf der Baustelle werden möglichst nur Schraubverbindungen benutzt. Bei den Stahlbetonbauten in Deutschland wird in der Regel meist nur etwa ein Geschoss pro Woche erreicht, wobei man die ganzen Baugeschwindigkeiten allerdings stets im Zusammenhang mit dem möglichen Ausbau sehen muss. Der Bauzeitersparnis wird in den USA offensichtlich eine höhere Bedeutung zugemessen als z. B. in Deutschland, wobei dies natürlich sehr stark davon abhängig ist, inwieweit eine Nutzung des Gebäudes unmittelbar nach Fertigstellung überhaupt gewährleistet ist. Bezüglich der Decken haben sich Verbundkonstruktionen durchgesetzt, bei denen das Umsetzen der Deckenschalung entfällt und so ein weiterer Transportvorgang eingespart werden kann.

Insgesamt ist festzuhalten, dass bei den derzeit in Deutschland und Europa verwendeten Bauverfahren in den Normalgeschossen eine durchschnittliche Produktionszeit von einem Geschoss pro Woche angesetzt werden kann.

Beim Messeturm in Frankfurt wurde allerdings mit einem besonders abgestimmten Verfahren zwischen Gleitschalung der Kerne und einer Kletterschalung an den Außenwänden eine Baugeschwindigkeit von ca. 1,5 Geschossen pro Woche im Normalbereich erreicht.

5.1.3 Dachkonstruktionen

Zimmerarbeiten

Zunehmend werden auch bei Großbauten wieder geneigte Dächer eingesetzt, sodass die Zimmerarbeiten stark an Bedeutung gewonnen haben. Die Leistungen erstrecken sich im Wesentlichen auf:

– Erstellen der Unterkonstruktion
– Erstellen von Dachschalungen und Artikeln

Bei bestimmten Objektarten wie Turnhallen, Schwimmbädern und Großversammlungsräumen werden auch ganze Konstruktionen als Zimmerseiten durchgeführt wie:

– Wandkonstruktionen
– Decken- und Dachträger und -binder

Diese Konstruktionen werden meist in Form von verleimten Stützen, Trägern und Bindern ausgeführt, häufig in Verbindung mit Stahlseil-Abspannungen.
Hinweise zur Ablaufplanung:

– Vor Beginn der Zimmerarbeiten müssen sämtliche Anschluss- und Auflagerpunkte des konstruktiven Rohbaus die rechnerische Festigkeit aufweisen
– Die Dacheindichtung soll unmittelbar an die Zimmerarbeiten anschließen, um ein zu großes Durchfeuchten der Holzkonstruktion zu verhindern

Dachabdichtungs- und Klempnerarbeiten

Diese beiden Gewerke müssen aufgrund ihrer engen Verflechtungen zusammen durchgeführt werden; am besten werden sie in einem LV ausgeschrieben. Man unterscheidet Flachdächer und geneigte Dächer.

Flachdächer: Flachdächer werden heute in der Regel nur noch als Warmdächer ausgeführt. Dies ist zum einen wirtschaftlicher, zum anderen sind die Materialien bei richtiger Auswahl heute standfester geworden.

Bei einem *Warmdach* in Normalausführung liegt die Dachhaut direkt auf der Betondecke auf. Um eine Durchfeuchtung der Isolierung von unten zu verhindern, ist deshalb eine Dampfsperre notwendig (siehe Abb. 5–16).

Die Ausführung mit Schaumglasaufbau ist etwas teurer, aber auch dauerhafter und weniger unterhaltungsaufwendig. Diese Ausführung sollte immer gewählt werden, wenn statt der Kiesschüttung ein begehbarer Plattenbelag oder eine Dachbegrünung vorgesehen ist.

Wird das Dach nicht begangen, so kommt auch das Prinzip des „Umkehrdachs" zur Ausführung, bei dem die Dichtungsebene unter der Isolierung liegt. Diese ist dann aus extrudiertem Polystyrol mit einer Systemzulassung auszuführen (siehe Abb. 5–17).

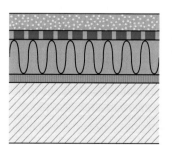

Kiesschüttung oder
Begrünung
Abdichtung

Wärmedämmung
(Polyurethan, Schaumglas,
Polystyrol, Mineralfaser)
Dampfsperre

Betondecke

Abb. 5–16 Flachdach als Warmdach

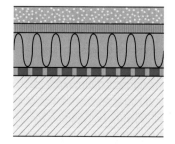

Kiesschüttung
(als Auflast erforderlich)
Trennlage

Wärmedämmung
(extrudiertes Polystyrol
mit Systemzulassung)
Abdichtung

Betondecke

Abb. 5–17 Flachdach als Kaltdach (Umkehrdach)

Geneigte Dächer: Im Gegensatz zum Flachdach werden geneigte Dächer fast immer als Kaltdächer mit einem Zwischenraum zur Luftzirkulation (Hinterlüftung) ausgeführt (siehe Abb. 5–18).

Wichtig ist bei Flachdächern auch die Ausbildung der Randabschlüsse mit dem Übergang zur Fassade. Dafür kommt eine der in der Abbildung gezeigten Möglichkeiten infrage (siehe Abb. 5–19).

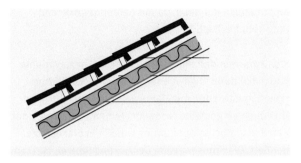

Abb. 5–18 Ziegeldach als Kaltdach

Am Beispiel eines Ziegeldachs kann gezeigt werden, wie unter der eigentlichen Dachhaut (Ziegel) ein Luftraum besteht. Obwohl bei Kaltdächern durch die Hinterlüftung im Prinzip keine Dampfsperre notwendig ist, wird sie in der Regel aus Sicherheitsgründen eingebaut. Notwendig ist eine Dampfsperre auch beim Kaltdach über klimatisierten Räumen wegen des hohen Dampfdrucks.

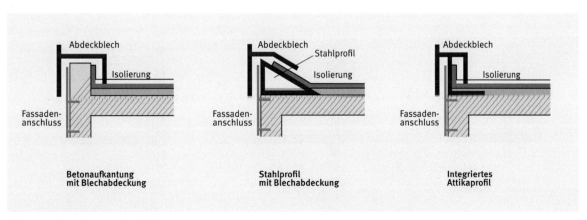

Abb. 5–19 Alternative Attika-Ausbildungen

5.1.4 Fassaden

Herkömmliche Fassaden

Die Fassade schließt die vertikalen Teile der Gebäude-hülle durch geschlossene (opake) und belichtete (transparente) Flächen ab. Im Wohnhausbau sind gemauerte oder betonierte Lochfassaden mit tragender Funktion im Verbund mit Fenstern aus Holz, Kunststoff oder Aluminium üblich. Im Bürohausbau überwiegen nicht tragende, vorgefertigte Fassaden aus Metall oder Holz, bei denen die geschlossenen und die belichteten Flächen eine konstruktive Einheit bilden.

Grundsätzlich kann man die Fassaden nach ihrer Funktion unterscheiden in:
– tragende Fassaden
– nicht tragende Fassaden

Die *tragenden Fassaden* sind in aller Regel aus Mauer-werk oder Stahlbeton erstellt, sie dienen im System mit den eingebauten Fenstern gleichzeitig zur Lastabtra-gung der Decken und als Witterungsschutz. Sie werden laufend im Rohbaufortschritt erstellt und später verputzt oder verkleidet.

Nicht tragende Fassaden haben als einzige Funktion den Witterungsschutz und können daher unabhängig vom konstruktiven Rohbau mit einem gewissen Nachlauf ein-gebaut werden. Man unterscheidet die nicht tragenden Fassaden nach ihrer Lage (siehe Abb. 5–20).

Lage vor den Stützen und Decken: Diese Fassade wird auch als Vorhangfassade bezeichnet, sie umhüllt das gesamte Gebäude in seinen vertikalen Raumabschlüs-sen und übernimmt sämtliche bauphysikalischen Funktionen. Sie wird in aller Regel als Metallfassade mit integrierten Fenstern und Sonnenschutzanlagen ausgeführt. Die Montage erfolgt nach Abschluss des konstruktiven Rohbaus, da die Gefahr der Beschädi-gung sehr hoch ist.

Lage zwischen den Stützen und Decken: Diese Variante wird meist dann angewendet, wenn eine Stahlbeton-Skelettkonstruktion mit Mauerwerk „ausgefacht" wird. Aber auch eingestellte Fassadenelemente aus Holz oder Metall in einfacher Ausführung werden in dieser Lage montiert. Die Stirnseiten der Decken und Stützen müssen in diesen Fällen gesondert gedämmt werden. Die Mon-tage der Fassade kann dem konstruktiven Rohbau in relativ kurzem Abstand nachgezogen werden. Die Beschä-digungsgefahr ist reduziert.

Lage hinter den Stützen: Die Fassade ist in diesem Fall deutlich hinter den Stützen zurückgesetzt. Diese Konstruktionsweise ergibt zum einen unnötig große Stützweiten, zum anderen entstehen im Bereich der Durchstoßkomponente Kältebrücken, die ein aufwendi-ges „Einpacken" der außerhalb der Fassade liegenden Konstruktionsteile erfordern. Die Montage kann unmit-telbar nach dem Ausschalen einer Decke erfolgen. Eine Beschädigungsgefahr besteht durch die zurückgesetzte Lage praktisch nicht.

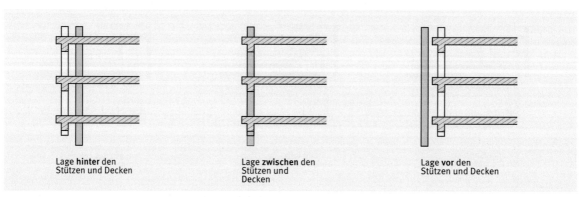

Lage **hinter** den Stützen und Decken

Lage **zwischen** den Stützen und Decken

Lage **vor** den Stützen und Decken

Abb. 5–20 Alternative Fassadenebenen

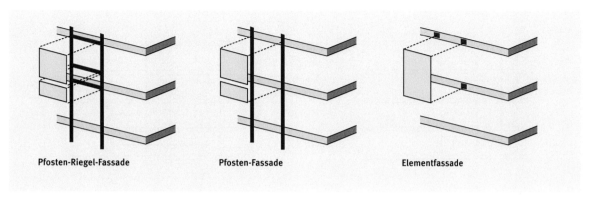

Pfosten-Riegel-Fassade   Pfosten-Fassade   Elementfassade

Abb. 5–21 Alternative Konstruktionsarten von Fassaden

Konstruktion: Auch hinsichtlich der Konstruktion kann man eindeutige Unterscheidungen treffen (siehe Abb. 5–21):
Pfosten-Riegel-Konstruktion: Die Fassadenunterkonstruktion besteht aus senkrechten Pfosten und waagerechten Riegeln. Dadurch können kleinteilige Elemente verwendet werden. Durch den geringen Vorfertigungsgrad können auch kleine Metallbaufirmen diese Konstruktionen anbieten. Die Montagegeschwindigkeit ist relativ gering.

Pfosten-Konstruktion: Bei der Unterkonstruktion entfallen die waagerechten Bauteile, sodass die Elemente größer sein müssen. Dadurch steigt der Vorfertigungsgrad, und die Montagegeschwindigkeit ist um 20 % bis 30 % höher. Bei dieser Konstruktionsart liegt der Grenzbereich kleiner Metallbaufirmen, die im Auftragsfall die Elemente meist fremd beziehen und nur montieren.
Elementkonstruktion: Fassadenelemente sind voll vorgefertigte Bauteile, die als Ganzes über Ankerplatten direkt am Tragwerk befestigt werden. Die erforderliche Steifigkeit kann nur durch besondere Konstruktionen erreicht werden, z. B.:

– integrierte Rahmen
– Formung bzw. Profilierung der Blechtafeln
– Ausbildung von Scheiben

Die Herstellung solcher Elemente in guter Qualität beherrschen nur wenige spezialisierte Hersteller mit eigener Ingenieurabteilung. Die Ankerplatten werden im Ablauf des konstruktiven Rohbaus mit eingebaut. Die Montagegeschwindigkeit der Elemente ist ca. fünf- bis sechsmal höher als bei einer Pfosten-Riegel-Konstruktion.

Montageablauf: Die Fassadenbauer bevorzugen eine Montage von oben nach unten oder umgekehrt, da die Elemente bei diesem Ablauf einfacher auszurichten sind (siehe Abb. 5–22).

Häufig muss jedoch bei hohen Gebäuden die Fassade dem Rohbau nachgezogen werden, sodass sich eine Horizontalmontage nicht vermeiden lässt (siehe Abb. 5–23).

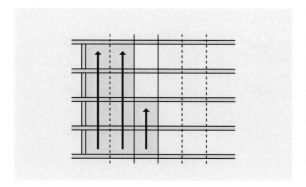

Abb. 5–22 Fassadenmontage vertikal

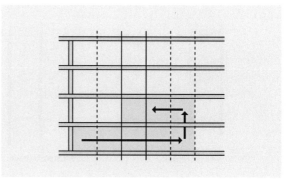

Abb. 5–23 Fassadenmontage horizontal

Im Einzelnen ist beim Ablauf Folgendes zu beachten:

- Eingestellte Fassaden und Mauerwerk können dem Rohbau bei entsprechenden Schutzmaßnahmen direkt nachgezogen werden (Abstand drei bis vier Geschosse).
- Mit der Montage von vorgehängten Metallfassaden soll erst begonnen werden, wenn die Rohbauarbeiten darüber abgeschlossen sind (ausgenommen Unterkonstruktion).
- Für die Fassadenmontage von Leichtfassaden müssen Gerüste gestellt werden (Vorsicht bei darunterliegenden Dächern, diese dürfen vor Abbau des Gerüsts nicht endgültig isoliert werden, da Beschädigungsgefahr).
- Leichtfassaden mit sog. Putzbalkonen können ohne Gerüst montiert werden.
- Bei tragenden Mauerwerksfassaden mit Verkleidung (Putz, Schiefer, Metallklinker) können zunächst die Fenster mit Verglasung eingesetzt werden, die Fassadenverkleidung kann nachlaufen (Zeitvorteil).
- Schweißarbeiten im Randbereich (z. B. Heizung) müssen wegen Beschädigungsgefahr vor Beginn der Verglasung abgeschlossen sein.
- Falls nach Terminplan keine rechtzeitige Verglasung möglich ist, muss im Rohbau-LV eine provisorische Folienverglasung vorgesehen werden.

Hochhausfassaden

Mitentscheidend für die Gesamtbauzeit ist der Nachlauf der Fassadenmontage zum Rohbau. Schnelle Durchlaufzeiten werden hier im Wesentlichen dadurch erreicht, dass man die Fassaden als Komplettelemente vormontiert und aus dem Inneren des Gebäudes heraus mit speziellen Laufkatzkrananlagen ohne Außengerüst befestigt. Die Fassadenelemente werden dazu komplett mit Fenstern und Außenbekleidung sowie den notwendigen Trennwand- und Deckenanschlüssen versehen. Selbst Natursteinbekleidungen und Heizkörperverkleidungen werden in die Elemente vor der Montage integriert.

Hightech- und Energiefassaden

Die Fassade eines umwelt- und klimagerechten Hauses wird in der Zukunft variabel – also jahres- und tageszeitabhängig – der Witterung anpassbar sein. Sie wird durch eine verbesserte Nutzung und intelligente Steuerung der Energieströme aus Licht und Wärme den Energieverbrauch deutlich reduzieren und gleichzeitig die Behaglichkeit in den Räumen unserer Gebäude spürbar verbessern.

Zu den variablen Fassaden gehören in erster Linie molekulare Fassadensysteme mit elektrochromen und thermochromen Gläsern, Fotovoltaik-Zellen, holografische Schichten, aber auch doppelschalige Fassaden. Während bei den molekularen Fassadensystemen wirtschaftliche Konzepte aller Voraussicht nach in nächster

Zukunft nicht realisierbar sein werden, besteht bei einer doppelschaligen Fassade bereits heute die Chance, wirtschaftliche Lösungen zu entwickeln, sofern bestimmte Randbedingungen gegeben sind.

Bei einer doppelschaligen Fassade wird vor eine konventionelle Fassade eine zweite – hinterlüftbare – Schale aus Sicherheitsglas angeordnet. Es gibt also eine Außen- und eine Innenfassade. Zwischen Innen- und Außenfassade befindet sich in der Regel ein beweglicher Sonnenschutz. Die Fenster der Innenfassade sind meist zu öffnen, sodass eine natürliche Be- und Entlüftung der Räume über den Fassadenzwischenraum grundsätzlich

Abb. 5–25 Hochhausfassaden mit natürlicher Lüftung

möglich ist. Dabei soll die Außenluft in der unteren Hälfte des Fensters in den Raum einströmen, verbrauchte Luft in der oberen Hälfte aus dem Raum abströmen (siehe Abb. 5–24 bis 5–25).

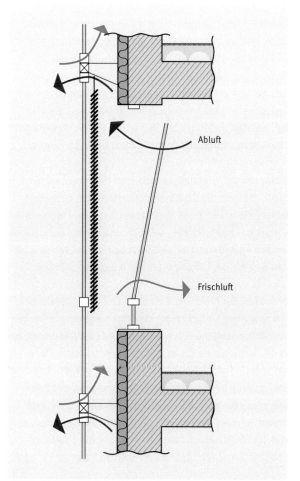

Abluft

Frischluft

Abb. 5–24 Prinzip einer doppelschaligen Fassade mit natürlicher Lüftung

5.1.5 Technische Gebäudeausrüstung

Die einzelnen Gewerke der technischen Ausrüstungen werden in den folgenden Kapiteln erläutert.

Folgende Gruppierung kann vorgenommen werden (siehe Abb. 5–26):

Die vier ersten Gruppen werden im allgemeinen Sprachgebrauch auch als „HLKKS"(„Heizung, Lüftung, Klima, Kälte, Sanitär")-Gewerke bezeichnet und sind eng verknüpft mit der Gebäudeautomation.

Ganz andere Anforderungen werden an die drei nächsten Gewerkegruppen, die „Elektro- und Fernmeldeanlagen", sowie an die Förderanlagen gestellt. Da es sowohl bei der Planung als auch bei der Montage und Steuerung unzählige Schnittstellen zwischen den einzelnen Gewerken gibt, wird häufig eine Bündelung in Form von Arbeitsgemeinschaften angestrebt – in der Regel aber mit Ausnahme der Förderanlagen.

Einen Standardablauf, der stets angewendet werden kann, gibt es in dieser Form nicht. Vielmehr hängt es im Einzelfall von den Komponenten der technischen Ausrüstung und ihren Verflechtungen mit dem Ausbau ab, wie die Arbeiten im Einzelnen ablaufen. Einige Grundregeln treten jedoch mit großer Wahrscheinlichkeit bei den meisten Abläufen auf und werden anhand eines Verwaltungsgebäudes in Abb. 5–27 dargestellt.

Bevor mit den Installationsarbeiten begonnen werden kann, müssen die Stahlbetonarbeiten über dem zu installierenden Geschoss abgeschlossen sowie eine provisorische – aber sichere – Abdichtung erfolgt sein. Diese beiden Anforderungen sind absolute Voraussetzung für den Beginn der Lüftungs- und Aufzugsgrobmontage.

Bevor mit der Elektroverkabelung und den Isolierarbeiten sowie der Unterkonstruktion für abgehängte Decken begonnen wird, muss jede Möglichkeit von Wassereintritt in den Arbeitsbereich ausgeschlossen werden. Dazu sollte grundsätzlich die Dachisolierung aufgebracht und die Fassade in den betreffenden Bereichen geschlossen sein sowie alle wasserführenden Leitungen abgedrückt werden. Andernfalls sind sehr kostenintensive Wasserschäden nicht auszuschließen, die zudem erhebliche Terminverzögerungen nach sich ziehen können.

HLKKS (Heizung, Kälte, Lüftung, Klima, Sanitär) und Gebäudeautomation		
WÄRME- UND KÄLTE- VERSORGUNG	Wärme- und Kälteerzeugungssysteme	
	Verteilnetze	
	Wärme- und Kälteübergabesysteme	
RAUMLUFT- TECHNIK (KLIMA)	Natürliche Lüftungssysteme	
	Lüftungsanlagen	
	Klimaanlagen	
GAS-, WASSER-, ABWASSERANLAGEN (SANITÄR)	Wasseranlagen	
	Abwasseranlagen	
	Feuerlöschanlagen	
	Gasanlagen	
GEBÄUDE- AUTOMATION	Automationssysteme	
	Leitzentrale	
	Sicherheit	

Starkstrom-, Fernmelde- und Förderanlagen		
STARKSTROM- ANLAGEN (ELEKTRO)	Hoch- und Mittelspannungsanlagen	
	Niederspannungsanlagen	
	Eigenstromanlagen	
	Beleuchtungsanlagen	
FERNMELDE- UND IT-ANLAGEN (SCHWACHSTROM)	Gefahrenmeldeanlagen	
	Telekommunikationsanlagen	
	Übertragungsnetze	
FÖRDER- ANLAGEN	Aufzüge	
	Fahrtreppen	
	Transportanlagen	

Abb. 5–26 Gewerke der technischen Ausrüstung

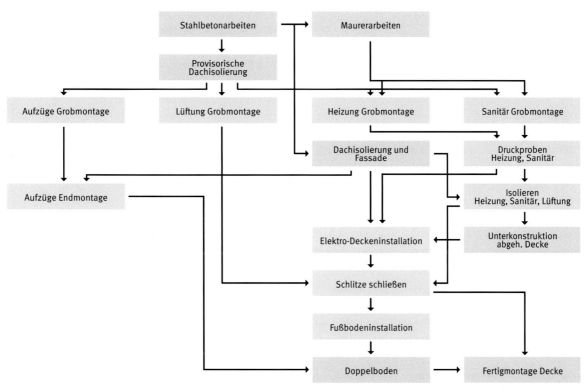

Abb. 5–27 Schemaablauf technische Ausrüstung

Nach dem Isolieren und dem Verlegen der Elektrohaupt-
trassen können schließlich die Wandschlitze und Decken-
durchbrüche geschlossen werden. Erst danach darf
mit den eigentlichen Endausbauarbeiten wie Fußbodeninstallation, den Bodenbelagsarbeiten sowie dem
Schließen der abgehängten Decke begonnen werden.

Bei Gebäuden mit vielen Geschossen – vor allem bei
Hochhäusern – wird man nicht warten können, bis die
Stahlbetonarbeiten abgeschlossen sind, sondern beispielsweise nach vier bis fünf Geschossen die Decken-
öffnungen provisorisch abdichten und dann mit der
Grobmontage beginnen (siehe Abb. 5–28). Die Stahlbetonarbeiten müssen wegen der meist erforderlichen
temporären Deckenabstützungen mindestens zwei bis
drei Geschosse über dieser Abdichtungsebene laufen.

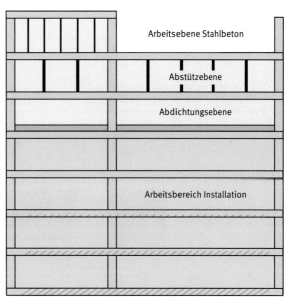

Abb. 5–28 Ausbauabschnitte bei hohen Gebäuden

5.1.6 Wärme- und Kälteversorgung

Heizung
Die Heizungssysteme in Hochbauten lassen sich in zwei wesentliche Anwendungsbereiche unterscheiden:

– *Wärmeübergabe durch Heizkörper und Flächenheizsysteme*, durch die die Wärme direkt an den Raum über Strahlung oder Konvektion übertragen wird, z. B. Heizkörper, Fußbodenheizung, Decken- oder Wandheizflächen (thermische Betonkernaktivierung, kombinierte Heiz-Kühldecken, Kapillarsysteme).
– *Wärmeübergabe durch Luftheizsysteme*, mit denen Wärme indirekt über ein Luftkanalsystem oder direkt über ein Umluftheizgerät dem Raum ausschließlich über Konvektion zur Verfügung gestellt wird.

Heizkörper: Am gebräuchlichsten ist der Einsatz von Heizkörpern im fassadennahen Bereich. Bei Raumkonditionierungskonzepten mit Fensterlüftung kann auch heutzutage nicht auf einen fassadennahen Heizkörper mit konvektiver und strahlender Wärmeabgabe verzichtet werden, der nach der Fensterlüftung im Winter die Raumluft wieder rasch auf behagliche Werte erwärmt.

Flächenheizsysteme wie z. B. Fußbodenheizung, Deckenheizung (thermische Betonkernaktivierung bzw.

kombinierte Heiz-Kühldecke) oder Wandheizung setzen sich immer mehr durch. Sie zeichnen sich durch niedrige Vorlauftemperaturen aus, ergeben meist eine günstige Raumtemperaturverteilung und erzeugen somit eine hohe Behaglichkeit. Niedrige Raumheizlasten aufgrund hochwertiger Gebäudedämmung sowie fortschrittlicher Fassadentechnik (Dreifach-Verglasung und thermisch getrennte Rahmenkonstruktionen) ermöglichen in Kombination mit maschinellen Lüftungssystemen einen vollständigen Verzicht auf fassadennahe Heizkörper. Ein weiterer Vorteil von Flächenheizsystemen ist, dass sie im Sommer auch als Kühlflächen genutzt werden können.

Luftheizsysteme werden heutzutage nur noch für Räume verwendet, die eine begrenzte Nutzungsdauer haben (Messehallen, Veranstaltungsflächen, Ausstellungsbereiche) oder die geringe Behaglichkeitsanforderungen aufweisen (Lagerbereiche, Werkstätten, Torschleier). Generell sind Luftheizsysteme energetisch nicht sinnvoll, da Luft als Wärmeübertragermedium schlecht geeignet ist (geringe spezifische Wärmekapazität). Es muss viel Energie für die Luftförderung aufgewandt werden, um eine definierte Heizlast zu decken. Wassergeführte Heizsysteme wie Heizkörper oder Flächenheizsysteme benötigen spezifisch weniger Förderenergie, um die gleiche Wärmemenge über Warmwasser zur Verfügung zu stellen.

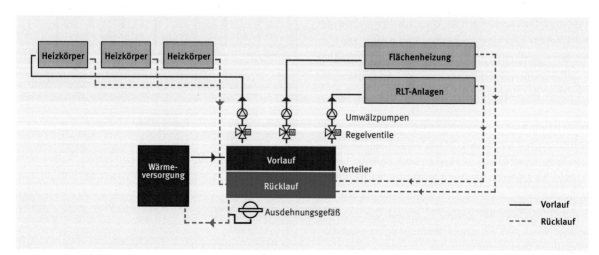

Abb. 5–29 Prinzip einer Zweirohrheizung

In der *Wärmemedienverteilung* hat sich die Pumpen-warmwasserheizung durchgesetzt. Das energieeffizien-teste Verteilprinzip ist dabei das Zweirohrsystem als Niedertemperaturheizung. In Bestandsgebäuden werden dabei teilweise noch Vorlauftemperaturen von 75 °C ver-wendet – in Neubauten und sanierten Gebäuden hin-gegen werden reduzierte Vorlauftemperaturen von 60 °C bis 40 °C realisiert. Dadurch wird die Energieeffizienz moderner Wärmeerzeugungssysteme wie Wärme-pumpen, Pellet-Heizkesseln und Gas-Brennwertgeräten erheblich verbessert sowie Verteilverluste wurden reduziert.

Bei Zweirohrverteilsystemen werden alle Verbraucher-gruppen „parallel" geschaltet und können an eine gemeinsame Wärmeerzeugung und Hauptverteilung angeschlossen werden. Jede Verbrauchergruppe, wie z. B. Heizkörper, Flächenheizsysteme oder Heizregister von Lüftungsanlagen, hat eine getrennte Vor- und Rück-laufleitung zur Hauptverteilung. Dadurch können die erforderlichen Vorlauftemperaturen und Temperatur-spreizungen jeder Verbrauchergruppe über Regelventile angepasst werden (siehe Abb. 5–29).

In modernen Gebäuden, die als Green-Buildings aus-geführt werden, kommen für die Wärmeerzeugung fast ausschließlich Systeme zum Einsatz, die mit regenerati-ven Energiequellen arbeiten (Wärmepumpen in Kombi-nation mit Geothermie, Solarthermie, Pelletheizung). Dadurch werden CO_2-Einsparziele erreicht, Betriebs-kosten reduziert und die gesetzlichen Vorgaben (Energie-einsparverordnung) eingehalten. Konventionelle Wärm-erzeugungsanlagen dürfen nur noch als sogenannte „Brennwert-Geräte" zur Deckung von Spitzenlasten ein-gesetzt werden. Eine Sonderstellung nimmt hier die Fern-wärme ein, die meist aufgrund der Erzeugung mittels Müll, Holzabfällen oder aus industrieller Abwärme ener-getisch mit niedrigsten Primärenergieaufwandszahlen bewertet wird.

Kälte

Die Kältetechnik hat sich in den letzten Jahren von der Lüftungs- und Klimatechnik emanzipiert. Die Systeme werden analog zur Heizungstechnik konzipiert und umge-setzt. Wie bei der Heizungstechnik wird die Übergabe der Kälteleistung an den Nutzungsbereich über Flächenkühl-systeme und Luftkühlsysteme bewerkstelligt. Interessant ist, dass Flächenheizsysteme wie thermische Betonkern-aktivierung, Heiz-Kühldecken oder Fußbodenheizung jeweils auch für die Raumkühlung herangezogen werden können. Dies führt zu einer Verbesserung der Wirtschaft-lichkeit dieser Systeme. Ein Sonderfall des Einsatzes von Kühlsystemen ist die direkte Kühlung von Anlagen. Dies findet vor allem in der EDV (direktgekühlte Computer-Racks und CPU's), in Laborbereichen und in der Produktion statt (Maschinenkühlung über Kaltwasser).

Als Energieträger ist bei der Kälte- wie bei der Heizungs-technik das Wasser als wesentliches Medium vorherr-schend. Je nach Anwendungsfall kann es dabei zu einer Beimischung von zusätzlichen Stoffen wie Glykol kom-men, um Medientemperaturen von unter 0 °C für Tief-kühlanwendungen (Kühl- und Tiefkühlräume) zu ermög-lichen. Daneben gibt es Systeme, die direkt das für die Kälteerzeugung benötigte Kreislaufmedium verteilen. Diese sind als Direktverdampfersysteme, Split- und Multisplit-Geräte sowie als Kleinkälteanwendungen z. B. im Gastrobereich bekannt.

Die hydraulische Verteilung des Kaltwassers erfolgt in ge-nau den gleichen Systemen wie bei der Heizung. In der Kältetechnik werden jedoch die Verbraucher mit unter-schiedlichen Anforderungen an die Vorlauftemperatur an unterschiedliche Erzeugungssysteme angeschlossen. So benötigt z. B. die Raumlufttechnik für die Entfeuch-tung von Außenluft Vorlauftemperaturen von 6 bis 7 °C. Kühldecken, Umluftkühlgeräte oder die Betonkern-aktivierung können aber mit Vorlauftemperaturen von 15 bis 18 °C betrieben werden. Dadurch lassen sich ener-getische Vorteile bei der Kaltwassererzeugung ausnutzen, die nachfolgend noch beschrieben werden.

Bei Verteilsystemen der Kältetechnik ist zu beachten, dass aufgrund der niedrigen Temperaturen immer die Gefahr von Kondensation besteht. Daher müssen die Verteilnetze, je nach Vorlauftemperatur, mit einer dampf-diffusionsdichten Isolierung versehen werden.

a) Flächenkühlsysteme
Kühldecken

Kühldecken bestehen, je nach Fabrikat, aus wasser-
durchflossenen Kühlregistern aus Kupferrohren oder
Kunststoffrohrmatten, die in eine abgehängte Deckenkonstruktion integriert sind. Diese Deckenkonstruktion
kann als Gipsputzdecke, Metall-Paneeldecke oder als
offene Rasterdecke ausgebildet sein. Kühldecken
können als großflächige, geschlossene Decken oder
als „Segel" direkt über dem Arbeitsbereich vorgesehen
werden (siehe Abb. 5–30).

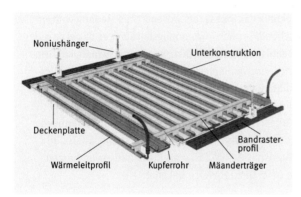

Abb. 5–30 Beispiel einer Kühldecke (5:10), Quelle Zent-Frenger

Kühldecken ermöglichen die Erzielung einer hohen
Behaglichkeit, eines hohen akustischen Komforts sowie
eine rasche Regelung bei sich verändernden Kühllasten.

Die hohe Behaglichkeit wird vor allem dadurch erreicht,
dass die Kühllastabfuhr gegenüber den Nutzern über
Strahlung und nicht über Konvektion erfolgt. Konvektion,
das heißt die damit verbundene Bewegung von Luft, führt
oft zu Zugerscheinungen. Bei geschlossenen Kühldecken
hingegen beträgt der Anteil der Kühlleistung über Strahlung bis zu 90 %. Die Konvektion ist nahezu vernach-
lässigbar. Werden Kühldecken hingegen als Kühlsegel
ausgeführt, so kann durch die offene Deckenkonstruktion um das Segel herum zusätzlich eine Luftbewegung
entstehen. Dies erhöht die Leistungsfähigkeit der Kühldecke durch konvektive Leistung erheblich. Es muss aber
hierbei beachtet werden, dass es nicht zu Zugerschei-

nungen kommt. Dies kann während der Planung z. B.
durch eine Strömungssimulation nachgewiesen werden.

Ein weiterer Vorteil der Kühldecke ergibt sich daraus,
dass die Raumlufttemperatur bei gleicher Empfindungs-
temperatur 1 bis 2 Kelvin höher sein kann. Damit muss
die Zulufttemperatur bei maschineller Lüftung nicht so
tief abgesenkt werden oder es kann bei Fensterlüftung
eine höhere Außenlufttemperatur kompensiert werden.

Die gute Regelbarkeit von Kühldecken ergibt sich aus der
geringen Masse der Kühldecke. Sie ist ein flinkes Raum-
konditionierungssystem. Die Regelung der Raumtemperatur erfolgt wasserseitig, z. B. über Thermostatventile.
Dabei muss vermieden werden, dass Heiz- und Kühlsysteme sich gegenseitig kompensieren – das heißt, es
muss z. B. eine Verriegelungsfunktion gegenüber Heizkörpern in der Gebäudeautomation eingerichtet werden.
Kühldecken werden vermehrt als Heiz-Kühldecken ausgeführt und über Vierleiter-Systeme mit Wasser versorgt.
Hierfür gibt es inzwischen sogenannte 6-Wege-Kugel-
hähne, mit denen eine Verriegelung der Heiz- und Kühl-
funktion mechanisch sichergestellt ist.

Die Vorlauftemperatur von Kühldecken beträgt zwischen
17 und 19 °C. Damit lässt sich z. B. das Kühlwassertempe-
raturniveau nutzen, wie es über Geothermie, Flusswasser,
Brunnennutzung oder den reinen Einsatz von Rückkühl-
werken erreichbar ist. Damit ist eine energetisch sehr
günstige Raumkühlung erzielbar. Werden Kühldecken zusammen mit Fensterlüftung eingesetzt, so müssen über
Taupunktwächter eine Vorlauftemperaturregelung und
eine Abschaltfunktion realisiert werden, damit es durch
Kondensation nicht zu Feuchteschäden kommt. Beim
Einsatz maschineller Lüftung mit Entfeuchtungsfunktion
kann dies weitgehend vermieden werden.

Technische Daten:
– Kühlleistung geschlossene Gipskartondecke:
  ca. 50 bis 60 W/m²
– Kühlleistung geschlossen Metallkassettendecke:
  ca. 70 W/m²
– Hochleistungskühldecke mit Konvektivanteil /
  Kühlsegel: ca. 90 bis 120 W/m²

Vorteile:
- sehr gute thermische Behaglichkeit
- geringer Raumbedarf für Technikinstallation
- niedrige Energiekosten
- geringe Instandhaltungskosten
- variable und hohe Kühlleistungen
- einfache Raumtemperaturregelung
- gute Raumakustik durch Akustikmaßnahmen über Deckenoberfläche

Nachteile:
- hohe Investitionskosten
- Überwachung der Taupunkttemperatur zur Vermeidung von Kondensatbildung

Thermische Betonkernaktivierung

Kühldeckensysteme haben zwar aus den oben genannten Gründen viele Vorteile, die hierfür aufzuwendenden Kosten sind jedoch hoch. Eine weitaus preiswertere Möglichkeit der behaglichen Raumkühlung bietet seit einigen Jahren die Thermische Betonkernaktivierung, auch Thermisch Aktive Bauteil-Systeme (TABS) genannt. Dabei werden die von kühlem Wasser durchflossenen Rohre nicht mehr in abgehängten Decken integriert oder unter der Rohdecke eingeputzt, sondern in der Mitte der Stahlbetondecke einbetoniert (siehe Abb. 5–31). Hierzu werden in der Regel hochwertige vernetzte Kunststoffrohre verwendet, die mäanderförmig in Abständen von 15 bis 30 cm verlegt werden (siehe Abb. 5–32). Statisch bedingte Tabuzonen (z. B. im Bereich der Durchstanzbewehrung bei Flachdecken) sind zu beachten.

Infolge der großen Speichermasse des Betons ist eine direkte Regelung der Raumtemperatur nicht möglich. Daher werden die Kunststoffleitungen mit gesteuerten Wassertemperaturen zwischen ca. 20 °C (Kühlperiode) und ca. 26 °C (Heizperiode) durchflossen.

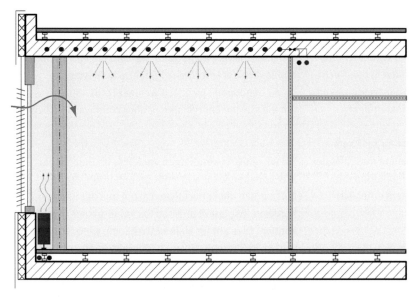

Abb. 5–31 Thermische Betonkernaktivierung

Abb. 5–32 Betonkernaktivierung: Flexrohre in Beton eingelegt

Der Beton dient damit dem Raum als Puffer, der entweder Wärme aufnimmt (Kühlperiode) oder abgibt (Heizperiode). Über das Medium Wasser wird der Betonkern dabei laufend „regeneriert". Wichtig ist, die Steuerung der Vorlauftemperaturen über Simulationen während der Planungsphase und durch anschließende Betriebserfahrungen so zu parametrisieren, dass es bei kurzfristig auftretenden Raumlasten oder Wetterumschwüngen zu keiner Unterkühlung oder Überhitzung der Räume kommt.

Durch die weitgehend konstante Oberflächentemperatur der Stahlbetondecke findet über den Strahlungsaustausch mit der Umgebung eine selbstständige Leistungsregelung statt. Die damit erzielbare Kühlleistung beträgt – je nach Verrohrung und Vorlauftemperatur – ca. 20 bis 40 W/m² aktiver Deckenfläche. Dies ist zwar deutlich niedriger als bei Kühldecken, es wird aber über die andauernde Wirkung der Kühlung auch in den Nachtstunden eine gute Beherrschung der Raumtemperaturen auch bei lang anhaltenden Hitzeperioden erreicht.

Die Thermische Betonkernaktivierung kann zur Raumkonditionierung mit Fensterlüftung oder mit maschineller Lüftung kombiniert werden. Bei der Kombination mit einer maschinellen Lüftung ist das System erheblich leistungsfähiger.

Technische Daten:
– Kühlleistung ca. 20 bis 40 W/m²
– Heizleistung bis 30 W/m²

Vorteile:
– sehr gute thermische Behaglichkeit
– geringer Raumbedarf für Technikinstallation
– niedrige Energiekosten
– geringe Instandhaltungskosten
– geringer Aufwand für Regelung

Nachteile:
– Einschränkung der architektonischen Deckengestaltung
– Träges System, keine Einzelraumregelung möglich
– Anforderungen an Raumakustik können nur eingeschränkt umgesetzt werden
– Es wird ein „Bohrkonzept" für die Befestigung von Apparaten anderer Gewerke an der Decke benötigt.

b) Luftkühlsysteme

Für die Kühlung von Räumen können auch Anlagen eingesetzt werden, die anfallende Kühllasten über „gekühlte" Luft abführen. Dabei kommen wie bei der Luftheizung kanalgeführte Systeme mit zentralen Lüftungsgeräten oder aber lokale Umluftkühlgeräte zum Einsatz. Luftkühlsysteme kommen heutzutage fast nur noch für Räume in Betracht, die eine begrenzte Nutzungsdauer haben (Messehallen, Veranstaltungsflächen, Ausstellungsbereiche, Ladengeschäfte) oder die geringe Behaglichkeitsanforderungen aufweisen (Lagerbereiche, Werkstätten, Torschleier). Generell sind Luftkühlsysteme energetisch nicht sinnvoll, da Luft als Wärmeübertragermedium schlecht geeignet ist (geringe spezifische Wärmekapazität). Es muss viel Energie für die Luftförderung aufgewandt werden, um eine definierte Kühllast zu decken. Wassergeführte Kühlsysteme (s. o.) benötigen spezifisch weniger Förderenergie, um die gleiche Energiemenge über Warmwasser abzuführen.

Für einzelne Anwendungen vor allem im Bereich der EDV kommen lokal weiterhin Umluftkühlgeräte zum Einsatz, um die konvektiven Lasten aus der Rechnerhardware (Warmluft aus den Racks) direkt abführen zu können. Dies gilt für kleine EDV-Räume wie z. B. Stockwerksverteilräume wie auch für große Rechenzentren. Jedoch auch hier gibt es Tendenzen, die Luftkühlung durch z. B. direkte Maschinenkühlung zu unterstützen oder zu ersetzen.

Systeme zur Raumkonditionierung, die auf der Umluftkühlung basieren wie Fassadenumluftkühlgeräte und Fan-Coil-Geräte (siehe Abb. 5–33) oder zusätzlich mit einer zusätzlichen Lüftungsfunktion ausgestattet sind (Induktionsgeräte), entsprechen nicht mehr dem Stand der Technik und sollten aus energetischen Gründen sowie Anforderungen an die Behaglichkeit weitgehend vermieden werden. Teilweise werden für spezielle Anwendungen in Laboren, Fernsehstudios und bei hohen lokal auftretenden Kühllasten noch Systeme mit Induktionsfunktionen eingesetzt. Dies sind jedoch Ausnahmefälle.

Kaltes oder „kühles" Wasser kann durch mehrere Verfahren erzeugt werden:

- Maschinelle Kälteerzeugung mittels Kaltdampf-Kompressions-Prozess
- Maschinelle Kälteerzeugung mittels Absorptions- oder Adsorptions-Verfahren
- Kühlwassererzeugung über Rückkühlwerke
- Nutzung natürlicher Temperatursenken wie oberflächennähe Geothermie, Brunnenwasser, Flusswasser, Meerwasser (regenerative Energiequellen)

Kaltdampf-Kompressions-Prozess: Dies ist der am weitesten verbreitete Prozess, der durch einen elektrisch betriebenen Verdichter (Kompressor) angetrieben wird. Bei diesem Prozess durchläuft das Kältemittel Gas-Flüssigkeits-Zustände, indem Wärme aufgenommen und abgegeben wird (Beispiel Kühlschrank siehe Abb. 5–34).

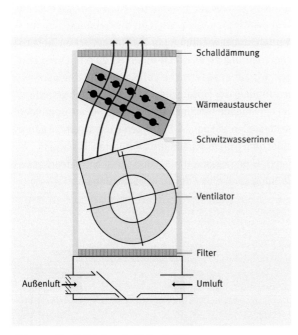

Abb. 5–33 Fan-Coil-Anlage (5:6), Quelle LTG

Abb. 5–34 Kompressionskältemaschine mit Turboverdichter

c) Kälteerzeugung

Als Kälteerzeugung wird der Prozess bezeichnet, mit dem Wasser als Medium für Kühlanwendungen abgekühlt und die damit abgeführte Wärme an ein anderes System (z. B. Umwelt) abgegeben wird. Zudem kann auch direkt mit einem Kältemittel durch Direktverdampfung ohne das Zwischenschalten von Wasser als Medium gekühlt werden. Dies wird bei Split- und Multisplit-Geräten sowie bei Kleinkälteanlagen im Gastrobereich durchgeführt.

Kaltdampf-Absorptions-Prozess: Dieser Prozess funktioniert nur mit einem Arbeitsstoffpaar (Kältemittel und Lösungsmittel). Der Prozess wird im Wesentlichen durch Wärmeenergie angetrieben. Der Kreislauf des Kältemittels mit den Gas-Flüssigkeits-Zuständen ist wie beim Kaltdampf-Kompressions-Prozess, mit dem Unterschied, dass das Lösungsmittel im „thermischen Verdichter" dem Kältemittel zugeführt (Absorption) und wieder getrennt (ausgetrieben) wird (siehe Abb. 5–35).

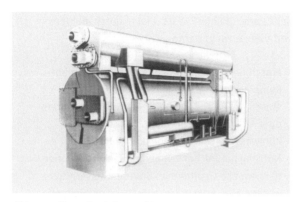

Abb. 5–35 Absorptionskältemaschine

Lamellen-Wärmetauscher noch mit Wasser besprüht werden. Dabei wird über die Verdunstungskälte eine weitere Abkühlung des Kühlwassers erreicht. Dieses Kühlwasser kann für die Rückkühlung von Kompressions- oder Absorptionskältemaschinen eingesetzt werden. Bei entsprechenden Außenlufttemperaturen kann das Kühlwasser auch direkt für Kühlzwecke eingesetzt werden. Insbesondere für Kühlsysteme mit hohen Vorlauftemperaturen wie Kühldecken, Betonkernaktivierung und Umluftkühlern kann zu vielen Zeitpunkten im Jahr eine direkte Versorgung erreicht werden. Dies wird dann freie Kühlung genannt (siehe Abb. 5–36).

Hierfür ist eine Heizwärme mit Temperaturen von über 90 °C erforderlich. Des Weiteren läuft dieser Prozess für die Kälteerzeugung für Klimaanlagen im Vakuum ab, deshalb ist für die Vakuumpumpe und für die Lösungsmittelumwälzung ein geringer Teil an Strombedarf erforderlich.

Kühlwassererzeugung über Rückkühlwerke:
Dieses Verfahren wird eingesetzt, um über Wärmetauscher warmes Wasser mithilfe der Außenluft abzukühlen. Zudem können die im Freien aufgestellten

Kühlwassererzeugung über regenerative Energiequellen:
Regenerative Energiequellen für die Gebäudekühlung werden immer wichtiger, um die energetischen Ziele bei der Errichtung eines Green-Buildings zu erreichen. Zudem wird über gesetzliche Vorgaben (Energieeinsparverordnung) der Einsatz dieser Energiequellen gefordert, um einen niedrigen Primärenergiebezug eines Gebäudes sicherstellen zu können. Durch den Einsatz von Erdwärmetauschern (oberflächennahe Geothermie bis 200 m Tiefe), Grundwasserbrunnen und Fluss- bzw. Meerwasserkühlung kann dies erreicht werden (siehe Abb. 5–37).

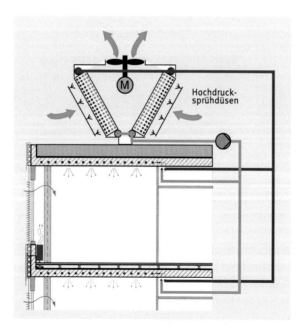

Abb. 5–36 Freie Kühlung über Rückkühlwerk

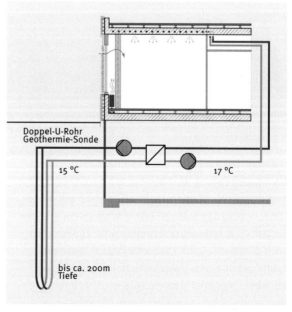

Abb. 5–37 Freie Kühlung über Geothermie

5.1.7 Raumluftanlagen

Die Lüftung von Nutzungsbereichen in Hochbauten dient zur Erreichung einer mit dem Nutzer vereinbarten Qualität der Raumluft (Indoor-Air-Quality, vgl. DIN 13779). In der Vergangenheit wurden über die Lüftungs- und Klimaanlagen vor allem auch Heiz- und Kühllasten der Nutzungsbereiche gedeckt bzw. abgeführt. Aufgrund der in den vorhergehenden Absätzen über die Heizungs- und Kältetechnik bereits beschriebenen energetischen Nachteile der Luftheizung bzw. -kühlung wird dies heutzutage meist vermieden. Ausnahmen stellen die auch oben beschriebenen Anwendungsfälle dar. Grundsätzlich kann ein Gebäude natürlich über Winddruck oder Thermik oder maschinell über Ventilatoren be- und entlüftet werden. Man spricht dann von natürlicher oder maschineller Lüftung (siehe Abb. 5–38).

Natürliche Lüftung: Die meisten Gebäude können bis zu einer Raumtiefe von 7,50 m über Fenster, Fassadenöffnungen oder Luftschächte natürlich be- und entlüftet werden. Die natürliche Lüftung hat aber ihre Grenzen. Diese können u. a. sein:

– Die Räume sind zu dicht mit Personen besetzt.
– Es sind zu hohe Verunreinigungslasten im Raum.
– Die Raumtiefe ist zu groß.
– Die energetischen Anforderungen werden aufgrund fehlender Wärmerückgewinnung verfehlt.

Maschinelle Lüftung: Die auch Zwangslüftung genannte Variante der Lüftungstechnik dient zur definierten Versorgung von Nutzungsbereichen mit festgelegten Luftmengen. Ein wesentlicher Vorteil dieser Technik besteht zudem in der damit möglichen Wärmerückgewinnung im Heiz- und Kühlfall zwischen Außen- und Fortluft. Ohne diese Funktion ist die Realisierung eines Niedrigenergie- oder Passivhauses nicht möglich. Maschinelle Lüftungsanlagen können mit unterschiedlichen Luftbehandlungsstufen wie Filtern, Heizen, Kühlen, Befeuchten und Entfeuchten ausgestattet sein.

Eine *raumlufttechnische Anlage* (RLT-Anlage), die all diese Behandlungsstufen umfasst und zudem noch konstante thermische Raumkonditionen garantiert, wird als Komfort-Klimaanlage bezeichnet. Der Stellenwert dieser Technik nimmt jedoch laufend ab. Wie oben beschrieben, werden die Funktionen Heizen und Kühlen für einen Raum inzwischen weitgehend von der Lüftungstechnik entkoppelt. Wichtiger ist eine integrierte Sicht auf das Zusammenspiel von Heiz-, Kühl- und Lüftungsfunktionen, um ein behagliches Raumklima und energetische Ziele zu erreichen. Grundlage hierfür bilden die mit dem Nutzer zuvor abgestimmten Anforderungen an das Gesamtsystem. Für die Planungs- und Baupraxis sinnvoll ist hingegen die Unterteilung in zentrale und dezentrale Lüftungssysteme (siehe Abb. 5–38).

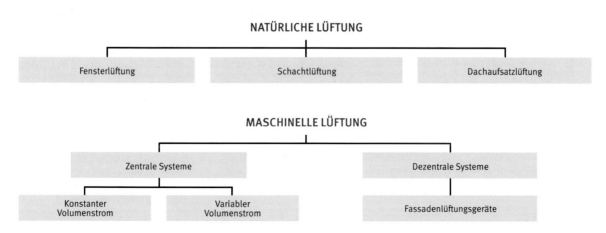

Abb. 5–38 Lüftungssysteme

a) Zentrale Lüftungssysteme

Zentrale Lüftungssysteme sind aus folgenden
Teilsystemen aufgebaut:
- zentrale Luftaufbereitungs- und Fördereinheit
  (Zentralgerät) in einer RLT-Technikzentrale,
- Zu- und Abluftkanalsystem,
- Apparate zur Luftein- und -abführung in und aus
  Räumen (Luftauslässe).

RLT-Technikzentrale: Die Abmessungen einer RLT-
Zentrale für ein Gebäude hängen von der für die Klima-
tisierung erforderlichen Luftmenge ab. Die Baulänge
von Zentralgeräten beträgt 8 bis 25 m, wobei die erforderliche Ausstattung mit den verschiedenen Aggregaten
für die Luftbehandlung eine Rolle spielt.

Die Breite eines Zentralgerätes liegt zwischen 1,5 und
3 m, abhängig von der Raumhöhe. Zusätzlich ist ein
Bedienungsgang vor dem Zentralgerät von 1,5 m
bis 3 m Breite bei der Raumplanung vorzusehen (siehe
Abb. 5–39).

Ein Apparateraum für kleine Anlagen sollte mindestens
2,5 m hoch sein. Bei mittleren und großen Anlagen sind
Raumhöhen bis zu 7 m üblich. Die Bodenbelastung in
einer Klimazentrale liegt bei 1000 bis 1500 kp/m².
Dabei sind bereits die Gewichte der Spezialfundamente
für die Ventilatoren und Pumpen berücksichtigt. Nicht
enthalten sind dagegen die Gewichte für gemauerte
oder betonierte Luftkammern sowie für die Betonplatte
bei einem schwimmenden Estrich.

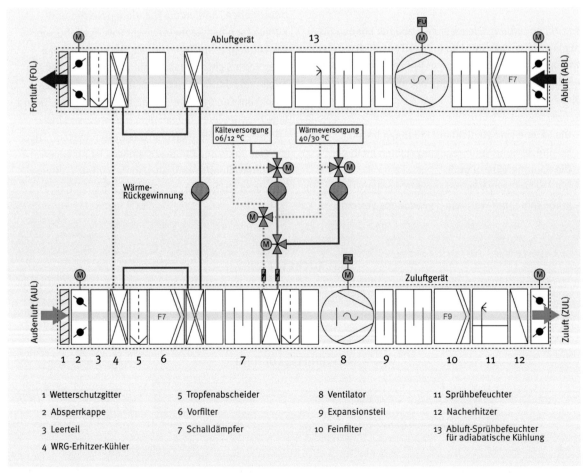

1 Wetterschutzgitter
2 Absperrkappe
3 Leerteil
4 WRG-Erhitzer-Kühler

5 Tropfenabscheider
6 Vorfilter
7 Schalldämpfer

8 Ventilator
9 Expansionsteil
10 Feinfilter

11 Sprühbefeuchter
12 Nacherhitzer
13 Abluft-Sprühbefeuchter
   für adiabatische Kühlung

Abb. 5–39 Prinzip eines RLT-Zentralgerätes

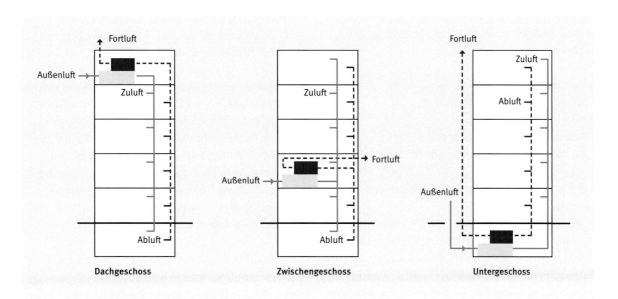

Abb. 5–40 Anordnungsmöglichkeiten von RLT-Zentralen

Anordnung der Zentrale: RLT-Zentralen können im Dachgeschoss, in einem Zwischengeschoss (häufig bei Hochhäusern) oder in einem Untergeschoss angeordnet werden. Sie werden meist in den Untergeschossen (Räume ohne Tageslicht) untergebracht. Dachzentralen haben im Allgemeinen den Vorteil, dass Außen- und Fortluft nicht durch das gesamte Gebäude geführt werden müssen. So können aufwendige Außen- und Fortluftbauwerke und Schächte vermieden werden (siehe Abb. 5–40).

Aufbau der Zentrale: Früher wurden die Komponenten meist in gemauerten oder betonierten Zentralen aufgestellt. Heute werden in der Regel Kastengeräte aus einzelnen Baugruppen je nach Anforderung zusammengestellt (siehe Abb. 5–41). Das Gehäuse der Kastengeräte besteht aus einem Profilstahlrahmen und einem darauf angebrachten zweilagig verzinkten Stahlblech mit dazwischenliegender Mineralfaserwolle zur Schall- und Wärmedämmung (siehe Abb. 5–42).

Abb. 5–41 Konventionelle Klimazentrale

Abb. 5–42 RLT-Gerät in Kastenbauweise (Quelle GEA)

Für die Inspektion und Wartung sind Türen eingebaut. In diese Geräte werden die jeweils benötigten Komponenten eingebaut, wie z. B.:

– Ventilatoren
– Wärmetauscher (Heizung, Kühlung)
– Filter
– Befeuchter und Mischkammem
– Wärmerückgewinner und Schalldämpfer

Dabei ist auf eine Einbringmöglichkeit der Geräte zu achten.

Zu- und Abluftkanalsystem: Über das Zu- und Abluftkanalsystem wird die aufbereitete Luft als Zuluft zu den Nutzungsbereichen transportiert und die „verbrauchte" Luft als Abluft wieder zum Zentralgerät zurückgefördert. Die Luftkanäle werden hierzu in Steigeschächten, abgehängten Decken, Doppelböden oder Hohlraumböden geführt. Bei der Durchdringung eines Brandabschnittes muss jeder Kanal immer mit einer Brandschutzklappe versehen werden. Im Kanalsystem selbst sind weitere Apparate für die Sicherstellung der Luftverteilung (Volumenstromregler, Absperrklappen, Schalldämpfer, Revisionsöffnungen) eingebaut. Die Abluftführung ist für die

Funktion der Lüftungsanlage unkritisch. Daher wird immer mehr dazu übergegangen, Abluft an wenigen Stellen zentral in Flurbereichen abzusaugen.

Luftauslässe: Für die Sicherstellung der Funktion einer Lüftungsanlage ist die richtige Wahl, Anordnung und Auslegung der Zuluftauslässe die kritischste Planungsaufgabe. Es muss entschieden werden, ob Räume über eine Mischlüftung (Drall- oder Schlitzauslässe an der Decke bzw. an der Wand) (siehe Abb. 5–43) oder über eine Quelllüftung (Luftführung über Bodenauslässe oder über Quellluftauslässe an der Wand) belüftet werden (siehe Abb. 5–44).

Zentrale Lüftungssysteme können als Konstant-Volumenstrom-Anlage (KVS-Anlage) oder als Variabel-Volumenstrom-Anlagen (VVS-Anlagen) ausgeführt werden. KVS-Anlagen kommen heutzutage nur noch bei Anlagen zum Einsatz, die für einen oder wenige Räume geplant sind, geringe Laufzeiten bzw. laufend konstante Anforderungen an die benötigten Luftmengen aufweisen. Dies ist z. B. auch bei Anlagen für Rechenzentren der Fall. Die meisten Lüftungsanlagen werden inzwischen aber als VVS-Anlagen konzipiert. Das Prinzip einer VVS-Anlage ist wie folgt:

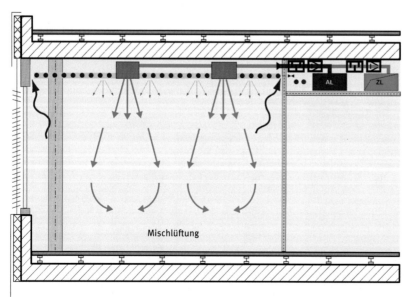

Abb. 5–43 Mischlüftung

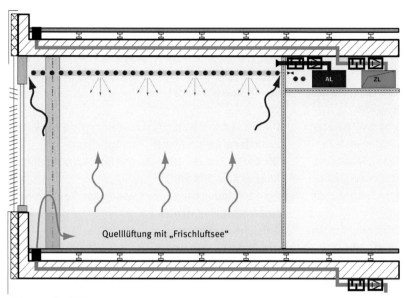

Quelllüftung mit „Frischluftsee"

Abb. 5–44 Quelllüftung

Der Luftvolumenstrom wird in den einzelnen Räumen den Erfordernissen einer variablen Belegung entsprechend angepasst. Dafür wird in den Nutzungsflächen die Luftmenge anhand von Sensoren (z. B. in Besprechungsräumen) auf die hygienisch notwendige Luftmenge bedarfsgerecht eingestellt. Der variable Luftvolumenstrom in der gesamten Lüftungsanlage, der sich aus der Summe der angeforderten Luftmengen der Einzelräume zusammensetzt, wird im jeweiligen Lüftungszentralgerät durch eine druckabhängige Ventilatorregelung mittels Frequenzumformung laufend nachgeführt. Grund für den Einbau einer VVS-Anlage ist eine erhebliche Energieeinsparung durch eine bedarfsabhängige Reduzierung der benötigten elektrischen Energie für die Luftförderung. In modernen Bürogebäuden werden ca. 30 % der elektrischen Energie für die Luftförderung aufgewandt!

Grundsätzlich sollte für die Regelung einer VVS-Anlage nur die variable Anforderung an die Luftqualität berücksichtigt werden. Eine Temperaturregelung über variable Volumenströme sollte aus energetischen Gründen vermieden werden. Hierzu sind zwingend andere Raumkonditionierungssysteme einzusetzen (Heizkörper, Flächenheiz- und Kühlsysteme, Umluftkühlsysteme). VVS-Anlagen sind bei verzweigten Luftkanalnetzen Stand der Technik.

Für die bedarfsabhängige Luftmengenregelung von Einzelräumen oder Gebäudezonen (Stockwerk, Großraumbereich) sind Sensoren und Aktoren notwendig. Sensoren für die Einstellung von Luftmengen können sein: Präsenzmelder, Luftqualitätsfühler oder manuelle Bedarfsanmeldungen (z. B. über Bedarfstaster oder Raumsteuerungstableaus). Als Aktoren müssen je Raum, Zone und Stockwerk sogenannte variable Volumenstromregler oder Absperrklappen eingebaut werden.

Über variable Volumenstromregler können Luftmengen stetig geregelt werden, über Absperrklappen hingegen kann die Luftmenge in Räumen nur ein- bzw. ausgeschaltet werden. Dies kann auch im Zusammenhang mit öffenbaren Fenstern erfolgen, bei deren Öffnung die Luftzufuhr über die maschinelle Lüftung mittels Klappen abgeschaltet wird. Volumenstromregler und Absperrklappen müssen immer in Zu- und Abluft eingebaut werden, um die Luftbilanz von Räumen oder Zonen ausbalancieren zu können. Ansonsten treten Zugerscheinungen durch zu hohen oder zu niedrigen Druck des Raumes auf. Eine saubere Einregulierung der Volumenstromregler während der Inbetriebnahmephase ist eine wesentliche Aufgabe des Lüftungsinstallateurs.

b) Dezentrale Lüftungssysteme

Zentrale Lüftungssysteme weisen mehrere wesentliche Nachteile auf:

- Für die Lüftungszentralen müssen großflächige und hohe Räume im Gebäude eingeplant werden.
- Für die Luftverteilung muss ein Kanalnetz vorgesehen werden, das in den Steigzonen und in den Installationsbereichen der Decken und Böden viel Raum einnimmt. Dadurch werden z. B. auch Stockwerkshöhen vergrößert. Dies macht sich vor allem bei Hochhäusern durch die Addition stark bemerkbar.
- Durch das weite und oft verzweigte Kanalnetz wird der energetische Aufwand für die Luftförderung hoch.

Zur Vermeidung dieser Nachteile können sogenannte dezentrale Lüftungssysteme eingesetzt werden. Diese Systeme werden direkt in den zu belüftenden Räumen eingebaut und versorgen sich mit einem Anschluss an die Fassade direkt mit der notwendigen Außenluft (vgl. Abb. 5–45). Die Systeme sind wie folgt aufgebaut:

- Außenluftanschluss an die Fassade
- Fortluftanschluss an die Fassade
- Jede dezentrale Einheit wird an die Wärme- und Kälteversorgung über ein Vierleiter-System angebunden.

- Die Luftfilterung, Heizung, Kühlung und Wärmerückgewinnung findet direkt im dezentralen Gerät statt.

Es ergeben sich jedoch auch Nachteile aus der dezentralen Technik:

- Die Effizienz der Wärmerückgewinnung ist erheblich niedriger als bei zentralen Lüftungsanlagen.
- Die Geräte können keine Be- und Entfeuchtung der Raumluft durchführen.
- Für die Wartung der Geräte muss immer der Nutzungsbereich betreten werden.
- Aufgrund der Vielzahl der Geräte ist der Wartungs- und Reparaturaufwand hoch.
- Die Durchdringung der Fassade mit vielen Außen- und Fortluftöffnungen ist gestalterisch schwierig und erhöht den Koordinationsaufwand mit der Fassadenplanung.
- Die Fertigung der Fassade wird teurer.

Diese Nachteile sind der Grund, warum sich die dezentrale Lüftungstechnik trotz ihrer Vorteile noch nicht großflächig durchsetzen konnte. Einsatzmöglichkeiten ergeben sich jedoch in der Gebäudesanierung, wenn der Rohbau keinen Einbau von Kanalnetzen ermöglicht. Dies ist oft bei der Sanierung von Schulgebäuden der Fall, für die z. B. spezielle Schullüftungsgeräte für Klassenzimmer entwickelt wurden.

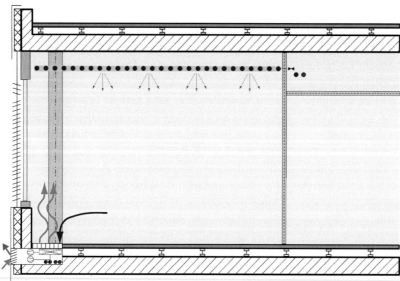

Abb. 5–45 Dezentrale Lüftung

5.1.8 Gas-, Wasser- und Abwasseranlagen

Die Sanitärtechnik befasst sich im Wesentlichen mit Gas- und Wasserversorgung sowie mit der Abwasserentsorgung von Gebäuden und Grundstücken. Zum

Verständnis hinsichtlich der Abgrenzung zu den öffentlichen bzw. kommunalen Gas- und Wasser-Ver- und -Entsorgungsanlagen dient die Abb. 5–46.

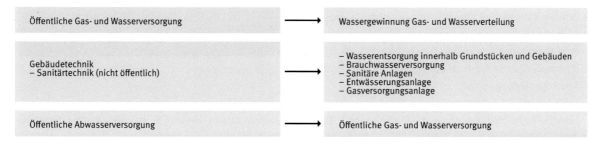

Abb. 5–46 Verteilschema Wasser und Abwasser

Wasser und Abwasser im Gebäude: Das Trink- und Brauchwasser wird vom Hausanschluss über Steigleitungen zu den einzelnen Entnahmestellen geführt.

Zu jeder Entnahmestelle gehört eine Abwasserablaufstelle (siehe Abb. 5–47).

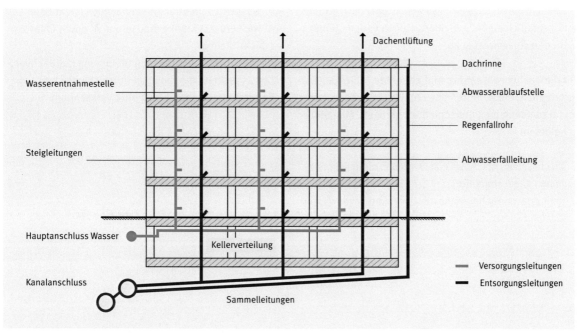

Abb. 5–47 System der Sanitärinstallation

Man unterscheidet beim Abwasser, wie auch in der nachfolgenden Abbildung aufgezeigt, folgende Leitungsabschnitte:

– Anschlusskanal führt Regenwasser, Schmutzwasser oder Mischwasser von der Grundstücksgrenze bzw. vom ersten Reinigungsschacht zum öffentlichen Abwasserkanal.
– Grundleitungen sind innerhalb eines Gebäudes oder in der Erde unter den Fundamenten. Sie führen Regen oder Schmutzwasser zum Anschlusskanal.
– Sammelleitungen nehmen das Wasser von Fall- und Anschlussleitungen auf.
– Fallleitungen für Schmutzwasser sind innen verlegte, senkrechte, teilweise auch verzogene Leitungen, die durch mehrere Stockwerke führen und am oberen Ende über Dach be- und entlüftet sind.
– Einzelanschlussleitungen führen vom Geruchsverschluss bis zur Fall-, Sammel- oder Sammelanschlussleitung bzw. zur Hebeanlage.
– Sammelanschlussleitungen nehmen das Schmutzwasser von mehreren Einzelanschlüssen auf und leiten es zur Fall- oder Sammelleitung bzw. Hebeanlage.
– Lüftungsleitungen be- und entlüften Entwässerungsanlagen. Sie werden insbesondere zum Druckausgleich benötigt. Die Lüftungsleitungen werden über Dach geführt.
– Regenfallleitungen, außen oder innen verlegt, leiten Niederschlagswasser ab.

Für die Dachentwässerung sind getrennte Fallleitungen erforderlich. Die Abführung des Abwassers ist von Kommune zu Kommune unterschiedlich geregelt. Man unterscheidet in:

– Mischsystem: Alle Abwässer werden in einem gemeinsamen Kanal abgeführt.
– Trennsystem: Für häusliche Abwässer und Regenwasser (Dachentwässerung) sind getrennte Kanäle vorgehalten.

Abb. 5–48 Fettabscheider

Besondere Abwasseranlagen: Besondere Einrichtungen sind erforderlich, wenn das Abwasser außergewöhnlich verschmutzt wird, wie z. B. (siehe Abb. 5–48):

– Fettabscheider (für fetthaltige Abwässer aus Metzgereien, Großküchen usw.)
– Benzinabscheider (Kfz-Werkstätten, Garagen mit Waschplätzen)
– Heizölabscheider (Ölheizungszentralen)
– Stärkeabscheider (Großküchen mit Kartoffelschälmaschinen)
– Abwasserdesinfektion (Reinigung des infektiösen Abwassers aus Krankenhäusern u. Ä. durch Chlorung oder Erhitzung)
– Abwasserdekontaminierung (Reinigung radioaktiver Abwässer in Abklinganlagen durch chemische Behandlung, Verdampfung oder Veraschung)

Sanitäre Einrichtungen: Zu den sanitären Einrichtungen zählen die zu installierenden sanitären Gegenstände, wie z. B. Badewannen, Waschtische, Klosetts, Urinale und Küchenspülen mit allen dazugehörigen Armaturen. Auch Ausstattungsdetails, wie z. B. Spiegel, Badschränke und Bademöbel, Ablagen, Handtuchhalter, Seifenschalen und Papierhalter, gehören zu den sanitären Einrichtungen (siehe Abb. 5–49).

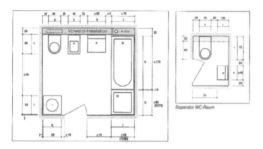

Abb. 5–49 Grundriss mit Einrichtungsgegenständen

Ablaufvarianten: Zur Montagevereinfachung geht man zunehmend zu vorgefertigten Installationsblöcken über, die in der Werkstatt hergestellt und vor Ort nur noch montiert und angeschlossen werden (siehe Abb. 5–50).

Abb. 5–50 Installationsblöcke

Lösch- und Schutzanlagen: Innerhalb von Gebäuden werden Wandhydranten installiert, die zur Brandbekämpfung eingesetzt werden. Grundsätzlich können diese unterschieden werden in:
– Trocken-Löschwasserleitungen
– Nass-Löschwasserleitungen
– Nass/Trocken-Löschwasserleitungen
– Manuelle Feuerlöschanlagen (z. B. Feuerlöscher)
– CO_2-Feuerlöschanlagen (Löschgas)

Löschwasserleitungen und Wandhydranten sind im Brandabschnitt (Treppenhaus) zu verlegen und bei der Durchführung durch fremde Brandabschnitte F 90 zu isolieren. Werden Wandhydranten in Mauernischen eingebaut, darf dadurch die Feuerwiderstandsklasse der Wand nicht geschwächt werden.

Trocken-Löschwasserleitungen: In der DIN 14 462 wird der Begriff „Steigleitungen trocken" verwendet, wenn das Löschwasser erst im Bedarfsfall durch die Feuerwehr eingespeist wird. Sie ermöglichen die Entnahme von Löschwasser ohne zeitliche Verzögerung, die durch das Verlegen von Schlauchleitungen entsteht (siehe Abb. 5–51).

Abb. 5–51 Entnahmestelle für Löschwasser und Wandhydrant

Die Wassereinspeisung kann unter Einschaltung einer Feuerlöschpumpe der Feuerwehr über Hydranten aus dem öffentlichen Trinkwassernetz oder mit Nichttrinkwasser aus natürlichen Wasserstellen vorgenommen werden.

Nass-Löschwasserleitungen oder „Steigleitungen nass" stehen ständig unter Wasserdruck und sind daher immer betriebsbereit. Die ständige Betriebsbereitschaft wird durch Anschluss an ein öffentliches Wasserversorgungsnetz sichergestellt. Voraussetzung ist die Anordnung der Steigleitungen in frostgeschützten Treppenräumen.

Die Be- und Entlüftungseinrichtungen und die Leitungsführungen müssen so ausgeführt werden, dass zum einen bei Inbetriebnahme die Leitungen einwandfrei entlüftet und zum anderen bei Außerbetriebnahme belüftet und die Leitungen restlos vom Wasser entleert werden.

Sprinkleranlagen sind automatisch wirkende Anlagen mit geschlossenen Düsen. Eine Sprinkleranlage ist dafür ausgelegt, einen Brand schon im Entstehungsstadium zu entdecken und zu löschen oder das Feuer unter Kontrolle zu bringen, sodass es mit anderen Mitteln gelöscht werden kann. Sie sollte sich, bis auf wenige Ausnahmen, über das gesamte Gebäude erstrecken (siehe Abb. 5–52 und 5–53).

Für den Einbau des Sprinklertanks gibt es drei Varianten:

– Einbringen vor dem Rohbau
– Einbringen nach dem Rohbau durch Montageöffnungen (schwierig, da große Abmessung)
– kellergeschweißter Sprinklertank (teuer)

Das Funktionsprinzip: Bei Auslösung des Sprinklers strömt Löschwasser aus und wird über den Sprühteller im Raum verteilt. Die Alarmierung zur ständigen besetzten Stelle, z. B. zur nächstgelegenen Feuerwache, erfolgt über den Alarmdruckschalter der vorhandenen Nassalarmventilstation.

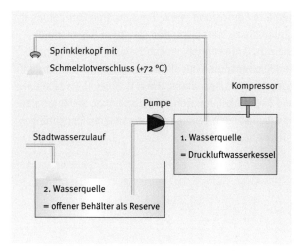

Abb. 5–52 Prinzip der Sprinkleranlage

Die Montage der Sprinklerleitungen erfolgt in der Regel im Anschluss an die Heizungs- und Lüftungsmontagen. Die Sprinklerköpfe werden ganz am Schluss eingesetzt (siehe Abb. 5–54).

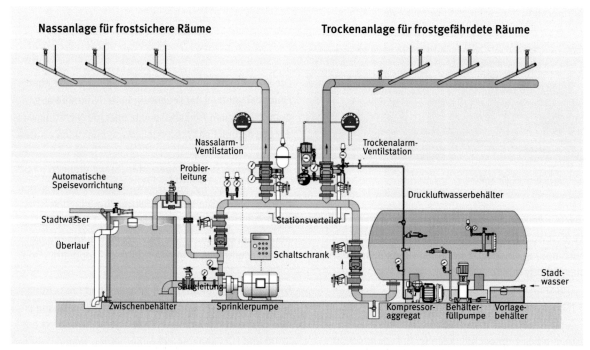

Abb. 5–53 Sprinkleranlage komplett (Quelle Minimax)

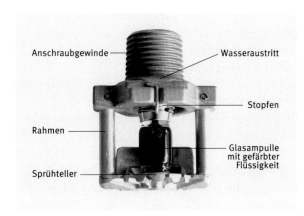

Abb. 5–54 Sprinklerkopf

Gas-Feuerlöschanlagen: Die Nass-Sprinkleranlagen mit Wasserbetrieb werden vor allem in Kaufhäusern, Malls, Sporthallen, Industrieanlagen und Großraumbüros eingesetzt. Sie sind aber überall dort ungeeignet, wo sie im Löschfall irreparable Schäden anrichten würden wie z. B. in Rechenzentren im Maschinenraum. Auch dort, wo durch leicht entzündliche Materialien mit einer sehr raschen Brandausbreitung zu rechnen ist, wie z. B. in Labors oder Chemikalienlagern, kann nicht mit Wasser gelöscht werden. In diesen Fällen wird das Wasser durch ein Inertgas (Schutzgas) wie z. B. Argon oder Stickstoff ersetzt. Der Brand wird durch die Verdrängung des Luftsauerstoffs gelöscht, ohne Schaden anzurichten.

5.1.9 Gebäudeautomation

Die unkompliziertesten Anlagen sind einfache Störmeldezentralen, wo Fehlfunktionen der technischen Anlagen durch Störmeldeleuchten angezeigt werden. Komfortablere Störmeldezentralen ermöglichen über entsprechende Schaltbilder eine nähere Spezifikation der Störung von der Zentrale aus (siehe Abb. 5–55).

Unsere modernen und komplexen Gebäude sind heute ohne Anlagen der technischen Gebäudeausrüstung nicht mehr denk- und nutzbar. Diese technischen Anlagen erfordern ein übergeordnetes System, welches das einzelne Anlagensystem automatisch regelt und steuert, aber auch die Anlagen miteinander verknüpft und so die

Anforderungen einzelner Anlagensysteme an andere Anlagen sicherstellt. Dieses übergeordnete System stellt die Gebäudeautomation mit seiner unterlagerten Mess-, Steuer- und Regelungstechnik dar. Hierbei übernehmen intelligente und dezentral verteilte Sensoren, Aktoren und Controller (die sogenannten Komponenten) die Steuerung sämtlicher im Gebäude vorhandenen Gewerke, wie z. B. Heizung, Lüftung, Kälte, Elektroanlagen, Beleuchtung, Jalousiesteuerung, Beschattung, Zutrittskontrolle, Überwachungsanlagen, Sicherheit und Energiemanagement. Die einzelnen Schritte dieser Automation werden als Prozess bezeichnet.

Ziele der Gebäudeautomation:

- Bedarfsgerechte und verbrauchsoptimierte Steuerung und Regelung der Anlagen der TGA
- Das zuständige Personal bei den Aufgaben der Störungsbehebung, Bedienung, Optimierung und Energie-Verbrauchskontrolle unterstützen
- Störmeldungen und Alarme an die richtige Stelle melden
- Das Zusammenfassen mehrerer Gebäude zu einer Betriebszentrale ermöglichen
- Die Gesamtverfügbarkeit der technischen Systeme durch das Erfassen aller Störmeldungen erhöhen
- Einsparungen durch angepasste Energiemanagement-Programme erzielen

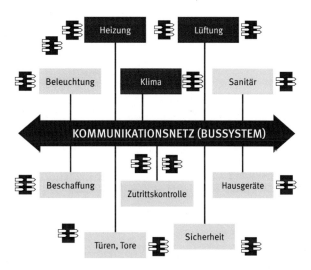

Abb. 5–55 Gebäudeautomation

5.1.10 Starkstromanlagen

Stromversorgung

Starkstrom ist im Wesentlichen für die Beleuchtung und zum Betreiben von Maschinen/Geräten bzw. Stell-motoren erforderlich. Großverbraucher sind alle Förder-anlagen wie Aufzüge und Rolltreppen sowie die Ventila-toren zur Luftbeförderung und große Computeranlagen.

In Abb. 5–56 ist das System der Stromversorgung dar-gestellt. Der Strom wird vom Hauptumspannwerk des EVU mit einer Hochspannung bis zu 30 kV an die Über-gabestation geliefert. Von der Übergabestation wird der Strom zu den Schwerpunktstationen geführt. Diese Schwerpunktstationen müssen in den Lastschwer-punkten angeordnet werden (bei den anderen Zentralen oder den Aufzügen, in getrennten Gebäudeteilen), da Niederspannungsübertragung über Entfernungen über 60 m bereits unwirtschaftlich wird.

In den Schwerpunktstationen wird die Spannung auf 230/400 V transformiert und der Strom über die Nieder-spannungsschaltanlage (NS) zu den Stockwerksverteilern (SV) oder direkt zu den Großverbrauchern (GV) geführt. Von den Stockwerksverteilern wird der Strom zu den Verbrauchergruppen geführt.

Die Messeinrichtungen (Zähler, Tarifsteuergeräte usw.) sind bei einem Großbezieher mittelspannungsseitig; bei mehreren Beziehern kommt nur niederspannungs-seitige Messung in Betracht.

Elektrozentralen

Die Zentralen bestehen im Wesentlichen aus drei räum-lich getrennten Bereichen (siehe Abb. 5–57):

Trafos mit direkter Außenluftverbindung und Austausch-schacht, daher immer an der Gebäudeaußenkante gelegen.

Hauptverteilung: Die Hauptstränge werden bei Groß-bauvorhaben heute meist als gesteckte Stromschie-nensysteme ausgeführt, mit dem großen Vorteil der rechtwinkligen Abgänge und der hohen Flexibilität in der Planung. Werden für die Hauptstränge Kabel ver-wendet, muss mit Biegeradien bis zu 100 cm gerechnet werden. Die Kabel sind weniger flexibel und schwieriger zu verlegen, dafür aber etwas kostengünstiger.

Notstrom: Notstromversorgung oder Netzersatzanlagen bestehen in der Regel aus dieselgetriebenen Generato-ren oder Batteriepaketen (USV = Unterbrechungsfreie Stromversorgung).

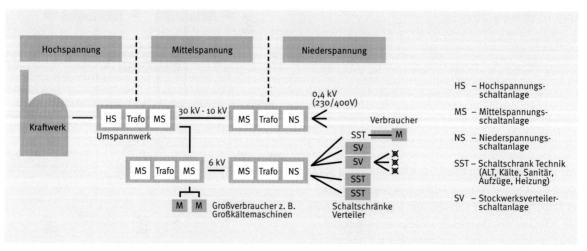

Abb. 5–56 Hochspannungsschaltanlage Stockwerksverteiler

Öltransformator   Gießharztransformator   Niederspannungs-   Netzersatzaggregat mit
                                            hauptverteilung   Kühlwasserkreislauf (grün)

Abb. 5–57 Aggregate zur Stromversorgung

Geräteversorgung: Für die Stromversorgung von Büro-geräten, Tischleuchten, Reinigungsgeräten usw. hat sich insbesondere im Verwaltungsbau eine Vielzahl unterschiedlicher Systeme entwickelt, die jeweils auch für die Versorgung mit Schwachstrom dienen (siehe Abb. 5–58).

Die *Wandinstallation* genügt nur noch bei sehr ein-fachen Gebäuden mit geringem Technisierungsgrad, meist wird sie lediglich im Wohnungsbau angewendet.

Die *Installation in Brüstungskanälen* ist in Zellenbüros weitverbreitet und bietet bei einfacher bis mittlerer

Geräteausstattung genügend Möglichkeiten. Brüstungs-kanäle sind einfacher zu installieren und preiswert; ein gewisses Problem stellt der Schalldurchgang zu den Nachbarräumen dar.

Bodeninstallation: Wird Flexibilität bei der Raumauf-teilung gefordert, so bedingt dies eine flächige Strom-versorgung (siehe Abb. 5–59).

Ein preiswertes, aber sehr starres System ist der *Elek-trokanal in der Rohdecke.* Die Kanäle werden zwischen den Bewehrungslagen eingebaut, ihre Lage kann nie mehr verändert werden.

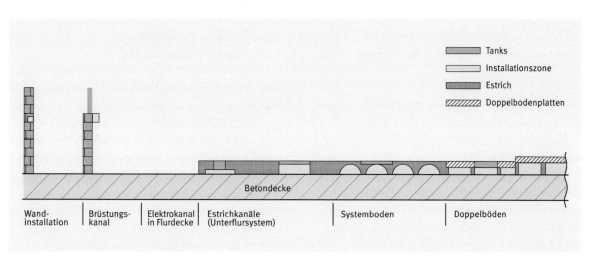

Abb. 5–58 Varianten der Elektro-Installation

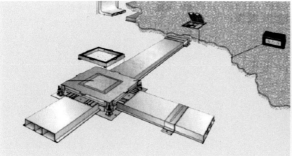  

Estrichkanalsystem **Hohlraum- oder Systemboden** **Doppelboden**

Abb. 5–59 Beispiele für Bodeninstallationen

Ebenfalls relativ starr sind *Estrichkanalsysteme*, bei denen die Lage der Kanäle und Auslässe in der Planung sehr frühzeitig festgelegt werden muss (siehe Abb. 5–59).

Eine Änderung ist notfalls möglich, ist aber grundsätzlich mit einer Zerstörung des Estrichs verbunden.

Bedingt flexibel ist dagegen das System des Hohlraum- oder Systembodens, bei dem ein Nivellierestrich über eine eierkartonähnliche Schalung gegossen wird, sodass eine rasterartige Installationszone von 5 bis 9 cm lichter Höhe gebildet wird.

Zwar müssen die Anschlussdosen ebenfalls vor dem Einbau fixiert werden, jedoch ist eine Nachrüstung durch einfaches Aufbohren mit einem Spezialbohrgerät möglich.

Ein vollflexibles System ist schließlich der seit Langem gekannte *Doppelboden*, bei dem einzelne Platten in beliebiger Höhe aufgeständert werden, sodass eine optimale Installationszone entsteht.

Eine Nachrüstung ist jederzeit durch das Aufnehmen einzelner Platten möglich. Allerdings treten vor allem bei Holzplatten akustische Probleme auf, außerdem lockert sich das Gefüge des Bodens bei häufigen Nachinstallationen. Mehr ein gestalterisches Problem

ist das im Plattenformat entstehende Muster im Belag, das nur bestimmte Qualitäten und Muster zulässt. Insgesamt steigt das Preisniveau mit zunehmender Flexibilität.

Beleuchtung
Die Art der Beleuchtung richtet sich nach den jeweiligen Anforderungen in den einzelnen Nutzungsbereichen (siehe Abb. 5–60 und 5–61). So kann man im Bereich von Bürogebäuden z. B. nach folgenden unterschiedlich beleuchteten Bereichen unterscheiden:

– Arbeitsplatzbeleuchtung
– Beleuchtung in Sitzungsräumen
– Beleuchtung in Eingangs- und Schalterhallen
– Beleuchtung der Verkehrsflächen
– Beleuchtung von Nebenräumen

Bei der Arbeitsplatzbeleuchtung steht die funktionale Ausleuchtung im Vordergrund, während in Sitzungsräumen, Eingangs- und Schalterhallen der repräsentative Charakter stärker zum Ausdruck kommt. Man spricht deshalb auch in den Arbeitsplatzbereichen mehr von Kunstlicht-Technik und in den Sonderbereichen von Lichtgestaltung.

Im Bürohausbau entscheidend ist die Arbeitsplatzbeleuchtung. Hierfür gibt es verschiedene Möglichkeiten. Die heute immer noch am weitesten verbreitete Beleuchtung ist die Deckenbeleuchtung. Wird sie als

Allgemeinbeleuchtung eingesetzt, ist sie sehr flexibel, aber nicht unbedingt optimal aus Sicht der einzelnen Arbeitsplätze. Wird sie dagegen speziell auf die Arbeitsplätze bezogen, geht die Flexibilität verloren.

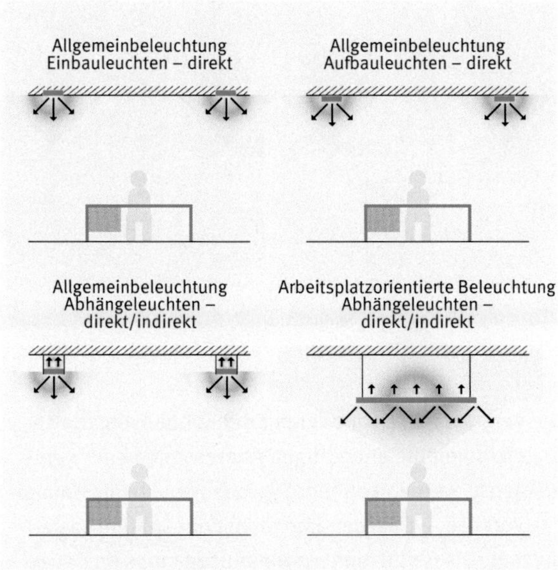

Allgemeinbeleuchtung
Einbauleuchten – direkt

Allgemeinbeleuchtung
Aufbauleuchten – direkt

Allgemeinbeleuchtung
Abhängeleuchten –
direkt/indirekt

Arbeitsplatzorientierte Beleuchtung
Abhängeleuchten –
direkt/indirekt

Abb. 5–60 Alternative Deckenbeleuchtung

Aus diesem Grund verbreiten sich die deckenunabhängigen Systeme aus Steh- und Tischleuchten immer mehr, weil sie sowohl arbeitsplatzbezogen als auch flexibel sind. Allerdings ist die Lichtausbeute bei den Deckensystemen meist besser und der Energieverbrauch daher

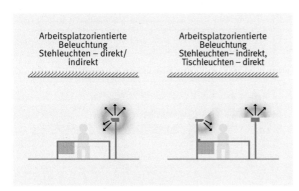

Arbeitsplatzorientierte
Beleuchtung
Stehleuchten – direkt/
indirekt

Arbeitsplatzorientierte
Beleuchtung
Stehleuchten– indirekt,
Tischleuchten – direkt

Abb. 5–61 Deckenunabhängige Beleuchtung

geringer. Dies fällt jedoch bei der heutigen Leuchten- und Lampentechnik nicht mehr so sehr ins Gewicht.

Vom Bauablauf her ist die gesamte Beleuchtung eher als Einrichtungselement zu betrachten, das mit Ausnahme von integrierten Deckensystemen erst zum Schluss eingebaut wird.

5.1.11 Fernmelde- und IT-Anlagen

Unter den mit Schwachstrom (12 V) versorgten Anlagen sind im Wesentlichen zu verstehen:

– Fernsprechanlagen
– Datenleitungsnetze
– Sprechanlagen
– Antennenanlagen
– Uhrenanlagen
– Personensuchanlagen
– Elektroakustische Anlagen
– Gefahrenmeldeanlagen
– Videoanlagen
– Zutrittskontrollanlagen

Die Installation der Leitungen erfolgt im Wesentlichen im Rahmen der Starkstrominstallation in denselben Installationszonen, wobei auf eine entsprechende Abschirmung der Schwachstromkabel zu achten ist. Die Schwachstromanlagen greifen stark in die Organisationsplanung ein – deshalb müssen frühzeitig Entscheidungen herbeigeführt werden, um das Leerrohrnetz rechtzeitig verlegen zu können. Dies betrifft vor allem Lichtsignal, Ruf- und Fernsprechanlagen. Der Antrag für Fernsprechanlagen sollte mit dem Baugesuch eingereicht werden, da die Lieferzeit je nach Anlagengröße ein bis zwei Jahre beträgt. Ebenso: Feuermeldesystem, da es meist über dieselben Leitungen geführt wird.

Die Lieferzeit für eine zentrale Leitwarte beträgt mindestens neun Monate. Die Raumanforderungen entsprechen denen eines EDV-Raums (staubfrei). Aufstellen erfolgt nach Mess- und Regeltechnik der Haustechnikzentralen. Die Montagezeit beträgt ca. vier Wochen. Dazu sind die Schalt- und Klemmpläne der Firmen erforderlich.

5.1.12 Förderanlagen

Aufzüge: Für den vertikalen Transport von Mengen sind Seilaufzüge üblich. Besonderer Vorteil ist die hohe Transportgeschwindigkeit von 0,8 (Wechselstromantrieb) bis zu 2,5 m/sec (Gleichstrom- bzw. Linearantrieb), (siehe Abb. 5–62 und 5–63).

Der Maschinenraum liegt ein Geschoss höher als das letzte mit dem Aufzug erreichbare Geschoss. Bei geringen Höhendifferenzen und hohen Lasten wird häufig ein Hydraulikaufzug eingesetzt. In diesem Falle ist über dem letzten erreichbaren Geschoss kein Maschinenhaus erforderlich, dafür benötigt man zur Unterbringung des Hydraulikstempels zusätzliche Gründungstiefe (siehe Abb. 5–64). Steht diese Tiefe nicht zur Verfügung, so können auch zwei symmetrische Stempel neben der Kabine eingebaut werden, was jedoch zusätzliche Kosten und Flächen erfordert. Die Hubgeschwindigkeit der Hydraulikaufzüge liegt bei max. 0,8 m/sec.

In Altbauten findet man teilweise noch Umlaufzüge (sogenannte Paternoster), die jedoch nicht mehr als neue Anlagen installiert werden dürfen.

Als Bauaufzüge werden außen am Gebäude Anlagen mit offenem Gitterfahrkorb und Zahnstangenantrieb eingesetzt.

Abb. 5–63 Beispiel Panoramaaufzug

Die Vergabe muss vor oder mit der Rohbauvergabe erfolgen, damit die endgültigen Abmessungen der Kerne festgelegt werden können. Ein Aufzug sollte als Bauaufzug vorgesehen werden (möglichst der spätere Lastenaufzug). Die Benutzung als Bauaufzug muss im LV vermerkt werden (frühere TÜV-Abnahme, Auskleidung der Kabine). In die Kostenermittlung ist das Gehalt für den Aufzugsführer einzurechnen, da die Umlage auf die Firmen schwierig ist. Falls eine Umlage beabsichtigt ist, muss diese in allen LVs enthalten sein (%-Angabe).

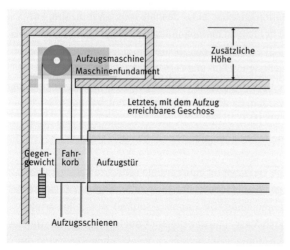

Abb. 5–62 Prinzip Seilaufzug

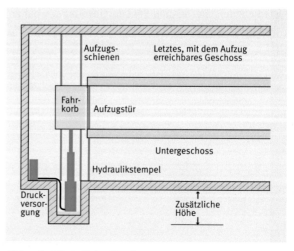

Abb. 5–64 Prinzip Hydraulikaufzug

Fahrtreppen: Rolltreppenanlagen bestehen aus einem Antriebsmotor, den seitlichen Führungsschienen, in denen die Treppenglieder laufen, und dem seitlichen Geländer mit umlaufendem Handschutz. Die Rolltreppen werden normalerweise werkstattgefertigt und an Ort und Stelle in einem Stück gebaut (siehe Abb. 5–65).

Eine Variation der Rolltreppe ist der Rollsteig, bei dem die einzelnen Glieder nicht waagrecht, sondern mit der Neigung des Steigs umlaufen. Die Baulänge der Rollsteige ist sehr viel größer als bei der Rolltreppe.

Die Vergabe muss vor oder mit den Rohbauarbeiten erfolgen, da dies Einfluss auf Schal- und Bewehrungspläne, z. T. auch auf die Statik hat.

Möglichkeiten der Schwermontage bestehen bei diesen Anlagen:

- Einbringen von oben vor dem Schließen des Dachs (geringe Beschädigungsgefahr, nur bei niedrigen Gebäuden möglich wegen der erforderlichen Hebezeuge)
- Einbringen von oben nach jeder Decke (Beschädigungsgefahr, oftmaliger Einsatz der Hebezeuge)
- Einbringen von der Seite nach Schließen des Dachs (Fassade muss offen bleiben im Bereich der Montageöffnung; der ganze Transportweg bis zur Einbaustelle kann nicht ausgebaut werden)

Aufzüge in Hochhäusern: Die wesentlichen Transporte im Hochhaus müssen über Aufzüge abgewickelt werden.

Entsprechend den Richtlinien dürfen max. drei Aufzüge pro Schacht vorgesehen werden. Der Vorbereich sollte die 1,5- bis 2-fache Fahrkorbtiefe haben und kreuzungsfrei sein. Bereits ab vier nebeneinanderliegenden Aufzügen geht die Übersichtlichkeit verloren und die benötigten Zeiten für das Ein- und Aussteigen werden zu lang. Im Allgemeinen werden mittlere Wartezeiten von 10 Sekunden als sehr gut, 15 Sekunden als gut und 20 Sekunden als noch ausreichend angesehen (siehe Abb. 5–66).

Aufzüge sollten für max. 20 Personen ausgelegt sein, da sonst zum Ein- und Aussteigen zu viel Zeit benötigt wird. Um den „persönlichen Mindestabstand" im Aufzug nicht zu sehr zu unterschreiten, ist eine großzügige Auslegung sinnvoll. Panoramaaufzüge bieten zwar optisch mehr Platz, sind aber nicht für alle Fahrgäste geeignet.

Je nach Komfortstufe, Nutzungsart und Höhe der Gebäude gibt es verschiedene Erschließungsprinzipien für Aufzugsanlagen.

Einzelerschließung: Jedes Stockwerk kann ohne Umsteigen erreicht werden, wobei zunächst Express-Lokalaufzüge eingesetzt werden können. Sinnvoll ist die Erschließung nur bis ca. 40 Geschosse, da im Sockelbereich sonst zu viel Fläche benötigt wird. Die ungenutzten Restflächen in den oberen Geschossen können anderweitig genutzt werden.

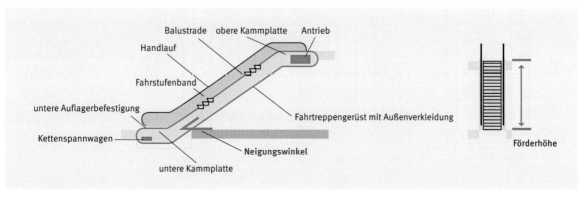

Abb. 5–65 Prinzip Fahrtreppenanlage (Rolltreppe)

Gestaffelte Einzelerschließung: Ermöglicht durch Über-einanderlegen der Aufzüge Flächeneinsparungen, hat jedoch die Notwendigkeit des Umsteigens zur Folge.

Blockerschließung: Voneinander getrennte Express- und Lokalaufzüge führen zu weiterer flächensparender Anordnung. Außerdem ergibt sich hier und bei allen weiteren Erschließungsprinzipien die Notwendigkeit, Über- und Unterfahrten zwischen den Lokalaufzügen anzuordnen. In diesem dann nicht erschlossenen Geschoss kann ein Technikgeschoss vorgesehen werden.

Blockerschließung mit Rolltreppen: Zur Bewältigung großer Verkehrsströme können zur Erschließung oder Unterverteilung in den unteren Ebenen Rolltreppen ein-gesetzt werden.

Lasten- und Feuerwehraufzüge: Neben den Aufzügen zur Erschließung ist die Anordnung von Lasten- und Feuerwehraufzügen notwendig. Diese müssen in einem separaten Schacht liegen und mit Schleuse und Not-stromaggregat versehen sein.

Gestaltung mit der Vertikalerschließung: Analog zum Erfahren einer Stadt kann das Erleben der vertikalen Erschließung durch entsprechend offene und damit öffentliche Erschließungselemente erreicht werden. Nicht nur der Transportvorgang, sondern die Schaffung neuer Erlebnisräume kann das Ziel sein, wobei offene und einladende Treppen besonders für kurze Strecken spannende bewegungs- und begegnungsfördernde Wege darstellen können, während Fahrtreppen und Panorama-aufzüge ein bequemes Erleben der vertikalen Raumbe-wegung in große Höhen ermöglichen. Als architektonisches Gestaltungsmittel und Ausdruck einer aktiven Gesellschaft können vertikale Erschließungselemente im Inneren und Äußeren zukünftiger Hochhäuser ein bisher wenig beach-tetes hochhausspezifisches Erlebnispotenzial darstellen.

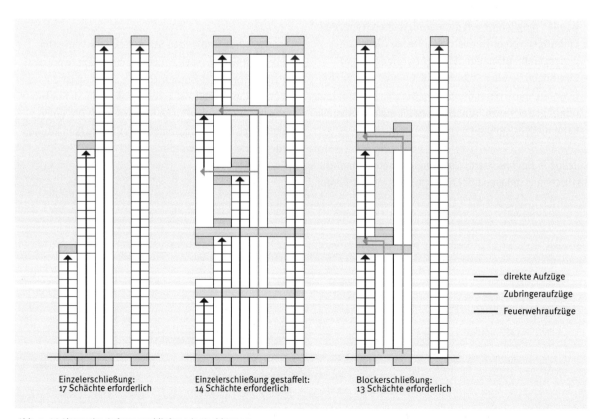

Einzelerschließung:
17 Schächte erforderlich

Einzelerschließung gestaffelt:
14 Schächte erforderlich

Blockerschließung:
13 Schächte erforderlich

— direkte Aufzüge
— Zubringeraufzüge
— Feuerwehraufzüge

Abb. 5–66 Alternative Aufzugserschließung in Hochhäusern

5.1.13 Ausbauarbeiten (raumbildender Ausbau)

Die Ausbauarbeiten lassen sich in drei wesentliche Bereiche gliedern:
- Fußbodenbeläge
- Wände und Wandbekleidungen
- Deckenbekleidungen

Die Wand- und Deckenbekleidungen werden aufgrund der vielen Schnittstellen zunehmend in einem Gewerk zusammengefasst.

Fußbodenaufbauten

Der Fußbodenaufbau in Verwaltungsgebäuden hängt sehr stark von der Grundrissplanung, der verfügbaren Geschosshöhe, der Wirtschaftlichkeit und der gewünschten Flexibilität ab (siehe Abb. 5–67).

Am flexibelsten, aber auch am teuersten sind die klassischen Doppelbodensysteme. Je nach Flexibilitätsanforderungen sind entweder Estrich-Systeme mit Kabelkanälen oder Hohlraumböden günstiger. Je unsicherer die endgültige Raumaufteilung ist, umso wirtschaftlicher werden die Hohlraumböden.

Am einfachsten und preiswertesten sind Estriche mit und ohne Trittschalldämmung ohne Installationsmöglichkeiten.

Abb. 5–68 Alternative Fußbodenbeläge (Teppich, Parkett, Naturstein)

Auf den jeweiligen Bodenaufbau kann im Prinzip jeder Oberbodenbelag aufgebracht werden (siehe Abb. 5–68). Schwierigkeiten bereiten allerdings meist Steinbeläge auf Installationsböden. Diese Kombination sollte möglichst vermieden oder nur zusammen mit Kabelkanälen und definierten Anschlüssen ausgeführt werden.

Trennwandsysteme

Im Bürohausbau, aber auch zunehmend im hochwertigen Wohnungsbau dominieren als Trennwände heute

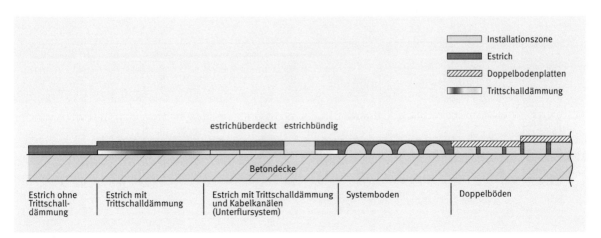

Abb. 5–67 Alternative Fußbodensysteme

leichte Montagekonstruktionen. Schwere Trennwände aus Mauerwerk oder Beton werden nur als Trennwände von Mieteinheiten, als Abschluss zu Verkehrsbereichen und aus Brandschutzgründen gewählt. Sie werden dann meist auch als konstruktive Wände zur Lastabtragung und Aussteifung herangezogen. Als Oberfläche dient meist ein Putz mit Anstrich oder Tapete (siehe Abb. 5–69).

Die Montagewände bestehen aus einer leichten Unterkonstruktion aus Holz oder Metallprofilen und können mit entsprechendem Aufbau leicht ein Schalldämmmaß von über 40 dB erreichen. Sie sind außerdem leicht zu installieren, indem die Elektroleitungen vor dem Schließen der Beplankung durchgeführt werden. Die Oberfläche kann gestrichen oder tapeziert werden (siehe Abb. 5–70).

Diese Systeme werden auch als „leicht zerstörbar" bezeichnet, umsetzen kann man sie nicht. Bei hohen Flexibilitätsanforderungen besteht jedoch gerade dieser Anspruch an die Trennwände. Dies wird durch sogenannte Elementwände erreicht. Sie bestehen aus voll vorgefertigten Wandelementen, die in der Regel an abgehängte Decken mit entsprechenden Detailausbildungen angeschlossen werden können.

Zum Umsetzen wird die Verriegelung gelöst, die Wand abgesenkt und an anderer Stelle wieder versetzt. Die

Oberflächen sind in der Regel fertig lackiert. Neuere Entwicklungen lassen auch ein Nachstreichen oder Tapezieren zu. Die Fertigelemente können auch als Schrankwände ausgebildet werden und dienen als Systemwand auch als Flurabschluss.

Abb. 5–70 Beispiel leichte Trennwand

Sollen Räume während des späteren Betriebs zeitweilig abgeteilt werden, so sind bewegliche Trennwände erforderlich. Diese können in einem Schienensystem an der Decke geführt und in sogenannten Wandpaketen verstaut werden.

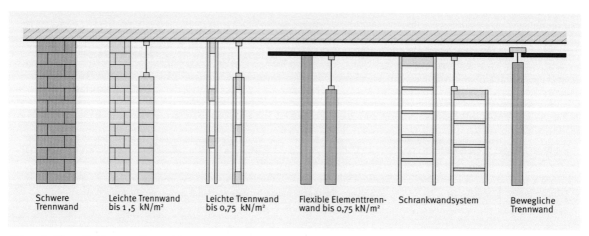

| Schwere Trennwand | Leichte Trennwand bis 1,5 kN/m² | Leichte Trennwand bis 0,75 kN/m² | Flexible Elementtrennwand bis 0,75 kN/m² | Schrankwandsystem | Bewegliche Trennwand |

Abb. 5–69 Alternative Trennwandkonstruktionen

Deckensysteme

Obwohl bauphysikalisch ungünstig, werden in der überwiegenden Mehrzahl der Bürogebäude abgehängte Decken eingebaut. Im Wesentlichen dienen sie der Verkleidung von Installationen und der Aufnahme einer eingebauten Deckenbeleuchtung (siehe Abb. 5–71).

Wenn die Trennwände zwischen den einzelnen Räumen bis zur Rohdecke durchgehen, ist der Aufbau relativ einfach. In diesem Fall muss die Deckenkonstruktion nur das Eigengewicht und die Beleuchtung, evtl. auch Lüftungsauslässe aufnehmen. Sollen jedoch flexible Trennwandelemente an die Decke im Bandraster angeschlossen werden, so muss sie entweder als Schalldecke ausgebildet sein, um den Schall von Raum zu Raum zu unterbinden, oder es müssen in jeder möglichen Achse Schotten eingebaut werden.

In der Achse selbst muss ein spezielles Detail zur Aufnahme des Trennwandanschlusses oder, wenn in der

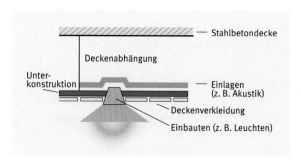

Abb. 5–71 Konstruktionsprinzip abgehängte Decke

Achse keine Trennwand stehen soll, einer Blende konstruiert werden. Im Zusammenhang mit einer notwendigen achsweisen Installation führt dies zu hohen Kosten. Der Ablauf für ein solches System ist in der folgenden Grafik dargestellt (siehe Abb. 5–72).

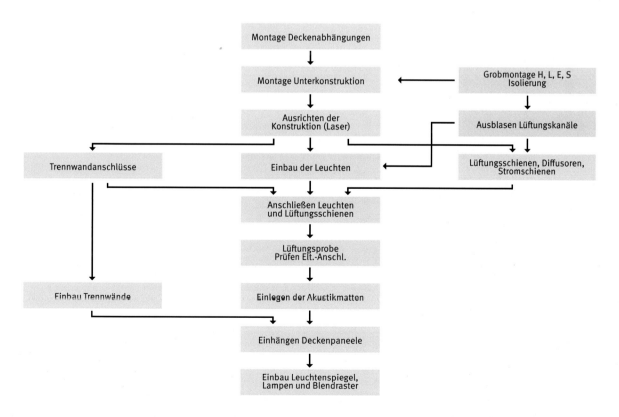

Abb. 5–72 Montageablauf bei abgehängten Decken

Man erkennt in diesem Ablauf die vielfältigen Abhängigkeiten vom Beginn der Deckenabhängungen bis Einbau von Paneelen, Leuchtenspiegel und Blendraster.

Ablaufvarianten Ausbau

Der mögliche Ablauf der Ausbauarbeiten hängt sehr stark von der gewählten Systematik Boden – Wand – Decke ab. Am Beispiel einer hoch installierten Bürozone mit Montagewänden aus Gipskarton (bei Variante 3 Montagewände), einem Doppelboden sowie Decken- und Fußbodeninstallation werden einige Varianten dargestellt (siehe Abb. 5–73).

Die Variante 1 wird in der Regel nur für Flurwände oder bei Gruppenräumen angewendet, da sonst der Aufwand bei Umbauten zu groß wäre. Bei dieser Variante muss entweder mit dem Aufstellen der Trennwand oder der Deckeninstallation begonnen werden. Danach kann entweder die abgehängte Decke fertiggestellt und da-

nach der gesamte Fußboden installiert und aufgebaut werden oder umgekehrt. Es empfiehlt sich der Ablauf A, da die Montagewände genau ausgerichtet werden und die Installation darauf abgestellt werden kann. Es ist jedoch auch der Ablauf C möglich.

Da die Trennwände bei Variante 2 auf dem Fußboden stehen, muss dieser vorher installiert und aufgestellt werden. Um aber unnötige Verschmutzungen zu vermeiden, sollte zuvor die Deckengrobinstallation durchgeführt werden. Es empfiehlt sich also Ablauf A. Die abgehängte Decke muss in jedem Falle zuletzt montiert werden.

Bei Variante 3 kommt die Trennwand auf alle Fälle zum Schluss. Wiederum zur Vermeidung von Verschmutzungen und Beschädigungen des Fußbodens empfiehlt sich der Ablauf A. Dabei gilt auch hier, dass die Leuchtmittel und Deckenpaneele ganz zum Schluss eingebaut werden.

Variante 1: Trennwand von Rohboden zu Rohdecke (vollständiger Schallschutz durch Trennwand)

1 Deckeninstallation
2 Abgehängte Decke
3 Doppelboden
4 Installation Fußboden
5 Trennwand

Ablauf:
A 5 → 1 → 2 → 4 → 3
B 1 → 5 → 2 → 4 → 3

Variante 2: Trennwand von Fertigboden zu Rohdecke (Schallschutzmaßnahmen im Fußboden notwendig)

1 Deckeninstallation
2 Abgehängte Decke
3 Doppelboden
4 Installation Fußboden
5 Trennwand

Ablauf:
A 1 → 4 → 3 → 5 → 2
B 4 → 3 → 5 → 1 → 2

Variante 3: Montagetrennwand vom Fertigboden zur abgehängten Decke (Schalldecke, Schallschutz, Schallschutzmaßnahmen im Fußboden notwendig)

1 Deckeninstallation
2 Abgehängte Decke
3 Doppelboden
4 Installation Fußboden
5 Trennwand

Ablauf:
A 1 → 2 → 4 → 3 → 5
B 1 → 4 → 3 → 2 → 5

Abb. 5–73 Ablaufvarianten in Abhängigkeit von der Trennwandkonstruktion

5.2 Managementleistungen bei der Bauausführung

Generell gehört zu dieser Phase die Umsetzung des unter Kap. 2.5 beschriebenen Vertrags- und Risikomanagements ebenso wie das unter Pkt. 3.2.5 beschriebene Projektkommunikationsmanagement, das hier nicht mehr beschrieben wird.

5.2.1 Bauablaufplanung und Terminsteuerung

Der Generalnetzplan und die fortgeschriebenen Ablaufstrukturpläne bilden die Grundlage für die Steuerungsnetzpläne. Diese werden für die Terminpläne auf der Ebene der kurzfristigen Terminsteuerung und Kontrolle erstellt. Bei diesen Plänen soll die Detaillierung so weit gehen, dass alle Vorgänge, die verschiedenen Verantwortungsbereichen angehören oder unterschiedliche Produktionsfaktoren beanspruchen, einzeln dargestellt sind (siehe Abb. 5–74).

Eine Feinplanung für einen weit vom Planungspunkt entfernten Bereich ist nicht sinnvoll. Das bedeutet, dass mit dem Projektfortschritt auch die Planung verfeinert wird, das heißt, die Steuerungspläne laufen dem jeweiligen Ausführungszeitpunkt stets nur um einen gewissen Zeitpunkt voraus. In der Regel wird man bestimmte Teilnetze, wie z. B. Rohbauablauf, im Rahmen der Vergabe der Arbeiten in Zusammenarbeit mit dem Unternehmen verfeinern und einvernehmlich verabschieden. Somit bauen die Steuerungspläne späterer Phasen jeweils auf den Festlegungen des Generalnetzes und auf abgestimmten Vorleistungen auf. Die Steuerungsnetze sollen also nur so weit detailliert werden, wie es mit den Zielen vereinbar ist, die mit diesem Netzplan erreicht werden sollen.

Detailnetz- oder Balkenpläne: Mit zunehmendem Feinheitsgrad der Planung steigt der Planungsaufwand überproportional an. In der Ausführung nimmt das Interesse der Verantwortlichen spürbar ab, wenn ihnen durch eine zu detaillierte Planung der eigene Verantwortungsspielraum zu stark eingeengt wird.

Für besonders kritische Bereiche wie beispielsweise den Baugrubenverbau und den Aushub kann es notwendig werden, mit dem Detailnetz eine weitere Detaillierungsstufe einzuführen. Da sich dieses Detailnetz bereits auf der Ebene der Arbeitsvorbereitung befindet, sollte es entweder zusammen mit der ausführenden Firma erstellt oder aber mit dieser intensiv abgestimmt werden.

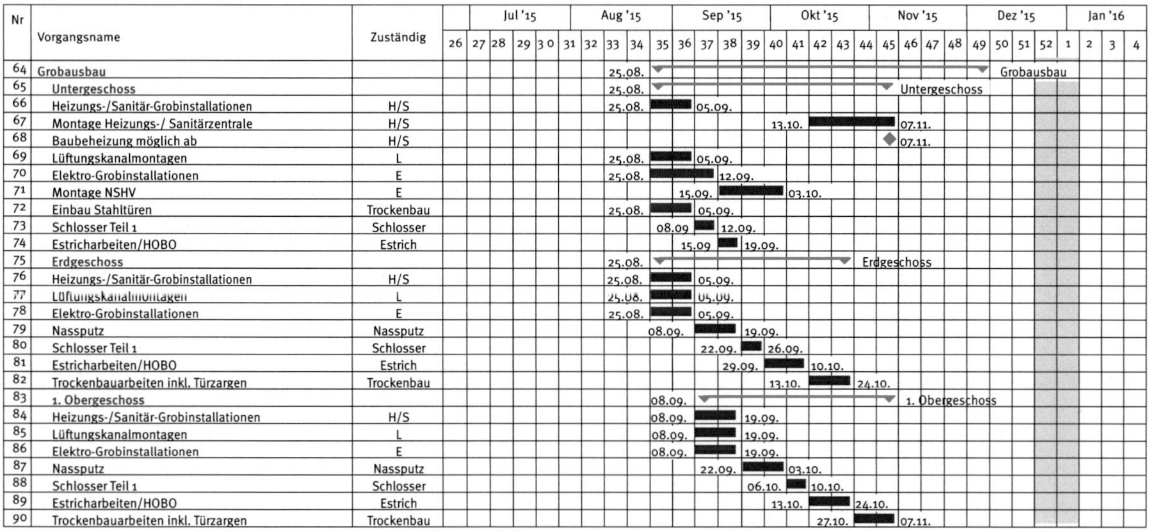
Nr
Vorgangsname
Zuständig
Jul '15
Aug '15
Sep '15
Okt '15
Nov '15
Dez '15
Jan '16
26 27 28 29 30 31 32 33 34 35 36 37 38 39 40 41 42 43 44 45 46 47 48 49 50 51 52 1 2 3 4
64 Grobausbau 25.08. Grobausbau
65 Untergeschoss 25.08. Untergeschoss
66 Heizungs-/Sanitär-Grobinstallationen H/S 25.08. 05.09.
67 Montage Heizungs-/ Sanitärzentrale H/S 13.10. 07.11.
68 Baubeheizung möglich ab H/S 07.11.
69 Lüftungskanalmontagen L 25.08. 05.09.
70 Elektro-Grobinstallationen E 25.08. 12.09.
71 Montage NSHV E 15.09. 03.10.
72 Einbau Stahltüren Trockenbau 25.08. 05.09.
73 Schlosser Teil 1 Schlosser 08.09 12.09.
74 Estricharbeiten/HOBO Estrich 15.09 19.09.
75 Erdgeschoss 25.08. Erdgeschoss
76 Heizungs-/Sanitär-Grobinstallationen H/S 25.08. 05.09.
77 Lüftungskanalmontagen L 25.08. 05.09.
78 Elektro-Grobinstallationen E 25.08. 05.09.
79 Nassputz Nassputz 08.09. 19.09.
80 Schlosser Teil 1 Schlosser 22.09. 26.09.
81 Estricharbeiten/HOBO Estrich 29.09. 10.10.
82 Trockenbauarbeiten inkl. Türzargen Trockenbau 13.10. 24.10.
83 1. Obergeschoss 08.09. 1. Obergeschoss
84 Heizungs-/Sanitär-Grobinstallationen H/S 08.09. 19.09.
85 Lüftungskanalmontagen L 08.09. 19.09.
86 Elektro-Grobinstallationen E 08.09. 19.09.
87 Nassputz Nassputz 22.09. 03.10.
88 Schlosser Teil 1 Schlosser 06.10. 10.10.
89 Estricharbeiten/HOBO Estrich 13.10. 24.10.
90 Trockenbauarbeiten inkl. Türzargen Trockenbau 27.10. 07.11.

Abb. 5–74 Steuerungsplan Bauausführung

Ein weiterer Einsatzschwerpunkt für Detailterminpläne ist die Phase der Inbetriebnahme.

Hier muss abschnitts- und bereichsweise eine sehr detaillierte Steuerung in Verbindung mit der Mängelbeseitigung erfolgen, wie in Abb. 5–75 dargestellt.

Einsatz von Zeit-Weg-Diagrammen bei Hochhäusern: Die Organisation und Terminplanung bei Hochhäusern wird durch die Besonderheit einer vertikalen Linienbaustelle im Wesentlichen von der Logistik geprägt. Allerdings sind auch bereits vor der Bauausführung eine Reihe von hochhausspezifischen Termineinflussfaktoren zu beachten.

Grundsätzlich kann festgehalten werden, dass eine kurze Gesamtbauzeit nur durch eine Optimierung und Abstimmung aller Einzelvorgänge aufeinander erreicht werden kann. Dabei ist zu berücksichtigen, dass beim Hochhausbau aufgrund der linearen vertikalen Ausdehnung der Ausarbeitung von Taktverfahren eine besondere Bedeutung zukommt.

Im Zeit-Weg-Diagramm wird der Weg durch das Gebäude bestimmt. Hierfür überträgt man einen Schnitt durch das Gebäude auf einen Plan, dem dann eine Zeitachse hinzugefügt wird. Im nächsten Schritt werden die Abläufe von Rohbau und Fassade ermittelt. Die Steigung der Linien zeigt dabei die Baugeschwindigkeit an. Im vorliegenden Beispiel beginnt die Fassade ab dem 1. Obergeschoss, nachdem der Rohbau sich auf einen Gebäuderücksprung zurückgezogen hat. Die Fassadenmontage folgt dem Rohbau in der gleichen Geschwindigkeit, sodass optimale Verhältnisse für eine nachfolgende Montage von Technik und Ausbau gegeben sind.

Beim Rohbau ist die typische S-Kurve zu erkennen. Sie entspricht einer zunächst geringeren Baugeschwindigkeit in den Untergeschossen mit einer Beschleunigung in den Normalgeschossen und in der Regel wieder einem Rückgang im Bereich der obersten Geschosse. Auf der Grundlage von Rohbau und Fassade können dann, hier stark vereinfacht, die Haustechnikmontagen und die Ausbauarbeiten terminiert werden.

Nr	Vorgangsname	Dauer	Zuständig	März 2015					April 2015				Mai 2015			
				10	11	12	13	14	15	16	17	18	19	20	21	22
1	Bauteil L Ebene 1 7	14 Wochen														
2	Probebereich Technik	5 Wochen	Bau													
3	Abnahmen Bau	5 Wochen	Bau													
4	Abnahmen Technik	4 Wochen	Bau													
5	Gesamtfertigstellung	0 Wochen	Bau					◆ 26.03								
6	Möblierung ab	0 Wochen	LBBW						◆ 01.04							
7	Aufbau „Aktive Komponenten"	1 Woche	LBBW	08.03												
8	Inbetriebnahme Datenbank LBBW	6 Wochen	LBBW		15.03											
9	Fertigstellung Datenbank LbbW	0 Wochen	LBBW									◆ 23.04				
10	Bezug Mitarbeiter ab	0 Wochen	LBBW										◆ 03.05			
11																
12	Bauteil L Ebene 0	13,2 Wochen														
13	Bauliche Fertigstellung Bürobereiche	0 Wochen	Bau										◆ 30.04			
14	Fertigstellung Gebäude-Datenhauptverteiler BT L (L1)	0 Wochen	Bau													
15	Fertigstellung Gebäude-Datenhauptverteiler BT M (M1)	0 Wochen	Bau		◆ 05.03											
16	Fertigstellung Datenverkabelung in DoBo Bürobereiche	0 Wochen	Bau					◆ 25.03								
17	Fertigstellung Neuer Serverraum	0 Wochen	Bau						◆ 09.04							
18	Fertigstellung Streambahn	0 Wochen	Bau							◆ 16.04						
19	Inbetriebnahme Streambahn	1 Woche	LBBW							19.04						
20	Bezug Mitarbeiter	0 Wochen	LBBW									◆ 03.05				
21	Probebetrieb Technik	2 Wochen	LBBW									03.05				
22	Abnahmen Bau	2 Wochen	LBBW									03.05				
23	Abnahmen Technik	2 Wochen	LBBW										17.05			
24																
25	Bauteil M	6,2 Wochen														
26	Probebetrieb Technik	4 Wochen	Bau					05.04								
27	Abnahmen Bau	4 Wochen	Bau					05.04								
28	Abnahmen Technik	4 Wochen	Bau							19.04						
29	Gesamtfertigstellung	0 Wochen	Bau											◆ 14.05		
30	Möblierung ab	0 Wochen	LBBW											◆ 17.05		
31	Aufbau „Aktive Komponenten LBBW"	1 Woche	LBBW							19.04						
32	Inbetriebnahme Datenbank LBBW	3 Wochen	LBBW								26.04					
33	Fertigstellung Datenbank LbbW	0 Wochen	LBBW											◆ 14.05		
34	Bezug Mitarbeiter ab	0 Wochen	LBBW											◆ 17.05		

Abb. 5–75 Detailplan Inbetriebnahme

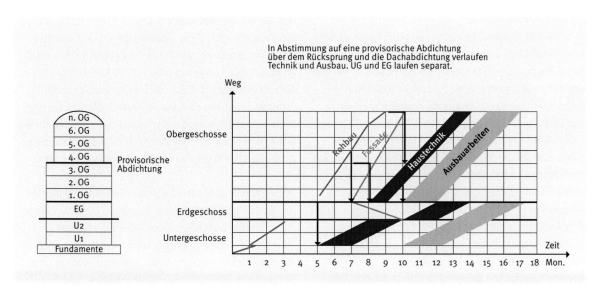

Abb. 5–76 Zeit-Weg-Termindiagramm

Die Haustechnik muss dabei auf bestimmte Mindestabstände zur Fassade sowie die Voraussetzung einer horizontalen Abdichtung abgestimmt werden. Die Ausbauarbeiten können dann geschossweise versetzt den Haustechnikmontagen nachlaufen. Untergeschosse und Erdgeschoss werden meistens separat terminiert, da dort andere funktionale Zusammenhänge bestehen. Die Technikmontage in den Untergeschossen kann in der Regel dann beginnen, wenn die Decke über dem Erdgeschoss abgeschlossen ist. Im Erdgeschoss sollten die Arbeiten erst nach Fertigstellung der Fassade durchgeführt werden (siehe Abb. 5–76).

Bauablaufsimulationen

Komplexe Bauprojekte in kurzer Zeit termingetreu und ohne Mehrkosten zu realisieren, erfordert leistungsfähige Planungs- und Managementinstrumente. Sie verdichten und abstrahieren Bauabläufe und ihre wechselseitigen Abhängigkeiten. Auch für routinierte Baufachleute ist eine Bauablaufsimulation wichtig, um in dem Wald aus Diagrammen und Netzplänen Problempunkte auf der Baustelle frühzeitig zu erkennen. Bei sehr komplexen Bauvorhaben können so die möglichen Problem-bereiche frühzeitig sichtbar gemacht und Alternativen für den Ablauf vorgeschlagen werden. Auch ohne Expertenwissen haben damit alle beteiligten Gremien verständ-liche Entscheidungsgrundlagen.

Vorgehensweise: Um den Baufortschritt dreidimensional simulieren zu können, werden vorhandene Planunterlagen, wie Lageplan, Grundrisse, Schnitte und Ansichten, sowie zusätzliche Angaben zu Bauabschnitten, Baustelleneinrichtung und Fotos der gegebenen Situation genutzt.

Aus diesen Quellen wird ein strukturiertes Datenmodell des Projekts und seiner direkten Umgebung erstellt. Daraus entsteht ein 3-D-Modell, das einem Echtmodell im Maßstab 1:500 entspricht. Für die Steuerdatei der Ablaufsimulation des Baufortschritts werden die Zeitinformationen aus dem Rahmenterminplan verarbeitet. Mithilfe dieser Steuerdatei wird das Datenmodell für die 3-D-Berechnung der Einzelbilder für die Simulation bzw. Animation des Bauablaufs erstellt (siehe Abb. 5–77a).

Präsentieren und kommunizieren: Grundsätzlich erhält der Bauherr den simulierten Bauablauf als Bildschirmpräsentation. Zusätzlich kann der Baufortschritt in Form von DIN-Plänen ausgegeben werden. Dazu wird die Bauablaufsimulation in ein reproduzierbares und skalierbares PDF-Datenformat übertragen. Jeweils 25 bis 30 Einzelbilder stellen aus verschiedenen Kamerastandpunkten den Ablauf des Baufortschritts dar und können mit zusätzlichen Erläuterungen und Legenden versehen werden (siehe Abb. 5–77b).

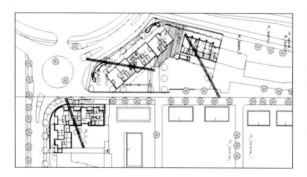

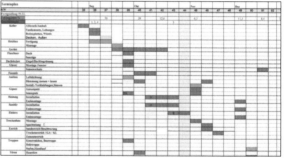

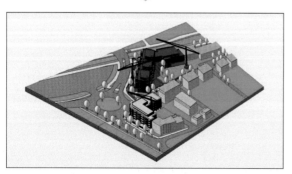

Abb. 5–77a Erstellen des 3-D-Modells

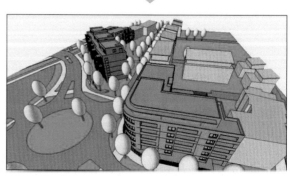

Abb. 5–77b 3-D-Animation des Bauablaufs

 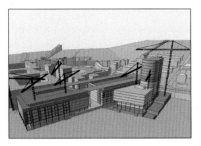 

Abb. 5–78 Bauablaufsimulation eines Verwaltungsgebäudes (© Drees & Sommer)

Zur Vorbereitung komplexer Bauvorhaben ist die 3-D-Simulation ein besonders gut geeignetes Instrument, weil sie räumlich darstellt, wie der Ablauf des Bauvorhabens geplant ist. Die Bauablaufsimulation ist eine wichtige Grundlage für die optimierte und stabile Projektvorbereitung und Planung. Sie verdeutlicht zeitliche und örtliche Zusammenhänge. Weil dazu reale Planungsdaten integriert werden, gibt die Visualisierung ein realistisches Abbild der künftigen Bautätigkeit wieder, vermeidet aber die schwer zu „lesende" Abstraktion von Terminplänen und Diagrammen. Die Möglichkeit, sich die Baustelle aus unterschiedlichen Perspektiven darstellen zu lassen, sowie die plastische Art der Informationswiedergabe vereinfachen und verkürzen Abstimmungsprozesse (siehe Abb. 5–78 und 5–79).

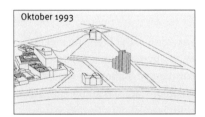 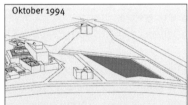 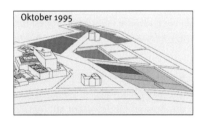

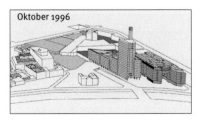  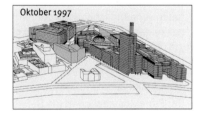

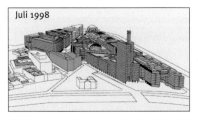  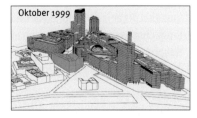

Abb. 5–79 Bauablaufsimulation Potsdamer Platz Berlin (© Drees & Sommer)

Kontrolle des Ablaufs (Regelkreis Terminkontrolle)
Auch wenn alle Voraussetzungen für eine optimale
Projektabwicklung wie eine

– effektive Projektorganisation,
– effiziente Planung der Abläufe und
– gut durchdachte Planung der Logistik

gegeben sind, bleibt ein Rest an Störgrößen bestehen,
die durch die o. g. Maßnahmen nicht oder nur schwer
zu beseitigen sind. Unerwartet lange Schlechtwetter-
perioden, Ausfall eines wichtigen Gewerks durch
Konkurs oder ähnliche Ereignisse erzwingen insbesondere in der Baudurchführungsphase ein elastisches
Vorgehen. Dies ermöglicht man am besten dadurch,
dass man sich vorausschauend durch Crash-Fall-
Betrachtungen Klarheit über mögliche Alternativen
verschafft.

In jedem Fall, vor allem bei extrem kurzen Fristen,
sollten sogenannte Beruhigungsphasen geplant
werden, in denen trotzdem auftretende Verzögerungen
abgebaut werden können.

Als wesentliche Voraussetzungen für eine erfolgreiche
Ablaufsteuerung sind folgende Punkte zu sehen:

– Der mithilfe der Netzplantechnik geplante Ablauf
  muss realisierbar sein, das heißt, er muss von
  erfahrenen Mitarbeitern aufgestellt werden.
– Die notwendigen Informationen müssen den Beteiligten in verständlicher Form übermittelt werden.
– Der Projektmanager muss so viel Erfahrung und
  Autorität haben, dass seine Anordnungen auch dann
  akzeptiert werden, wenn sie nicht von allen Beteiligten
  als optimal betrachtet werden.
– Der Projektmanager darf die Beteiligten nicht
  „von der Arbeit abhalten", das heißt, die Steuerung
  muss so organisiert sein, dass sie die Beteiligten
  möglichst wenig belästigt (keine endlosen
  Besprechungen mit z. T. gar nicht Beteiligten).

Steuerung der Projektdurchführung: Während der
Projektdurchführung steigt die Zahl der Beteiligten
sprunghaft an, sodass hier ein dauernder Kontakt des
Projektmanagements zu allen Beteiligten nicht mehr
sinnvoll ist. Es hat sich deshalb für die Steuerung der
Ausführung folgendes Schema herausgebildet (siehe
Abb. 5–80a).

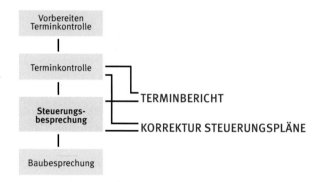

Abb. 5–80a Steuerungsbesprechung

Vorbereiten der Terminkontrolle: Der Projektmanager
stellt alle zum Stichtag zu überprüfenden Solldaten
in einer Soll-Ist-Liste zusammen. Außerdem werden
die erforderlichen Ablaufpläne optisch aufbereitet als
Diskussionsgrundlage für Terminkontrolle und Steuerungsbesprechung.

Terminkontrolle: Die Terminkontrolle auf der Baustelle
erfolgt durch den Projektmanager. Aus der Terminkontrolle werden nunmehr alle Vorgänge ausgefiltert,
die nicht mit den Sollterminen übereinstimmen. Für
diese Vorgänge wird überprüft, ob sie innerhalb eines
Terminpuffers liegen oder nicht.

Steuerungsbesprechung: In der Steuerungsbesprechung werden nunmehr anhand des Terminprotokolls
die kritischen Vorgänge durchgesprochen. Hierbei sind
vom Projektmanager und von den übrigen Beteiligten
geeignete Maßnahmen vorzuschlagen, die ein Aufholen
der Verzögerung ermöglichen (siehe Abb. 5–80b).

Diese Vorschläge können beispielsweise sein:
– Kapazitätserhöhungen
– Verkürzung von Folgevorgängen
– Änderungen in der Ablaufstruktur
– besondere Maßnahmen (Winterbau, Provisorien usw.)

Bei großen Projekten müssen die erforderlichen Maßnahmen bereits in der Steuerungsbesprechung zumindest bis zu einer bestimmten Größenordnung entschieden werden können. Dies bedingt, dass ein kompetenter Vertreter des Bauherrn bei dieser Steuerungsbesprechung anwesend ist. Im Übrigen sind hierbei nach Bedarf der Architekt und die Fachingenieure sowie eventuell Firmen hinzuzuziehen.

Terminbericht: Aus den Ergebnissen der Terminkontrolle und der Steuerungsbesprechung ist von dem Projektmanagement ein kurzer Bericht für den Bauherrn zusammenzustellen. Aus diesem Bericht sollen hervorgehen:

– erforderliche Entscheidungen des Bauherrn
– Stand der Arbeiten (Übersicht)

– besondere Vorkommnisse
– besondere Maßnahmen (vor allem wenn diese mit Zusatzkosten verbunden sind)
– Prognose zur Termineinhaltung

Der Bericht sollte den Umfang von zwei bis drei Seiten nicht übersteigen und übersichtlich gegliedert sein.

Korrektur der Steuerungspläne: Die Steuerungspläne müssen nach jeder Terminkontrolle intern korrigiert werden. Die Angabe der korrigierten Termine erfolgt durch die Ausgabe von Terminlisten im 6-Wochen-Rhythmus. Diese Listen sollen die Solldaten für die nächsten sechs Wochen enthalten.

Baubesprechung: In der Baubesprechung müssen die Bereichs- und Fachbauführer die beschlossenen Steuerungsmaßnahmen gegenüber den Firmen durchsetzen. Bei gravierenden Fällen werden zur Baubesprechung auch Oberbauführer, Projektmanager und Planer hinzugezogen.

Abb. 5–80b Steuerungsbesprechung Großprojekt

Materialversorgung und Baustelleneinrichtung
Die Anforderung an die Materialversorgung heißt:
Stillstandszeiten sind teurer Luxus. Nur wenn die Baustellenabläufe reibungslos ineinandergreifen, lassen sich Produktivität und Wirtschaftlichkeit von Baustellen deutlich verbessern. Es geht darum, Mitarbeiter, Geräte und Material zur richtigen Zeit in der richtigen Menge am richtigen Ort zum Einsatz zu bringen und dabei die Kosten für Beschaffung, Transport und Lagerhaltung im Auge zu behalten. Dabei bieten sich die besten Ansatzpunkte, Einsparpotenziale zu erschließen, die Wirtschaftlichkeit und Produktivität auf den Baustellen zu steigern und eine völlig neue Informationsqualität zu schaffen (siehe Abb. 5–81).

Baubetrieb und Projektmanagement müssen im Interesse durchgängiger und effizienter Prozesse verknüpft werden. Wirtschaftliches Bauen heißt unter anderem, Leerlaufzeiten infolge fehlender Geräte oder aufgrund von Materialengpässen zu vermeiden. Bei der Materialbeschaffung schlagen die Lieferkosten oftmals stärker zu Buche als der eigentliche Einkaufspreis. Optimale Nutzung der knappen Güter, Fläche und Zeit auf der Baustelle ist ebenso Voraussetzung für das Funktionieren wie die Durchsetzung gemeinsamer Spielregeln. Hierzu werden zwischen Auftraggeber und Auftragnehmer Sanktionsmöglichkeiten vereinbart, die wichtig sind. Sie werden aber nur selten angewendet, wenn die Planung der Materialversorgung professionell durchgeführt wird.

Materialversorgungs-Konzept: Bereits in der Planungsphase muss das Projektmanagement ein Konzept für den Baustelleneinrichtungsplan erstellen, um das Know-how effizienter Abläufe einzubringen. Dabei erhält die Baustelle wie in der stationären Industrie eine auf die Bauphase bezogene Layout-Planung. Dies frühzeitig festzulegen, spart Kosten und zeigt den Bauunternehmern, unter welchen Bedingungen sie ihr Gewerk erstellen können.

Es ist aber nicht nur die Logistik auf der Baustelle zu koordinieren; auch Nachbarn und der öffentliche Verkehr haben Ansprüche an die oft belastende Bauzeit. Meist können mit wenigen Mitteln, Kommunikation,

qualifizierter Steuerung der Abläufe und Einhaltung der Zusagen Akzeptanz und Toleranz bei den Betroffenen erzielt werden. Ergebnis dieser Koordination sind eine gleichmäßige Auslastung der Ressourcen, weniger störendes Material in Rettungswegen, weniger Materialschwund, Beschädigungen und Unfälle auf der Baustelle.

Materialversorgung bei Hochhäusern: Da Hochhäuser im Wesentlichen innerhalb von verdichteten Ballungsräumen erstellt werden, ist in aller Regel das Baufeld äußerst knapp bemessen. Dies führt grundsätzlich dazu, dass man eine externe Lagerhaltung mit kombinierter Vorfertigung zugrunde legen muss. Vor Ort sollte möglichst in allen Bereichen eine Just-in-time-Montage erfolgen, das heißt sämtliches Material sollte so angeliefert werden, dass es innerhalb kürzester Zeit verarbeitet werden kann. Dies wird zusätzlich dadurch erschwert, dass ein Hochhaus quasi eine vertikale Linienbaustelle darstellt, die aufgrund der geringen Grundfläche nur einen sehr begrenzten Einsatz von Transportmitteln zulässt. Das Ziel ist also eine Minimierung und Optimierung der Transportvorgänge, was wiederum die Forderung nach einer weitgehenden Vorfertigung verstärkt. Der Bauzeitenplan muss in Abstimmung mit einem genauen Transportfahrplan erstellt werden, der wiede-rum eine exakte Planung der einsetzbaren Transportmittel erfordert. In aller Regel werden heute zwei leistungsstarke Kletterkrane Form 250 bis 500 eingesetzt, die jedoch im Wesentlichen nur zur Beförderung der Bewehrung, der Deckenschalung sowie der Fassadenelemente benutzt werden sollten. Der Betontransport erfolgt über Betonpumpen mit oder ohne Zwischenstationen, und die Schalungen von Kernwänden und Außenwänden werden zur Entlastung des Krans als selbstkletternde Schalungen installiert.

Für den Ausbau werden entsprechende Außenaufzüge sowie mitwachsende Aufzüge in den Kernbereichen eingesetzt.

Die eng begrenzten Möglichkeiten im Rahmen der gesamten Logistik erfordern in Verbindung mit der Forderung nach kurzen Bauzeiten eine frühzeitige Auseinandersetzung mit den Rohbau- und Ausbaukonzepten und deren Abstimmung aufeinander.

Herbst 2004: Vorabmaßnahmen

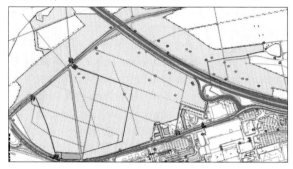 

Sommer 2005: Erdbau und Rohbau

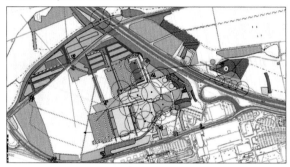 

Frühjahr 2006: Rohbau und Raumabschluss

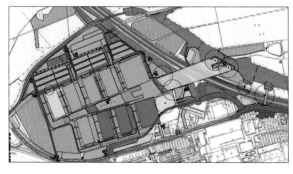 

Sommer 2007: Ausbau und Fertigstellung

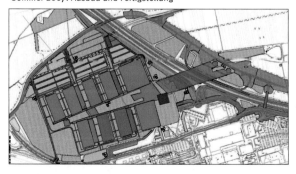 

Abb. 5–81 Logistikkonzept und Umsetzung in der Praxis

Geordnete Entsorgung: Seit 2005 sind die Entsorgungskosten auf Baustellen zunächst durch die AbfAblV-Abfallablagerungsverordnung (Verordnung über die umweltverträgliche Ablagerung von Siedlungsabfällen) erheblich gestiegen; genauer betrachtet aber nur die Mischabfallpreise. Fast 75 % der Vollkosten in der Entsorgung entfallen auf den Abfalltransport und nur 25 % auf die Verwertung. Empfehlenswert sind daher Rollcontainer oder Montagesäcke, die diese Transportkosten deutlich reduzieren. Dadurch kann jede ausführende Firma den Abfall schon bei der Verarbeitung nach Fraktionen getrennt in die abschließbaren Container oder Dämmmaterial in die leeren Montagesäcke werfen. So sind die Firmen selbst verantwortlich für ihre Entsorgungskosten. Alternativ müsste der Abfall vor dem Transport noch einmal auf den Boden geworfen und von Reinigungskräften getrennt und abtransportiert werden (siehe Abb. 5–82).

Abb. 5–82 Montagesäcke für Dämmarbeiten am Gerüst

Neben den ausführenden Firmen sind auch die Auftraggeber zufrieden, da der Prozess eine Vielzahl positiver Nebeneffekte hat:

- Eine sauberere Baustelle
- Weniger Vertikaltransporte durch Rollcontainer
- Höhere Produktivität
- Weniger Brandlasten
- Weniger Streitereien über Abfallherkunft

Sicherheit und Personenkontrolle: Der Kampf gegen Illegalität spielt im Baugewerbe eine besondere Rolle.

Schnell hat sich die Hoffnung auf eine günstige Vergabe einer Leistung als Trugschluss herausgestellt: Forderungen zur Nachzahlung von Sozialversicherungsbeiträgen an den Auftraggeber oder eine ungewollte Publizität in der Presse nach einer Razzia haben oft unerwartet viel mehr gekostet als eine Personenkontrolle auf der Baustelle. Eine solche Zugangskontrolle verhindert nicht nur illegale Beschäftigung, sondern reduziert auch Diebstahl und Beschädigungen. Das hierfür eingesetzte Personal regelt zugleich die Zufahrt zur Baustelle und überwacht das äußere Erscheinungsbild der Baustelle – ein wichtiges Indiz für die Realisierung einer hochwertigen Immobilie.

Sicherheits- und Gesundheitskoordination (SIGEKO): Das Projektmanagement muss sämtliche Dienstleistungen im Zusammenhang mit den Erfordernissen der Baustellenverordnung sicherstellen. Dies kann im Zusammenspiel mit der Logistikplanung und -überwachung relativ kostengünstig erfolgen:

- Durch die Zugangskontrolle werden alle neuen Unternehmen, deren zahlreichen Nachunternehmer sowie Unternehmer ohne Beschäftigte oder Arbeitgeber, die selbst auf der Baustelle tätig sind, erfasst und können gezielt eingewiesen werden.
- Ersthelfer werden ebenfalls im Kontrollsystem erfasst und dadurch wird die ausreichende Präsenz auf der Baustelle überwacht.
- Die logistische Koordination der Anlieferung und Lagerung von Material reduziert die vorgehaltenen Mengen und minimiert so das Versperren von Fluchtwegen.
- Das oben beschriebene Entsorgungssystem für den Ausbau mit Rollcontainern reduziert die Gefahren durch sonst herumliegende Verschnitte und Abfall wirkungsvoll am Entstehungsort.
- Das täglich erforderliche Mängelmanagement zur Überwachung der Reinigungsarbeiten reduziert die Gefahr des Stolperns und unnötige Brandlasten in den Etagen.
- Die auf der Baustelle anwesenden Logistikkoordinatoren stehen im laufenden Kontakt mit allen zuständigen Aufsichten und können so sehr schnell reagieren.

5.2.2 Baukostenüberwachung

Der Kostendeckungsnachweis ist das zentrale Instrument in dieser Phase. Im Kostendeckungsnachweis wird das Budget der Vergabeeinheit aus der Kostenplanung der Angebotssumme gegenübergestellt und die Kostenauswirkung als klare Entscheidungsgrundlage für die Projektleitung dokumentiert. Die Summe aller Kostendeckungsnachweise ergibt den Kostenanschlag zum Vergabezeitpunkt.

Für den Vergleich der Angebote müssen seitens der Projektsteuerung auch angebotene Nachlässe im Zusammenhang mit Vorauszahlungen durch entsprechende Methoden (z. B. Auf- oder Abzinsung) bewertet werden. Treten größere Abweichungen zum Kostendeckungsnachweis auf, werden die Ursachen aufgezeigt, um der Projektleitung entsprechende Verhandlungsmöglichkeiten in die Hand zu geben. Alle diese Tätigkeiten bedürfen der engen Abstimmung mit den jeweiligen Teilprojektleitern für die Anlagen- oder Bautechnik sowie den beauftragten Architekten und Fachingenieuren (siehe Abb. 5–83).

Daimler Benz Projekt Potsdamer Platz
KOWA-Kostenüberwachung

Kostendeckungsnachweis Stand 04.07.1995

Teilprojekt/Block	C	CI	debis
Vergabeeinheit	200	**Rohbauarbeiten**	
Angebot für:		**Beton- und Stahlbeton, Mauerwerk**	
		Abdichtungen	
Vorgeschlagener Bieter:		Häberle & Co	

				Preisbasis	Abrechnung
1	**Kostenermittlung (Budgetfestlegung dIM) netto vom**	**25.04.1995**			
(a)	Budget Vergabeeinheit 200			DM	34.260.000
(b)	zuzüglich Umbuchungen von			DM	4.890.000
(c)	abzüglich Umbuchungen zu			DM	-1.050.000
(d)	abzüglich vergebene Leistungen incl. Rückstellungen			DM	-1.000.000
(e)	abzüglich Rückstellungen für weitere Vergaben			DM	-2.500.000
(f)				DM	
(g)				DM	
(h)	Budget Angebotssumme einschl. Sicherheit			DM	34.600.000
(i)	abzüglich Sicherheit für Nachträge, Taglohnarbeiten in %	5.0		DM	-1.730.000
(k)	**Angebotsbudget gemäß Kostenermittlung = Vergleichskosten**			DM	**32.870.000**
(l)	abzüglich angestrebte Verhandlungsmarge in %	10,0		DM	-3.287.000
(m)	**Angestrebtes Verhandlungsergebnis**			DM	**29.583.000**
2	**Auftrags-LV netto vom**	**04.07.1995**			
(n)	Geprüfte Angebotssumme			DM	29.000.000
(o)	zuzüglich Lohngleitklausel in %	3,0		DM	870.000
(p)	Zuschlag/Abschlag bei Pauschalisierung in %	0,0		DM	0
(q)	**vorgeschlagene Vergabesumme**			DM	**29.870.000**
3	**Deckungsnachweis**				
	• Über-/Unterdeckung Angebotsbudget Kostenermittlung		(k-q)	DM	3.000.000
	• Über-/Unterdeckung angestrebtes Verhandlungsergebnis		(m-q)	DM	-287.000
	☐ Der Kostenrahmen kann vermindert werden um			DM	0
	☒ Den Rückstellungen (VE 9999) kann zugewiesen werden			DM	3.000.000
	☐ Budgetausgleich kann erfolgen aus VE-Nr.	XXX		DM	0
	☐ Die aktuellen Kosten erhöhen sich um.			DM	0
4	**Kostenauswirkungen**				
	Voraussichtliche Abrechnungssumme = aktueller Kostenstand			DM	31.600.000

Abb. 5–83 Kostendeckungsnachweis

Bei der Erstellung des Kostendeckungsnachweises ist zu beachten, dass ein gewerkegebundenes Budget für Nachträge eingeplant wird.

Zudem ist zur Kosteneinhaltung ein auftragsunabhängiges Reservekonto für nicht vorhersehbare Kosteneinflüsse anzulegen. Über dieses Konto darf nur die Gesamtprojektleitung verfügen. Das Verfahren sieht einen Kostenausgleich über dieses Reservekonto vor, indem Unterdeckungen aus Vergaben über dieses Konto gedeckt, Überdeckungen ihm zugeführt werden. Das Reservekonto kann im Projektverlauf mit entsprechenden Risikobetrachtungen stufenweise abgebaut werden.

Im Anschluss an die Vergabe der Leistungen erfolgt die laufende Kostenüberwachung während des Bauprozesses. Dabei werden alle auftragsbezogenen Daten computertechnisch überwacht. Im Gegensatz zu einer Projektbuchhaltung kommt es insbesondere darauf an, dass neben den Budgets, Aufträgen und Zahlungen auch Risiken aus dem Bauablauf erfasst und zu einer Kostenprognose zum Abrechnungszeitpunkt verarbeitet werden.

Kostenmanagement-Tools

Ein solides Kostenmanagement ist ohne die Anwendung von professioneller Software heute nicht mehr umsetzbar. Am Markt gibt es ein großes Standard-Angebot. Diese Standardsoftware ist jedoch überfordert, wenn es um große, komplexe Projekte geht und spezifische An-

forderungen des Bauherrn angedockt werden müssen. Es wurden aus diesem Grund im Laufe der Jahre spezifische Kostenmanagement-Tools für große und komplexe Projekte entwickelt, die auf diese hohen Anforderungen an das Kostenmanagement reagieren und den Gesamtprozess unterstützen (siehe Abb. 5–84).

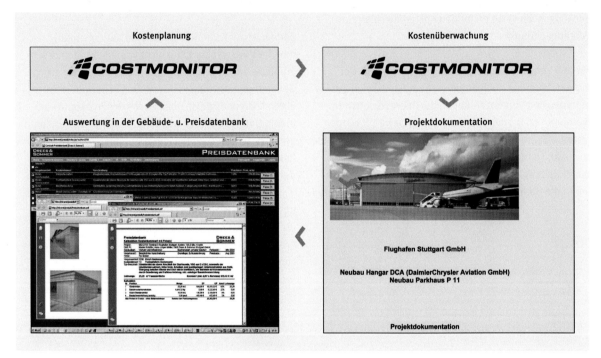

Abb. 5–84 Systemaufbau eines professionellen Kostenmanagement-Tools, Beispiel CostMonitor (© Drees & Sommer)

Generelle Funktionsweise: Es handelt sich um ein durchgängiges Kostenmanagement von der Budgetbildung über die Kostenermittlung bis zur Schlussrechnung und zur Kostenfeststellung. Weiterhin werden durch zusätzliche Features weitere Management-Leistungen, wie die Mittelabflussplanung oder die Bürgschaftsverwaltung, unterstützt. Aufgrund der umfassenden Strukturierungsmöglichkeiten können die Ergebnisse und Kostenprognosen zu jedem Projektzeitpunkt auf unterschiedliche Aggregationsstufen gegliedert und zusammengefasst werden. Die Budgetbildung erfolgt nach der Kostenelementmethode, indem alle Leistungen mit Menge und Einheitspreis erfasst werden. Durch Zuordnung zu Bau-

teilen und Vergabeeinheiten erfolgt die Budgetbildung, also die Definition der Sollkosten. Entsprechend dieser Projektstruktur werden im weiteren Projektverlauf durch Gegenüberstellung der vergabebezogenen Istkosten die Kostenverfolgung und die Prognose-Berechnung durchgeführt. Ergeben sich aufgrund freigegebener Planungsänderungen Budgetanpassungen, werden diese über Planänderungstestate dokumentiert.

Prognoseliste mit Aufträgen: Die Istkosten beinhalten die Hauptauftragssummen einschließlich des von der Projektleitung freigegebenen auftragsgebundenen Rückstellungsbudgets für Nachträge sowie die zu die-

Musterprojekt D&S

DREES & SOMMER

1.1 Übersichtsliste (mit Aufträgen)

Alle Beträge in EUR (netto)

Sortierung: BT und VE — **Zuständig:** Klaus Schwind

Stand: 26.02.2009

Optionen: inkl. vorläufiger Budgetierungen/Aufträge, mit Skonto

BT / VE	Aktuelles Budget	Freie Mittel	HA-Budget (gedeckt)	Vergabe Budget aktuell	HA+NV	Risiko (Real Case)	Rückst. (Real Case)	Zahlungs-anspruch	S	A	Mehrkosten (Real Case)	Prognose (Real Case)
BT 01 - Bürogebäude												
Σ VE 2000 - Herrichten, Erschließen	**4.587,00**	**4.587,00**	**0,00**	**0,00**	**0,00**	**0,00**	**0,00**	**0,00**			**0,00**	4.587,00
Σ VE 2200 - Öffentliche Erschließung	**7.645,00**	**7.645,00**	**0,00**	**0,00**	**0,00**	**0,00**	**0,00**	**0,00**			**0,00**	7.645,00
Σ VE 3100 - Baugrube	**63.145,05**	**63.145,05**	**0,00**	**0,00**	**0,00**	**0,00**	**0,00**	**0,00**			**0,00**	63.145,05
Σ VE 3120 - Verbau	**0,00**	**0,00**	**0,00**	**0,00**	**0,00**	**0,00**	**0,00**	**0,00**			**0,00**	**0,00**
Σ VE 3130 - Wasserhaltung	**1.469,40**	**1.469,40**	**0,00**	**0,00**	**0,00**	**0,00**	**0,00**	**0,00**			**0,00**	1.469,40
300/001 Topbau GmbH Rohbau			682.000,00	626.500,00	15.000,00	9.500,00	365.464,67	0,00				682.000,00
Nachweisleistungen		0,00	31.000,00	2.694,99	0,00	28.305,01	2.694,99	0,00				
Freie Mittel	0,00							0,00				
Σ VE 3200 - Rohbau	**682.000,00**	**0,00**	**682.000,00**	**682.000,00**	**629.194,99**	**15.000,00**	**37.805,01**	**368.159,66**			**0,00**	682.000,00
301/001 Glasbau Fassadenarbeiten		320.126,00	320.126,00	302.134,92	7.500,00	10.491,08	120.000,00	0,00				320.126,00
Freie Mittel	0,00							0,00				
Σ VE 3300 - Fassade, Dach	**320.126,00**	**0,00**	**320.126,00**	**320.126,00**	**302.134,92**	**7.500,00**	**10.491,08**	**120.000,00**			**0,00**	320.126,00
Σ VE 3310 - Dachdeckung, Dachabdichtung	**63.770,00**	**63.770,00**	**0,00**	**0,00**	**0,00**	**0,00**	**0,00**	**0,00**			**0,00**	63.770,00
Σ VE 3330 - Metall-, Glasfassade	**230.175,00**	**230.175,00**	**0,00**	**0,00**	**0,00**	**0,00**	**0,00**	**0,00**			**0,00**	230.175,00
Σ VE 3340 - Sonnenschutz, Blendschutz, Verdunkelung	**0,00**	**0,00**	**0,00**	**0,00**	**0,00**	**0,00**	**0,00**	**0,00**			**0,00**	**0,00**
Σ VE 3350 - Metallbau, Schlosser	**23.990,00**	**23.990,00**	**0,00**	**0,00**	**0,00**	**0,00**	**0,00**	**0,00**			**0,00**	23.990,00
Σ VE 3360 - Toranlagen	**0,00**	**0,00**	**0,00**	**0,00**	**0,00**	**0,00**	**0,00**	**0,00**			**0,00**	**0,00**
Σ VE 3410 - Installationsböden	**28.675,00**	**28.675,00**	**0,00**	**0,00**	**0,00**	**0,00**	**0,00**	**0,00**			**0,00**	28.675,00
Σ VE 3420 - Estrich	**32.927,00**	**32.927,00**	**0,00**	**0,00**	**0,00**	**0,00**	**0,00**	**0,00**			**0,00**	32.927,00

Abb. 5–85 Prognose-Liste mit Aufträgen

sem Auftrag freigegebenen Zahlungen. Dem Rückstellungsbudget werden die Nachtragsvereinbarungen, also die geprüften und vertraglich fixierten Nachträge, sowie die bekannten Auftragsrisiken gegenübergestellt. Ergeben sich aus den auftragsbezogenen Gegenüberstellungen zwischen Budget, Auftrag und Zahlung Überschreitungen, werden diese pro Auftrag, pro Vergabeeinheit, pro Bauteil ausgewiesen und schließlich für das Gesamtprojekt aufsummiert. Das Budget zuzüglich der Mehrkosten ergibt die aktuelle Prognose, die jederzeit unabhängig des momentanen Projektstandes ermittelt wird (siehe Abb. 5–85).

Kostendeckungsnachweis: Eine besondere Bedeutung beim Anlegen eines Auftrages kommt dem Kostendeckungsnachweis zu. Mit dem Kostendeckungsnachweis wird die Verknüpfung zwischen dem Budget, also den Sollkosten, und dem Auftrag, den Istkosten, hergestellt. Zur Deckung der Auftragssumme und der auftragsgebundenen Rückstellungen für Nachträge werden die für diesen Auftrag in der Kostenberechnung ermittelten Kostenelemente gegenübergestellt. Im Idealfall wird dieser Nachweis dem Bauherrn bereits vor Angebotsöffnung vorgelegt, um die maximal mögliche Auftragssumme als Verhandlungsziel gegenüber dem vorgesehenen Auftragnehmer darzulegen. Überschüssiges Budget kann den Projektrückstellungen zugebucht werden, um unterdeckte Vergaben auszugleichen.

Nachtragsvereinbarungen: Werden im Projektverlauf Nachbeauftragungen der Auftragnehmer notwendig, werden diese als Nachtragsvereinbarungen dem jeweiligen Hauptauftrag zugeordnet. Auftragsbezogene Kostenrisiken werden bereits bei Bekanntwerden mit einer Bandbreite des für den Bauherrn schlechtesten Falls (Worst Case) über den von der Projektsteuerung als am wahrscheinlichsten angenommenen Falls (Real Case) bis hin zum besten Fall (Best Case) erfasst.
So können einerseits rechtzeitig noch mögliche Gegensteuerungsmaßnahmen ergriffen, andererseits kann frühzeitig eine aktuelle Kostenprognose erstellt werden.

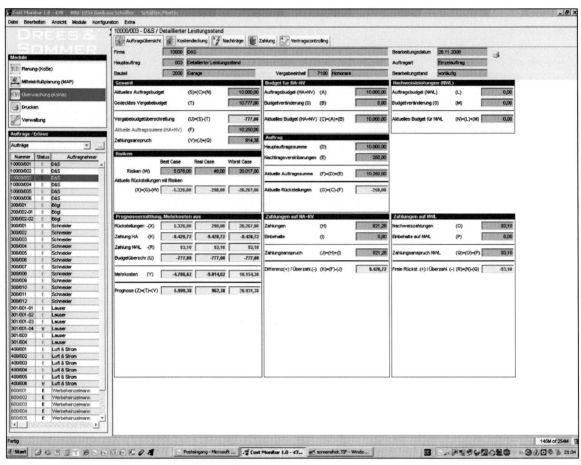

Abb. 5–86 Auftragsübersicht CostMonitor

Auftrags- und Zahlungskontrolle: Den Auftragssummen werden die eingegangenen und geprüften Rechnungen gegenübergestellt. Ergeben sich aus den Zahlungssummen zuzüglich der vorgenommenen Einbehalte Auftragsüberschreitungen, so werden diese als Mehrkosten ausgewiesen und fließen in die Prognose ein. Wichtig für eine steuerlich richtige Erfassung der Zahlungen ist die korrekte Behandlung eventueller Rechnungsabzüge. Hier ist zu beachten, ob es sich um sogenannte Entgeltminderungen handelt, da diese die zu entrichtende Mehrwertsteuer verringern (siehe Abb. 5–86).

Rechnungsabzüge wie vertraglich vereinbarte Einbehalte oder Umlagen sowie zusätzliche Belastungen durch Gegenforderungen werden bei jeder Rechnung richtig in Abzug gebracht. Natürlich wird zwischen den bauüblichen Rechnungs- bzw. Zahlungsarten Vorauszahlung, Abschlagszahlung, Teilschlussrechnung und Schlussrechnung sowie der Auszahlung eines Einbehaltes unterschieden. Skontoabzug und eine Überwachung der Bauabzugssteuer komplettieren die Möglichkeiten der Rechnungsabzüge.

Leistungsstandskontrolle: Bei besonders kritischen Aufträgen (z. B. hohes Auftragsvolumen, komplexe Leistung, schlechte Planung, „Nachtragsfreude" des Auftragnehmers) ist eine Überwachung des Auftrags durch reine Gegenüberstellung der Auftragssumme zum Leistungsstand nicht ausreichend. Der Projektmanager muss hier zusätzlich zu der zuständigen Objektüberwachung eine Überwachung auf Basis der Titelsummen vornehmen. Geschieht dies nicht, würde beim Beispiel Rohbau in der Auftragsüberwachung eine Überschreitung des Titels Erdarbeiten erst dann bemerkt werden, wenn zum Zeitpunkt der Stahlbetonarbeiten eine Überschreitung der Gesamtauftragssumme durch den gemeldeten Leistungsstand vorliegt. Der CostMonitor bietet hier die Möglichkeit, bei einzelnen Aufträgen eine detaillierte Leistungsstandskontrolle auf LV-Titel-Ebene vorzunehmen.

Kostenprognosen: Alle relevanten Informationen eines Auftrags werden auf einer Seite übersichtlich zusammengefasst. Anhand einer Rot-Grün-Visualisierung kann schnell erkannt werden, ob der Auftrag voraussichtlich im Budget abgerechnet werden kann oder nicht. Über einen Druckgenerator können die Daten beliebig zusammengestellt und in verschiedenen Formaten ausgegeben werden. Neben einer Vielzahl von vordefinierten Listen bietet CostMonitor die Möglichkeit, eigene Listen mit Filter, Sortierungen und Gruppierungen zu definieren.

Managementinformationen: Es ist sinnvoll, im Rahmen des Kostenmanagements sinnvolle Informationen abzulegen und zu verwalten wie z. B.:

- Bürgschaftsverwaltung: von der Anforderung einer Bürgschaft mit entsprechendem Hinweis bei der Rechnungsprüfung bis hin zur Prüfung der Voraussetzungen für die Rückgabe einer Bürgschaft
- kalkulationsrelevante Daten wie Nachlässe oder Zuschlagsätze
- Hinweise zu Nachlässen
- Kalkulationslohn, Angaben über Zuschlagsätze für Löhne, Stoffe, Geräte und Nachunternehmer
- vertraglich vereinbarte Vertragstermine
- Behinderungsanzeigen oder Bedenkenanmeldungen

Testprojekt Schäffer DREES & SOMMER

Alle Todos

Sortierung: Risiko-Sortierung, Risiko-Datum, Vertragstermine-Sortierung, Vertragstermine-Datum, Schrift. -Sortierung, Schrift.-Datum, Bürg.-Sortierung und Bürg.-Eingang

Zuständig: **Martin Schäffer**

Stand: **23.03.2009**

10000/001 D&S / Vecon I

Nr.	Art	Datum	Risiko	Real Case	Stand	.
0002	bMK	25.10.2007	fff		Prüfung OÜW	←
0001	NA	10.09.2007	Baulogistikkonzept	55.000,00	Prüfung OÜW	←
0003	NA	12.02.2008	noch ein offener Nachtrag	10.000,00	Prüfung OÜW	←

Nr.	Art	Datum	Vertragstermin	fällig	Stand	.
0001	ZT	01.03.2007	Leistungsaufnahme		mit Verzug erbracht	
0003	ZT	10.05.2007	Vorlage Terminplan der Planung	seit 683 t!	offen	
			20.01.2008 Neues Element			
			20.01.2008 Neues Element			
0002	ZT	10.04.2008	Vorlage Organisationshandbuch		fristgerecht erbracht	
0004	ET	20.01.2008	Neuer Vertragstermin 0004	seit 428 t!	offen	

Nr.	Art	Datum	Schriftverkehr	Stand	.
0002	Bd	16.01.2008	Bedenken wegen Feuchtigkeitsgehalt Estrich	zurückgenommen	←
0005	Bd	13.02.2008	Feuchte Stellen im Keller Achse GU, Gebäude 11	Prüfung OÜW	←
			13.02.2007 Bei Begehung mit AG feuchte Stellen festgestellt und dem Property Management gemeldet		
			15.02.2008 Weitere Besichtigung mit Feuchtigkeitsmessung durch das Büro DS-Plan		
			17.02.2008 Eingang Bericht DS-Plan: Leckage in TG-Abdichtung		
0001	Bh	04.09.2007	Enge Baustelleneinfahrt	Prüfung OÜW	←
			06.09.2007 Bauherr wurde auf die Seite gestellt.		
			07.09.2007 Jetzt steht er dem Planer im Weg rum.		
			08.09.2007 Bauherr darf jetzt beim Tragwerksplaner rumstehen.		
			15.02.2008 Bauherr steht einem ständig im Weg rum		
0006	Bh	05.02.2009	Fehlende Schalpläne	Prüfung OÜW	←
			07.02.2009 Schreiben an TWPL warum?		
			20.03.2009 Tragwerksplaner begründet warum		
0003	Ma	14.11.2007	Ausfall von Heizungsanlage Haus 3	offen	
0004	Ma	12.12.2007	Undichte Glaskuppel Gebäude 13	erledigt	

Nr.	Bürg.	Höhe	Bürge	Eingang	ausgest.	Bezeichnung	Stand	.
0003	VEB	12.456,32	Sparkasse Hinterzarten	12.03.2006	01.03.2005	89786/45-dgf	rückgefordert	←
0006	GLB	10.000,00	noch ein test		01.07.2008		eingereicht	
0005	GLB	4.444,00	testle	04.05.2006			angefordert	←
0004	GLB	4.587,00	Sparkassen	12.05.2006	01.05.2005	86513-98	zurückgegeben	
0001	GLB	15.000,00	Volksbank	01.09.2006	01.07.2005	sdfsadfasd	zurückgegeben	
0002	VGB	10.000,00	Landesbank BWn	15.08.2006	01.07.2005	12/78/*98.lsbs	eingereicht	

10000/002 D&S / Vecon III - Abzüge

Nr.	Art	Datum	Risiko	Real Case	Stand	.
0002	MM	29.01.2008	Risiko 1	1.000,00	Prüfung OÜW	←
0001	MM	29.01.2008	des ist ein neues Risiko	5.000,00	Prüfung OÜW	←
0003	MM	29.01.2008	Risiko 2	2.000,00	Prüfung OÜW	←
0004	MM	04.06.2008	jjjjj	33.333,00	Prüfung OÜW	←
			04.06.2008 ss			
			04.06.2008 bb			
0005	MM	04.06.2008		55,00	Prüfung OÜW	←
			04.06.2008 mmm			
0006	MM	04.06.2008	sss		Prüfung OÜW	←
			04.06.2008 aaa			
0009	MM	04.07.2008	Ein Risiko	100,00	Prüfung OÜW	←
0008	MKA	19.06.2008	qwe4rqewrtertert	3.000,00	Prüfung OÜW	←
			12.06.2008 NA eingereicht			
			19.06.2008 mit Fa. verhandetl, 20000 strittig			
			19.06.2008 null			
0007	NA	19.06.2008	Dixi-Klo	1.100,00	Prüfung OÜW	←
			24.06.2008 Klo ist verschissen			

10000/003 D&S / Detaillierter Leistungsstand

Nr.	Art	Datum	Risiko	Real Case	Stand	.
0001	MM	29.02.2008	ein Risiko nach SR	33,00	Prüfung OÜW	←
0002	MM	01.07.2008		5,00	Prüfung OÜW	←

D&S, Cost Monitor 1.0 - 466, Projekt Nr. 000-1234, Martin Schäffer, 23.03.2009 16.33 Uhr Seite 1/4

Abb. 5–87 To-do-Liste Bauüberwachung

Insgesamt ist es entscheidend, dass ein durchgängiges System zur Verfügung steht, das ohne Aufwand alle relevanten Daten zur Verfügung stellt, wenn es professionell betrieben wird.

Projektdokumentation: Mit der Projektdokumentation werden abgeschlossene Projekte im Hinblick auf Flächen, Kosten und Termine ausgewertet und die Kennwerte als Grundlage für weitere Projekte dokumentiert (siehe Abb. 5–87).

5.2.3 Qualitätsüberwachung (Supervision)

Die nächste Qualitätskontrolle ist im laufenden Baubetrieb notwendig. Hier muss abhängig vom Baufortschritt die Qualität überprüft werden, sodass sich
keine Serienfehler einschleichen oder bauliche Fakten
geschaffen werden, die zu Kompromissen führen. Durch
regelmäßige Qualitätskontrollen werden Überraschungen bei der Abnahme vermieden (siehe Abb. 5–88).

– Die 10er Regel: Eine Erfahrungsregel aus dem
  Qualitätsmanagement beschreibt, dass Fehler-
  behebungskosten um den Faktor 10 steigen, wenn
  Fehler nicht bereits in der Planung vermieden werden.
– Die 80/20-Regel: Die Erfahrungsregel der Ungleich-
  gewichtung besagt, dass sich 80 % der Fehler mit
  nur 20 % Aufwand verhindern lassen. Weitere 10 %
  der Fehlerbeseitigung erfordern jedoch 80 % Aufwand.

Technische und wirtschaftliche Kontrollen müssen in
allen Fällen von Gewerke-Experten durchgeführt
werden. Dies sichert die fachliche Qualifikation und
vor allem die Akzeptanz des Planers gegenüber den
Kontrolleuren. Darüber hinaus sollte der Kontrollierende
eine hohe soziale Kompetenz besitzen, ebenfalls zur
Akzeptanz durch den Planenden. Der Prüfer sollte nicht
nur als Prüfer agieren, sondern auch Coach, Berater und
Sparringspartner sein, denn im Team sind durch gegen-
seitiges Befruchten beste Ergebnisse zu erzielen.

Die Ergebnisse des Technisch-wirtschaftlichen
Controllings sind Transparenz, Sicherstellung von
wirtschaftlichen Planungskonzepten und Funktionalität.
Hinzu kommen Entscheidungssicherheit, Kostensicherheit, Kosteneinsparungen bei Investitionen und Betrieb
sowie Terminsicherheit. Oft vergessen, aber für die
Bauherren immens wichtig: das durch den Controller
erzeugte gute Gefühl, dass alles richtig läuft.

Abb. 5–88 Qualitätsüberwachung Ausführung

5.3 Steuern mit Lean Construction Management (LCM)

Im Projektmanagement für die Bauausführung werden zunehmend die Prinzipien des Lean Managements zugrunde gelegt, um eine stetige Verbesserung der Prozesse während der Projektlaufzeit sicherzustellen. Wie in der Produktion kann durch eine Stabilisierung der Prozesse eine deutliche Beschleunigung und Effizienzsteigerung erreicht werden. Die Ziele von Lean Management orientieren sich am Wertschöpfungsprozess:

– Den Mehrwert maximieren
– Die Verschwendung in den Prozessen minimieren
– Die Prozesse perfektionieren

Abgeleitet ist das Lean Management von KAIZEN, einem Prozess, der von Toyota entwickelt worden ist (siehe Abb. 5–89). Übersetzt wird KAIZEN als kontinuierlicher Verbesserungsprozess (KVP). „Verschwendungen" wie Mängel, Kostenüberschreitungen und Terminverzögerungen treten meist dann auf, wenn der Arbeitsprozess nicht genügend vorbereitet ist. Genau das soll mit KVP oder Lean Management geändert werden. Dazu muss das Projektmanagement allerdings deutlich mehr in die Tiefe der Inhalte und der Prozesse gehen. Das ist zu-

Abb. 5–89 Der kontinuierliche Verbesserungsprozess (KVP)

nächst aufwendiger als ein konventionelles Vorgehen. Allerdings wird dieser Mehraufwand (höhere Management-Fee) im Gesamtprojekt mit Terminverkürzungen und Kosteneinsparungen im zweistelligen Prozentbereich um ein Vielfaches aufgewogen!

Die Verbesserung läuft beim Bauprojekt aber schrittweise ab. Wenn eine Veränderung zum Standard geworden ist, wird die nächste in Angriff genommen (siehe Abb. 5–90).

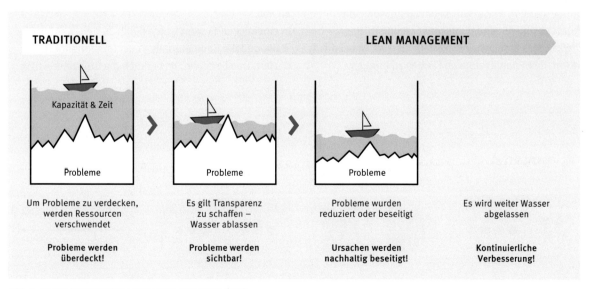

Abb. 5–90 Der kontinuierliche Verbesserungsprozess (KVP)

Damit zu erkennen ist, wo die Probleme liegen, müssen sie erkennbar gemacht werden. Das bedeutet, erst einmal alle eingebauten Puffer und Reserven zu entfernen, die die wahren Probleme verdecken. Danach erfolgt die Reduzierung der nun sichtbaren Probleme und es kann mit reduzierten Ressourcen, Kosten und Terminkalkulationen weitergehen. Ohne Verschwendung!

5.3.1 Das Prinzip von Lean Construction Management

Beim Lean Construction Management (LCM ®) übertragen die Projektmanager von Drees & Sommer das Erfolgsmodell des Lean Managements auf Bauprojekte und Baustellen. Durch die Konzentration auf Prozesse, Abläufe sowie die Informations- und Materiallogistik können diese stabilisiert und beschleunigt werden. Auf der Baustelle gilt es, Wartezeiten und Fehlerreparaturen zu vermeiden. Keine Arbeit soll doppelt oder unnötig erfolgen. Das richtige Teil muss in der richtigen Qualität zum richtigen Zeitpunkt und in der richtigen Menge am richtigen Ort sein (siehe hierzu auch Kap. 4.5.2).

Das Optimierungspotenzial wird bei LCM durch vier Prinzipien gehoben (siehe Abb. 5–91):

Fließen
Die Gesamteffizienz lässt sich steigern, wenn alle Prozesse untereinander ausgerichtet und in einem *Fließprozess* aufeinander abgestimmt sind. Man spricht davon, den Bauprozess zum Fließen zu bringen,

anstatt in Einzelaktionen zu versanden. Dazu wird die Baustelle mit den Instrumenten der Prozessberatung nach dem Gesamtoptimum für den Bauherrn ausgerichtet. Dieses neue Verfahren ist international erfolgreich und führt zu stabilen und verkürzten Projektlaufzeiten. Um das zu erreichen, ist es in der Regel auch besser, lieber später mit der Bauausführung zu beginnen und diese dafür sehr viel besser vorzubereiten.

Takten
Der Wertschöpfungsprozess wird in den Mittelpunkt gestellt und die Prozesse auf der Baustelle strukturiert und stabilisiert. Jeder Arbeitsschritt wird dafür exakt geplant. So spielt beim LCM das *Taktprinzip* eine große Rolle. In der Bauindustrie könnte ein Takt je nach Komplexität beispielsweise 2 bis 4 Tage betragen. Es wird auf diese Weise für jede ausführende Firma ein festes Zeitfenster eingeplant, in dem sie ungestört arbeiten kann. Dazu ist es aber auch erforderlich, dass alle Planer und Planbereiche im gleichen Takt Pläne produzieren, so wie in einem Ruder-Achter, der dann am schnellsten vorankommt, wenn alle Ruderer mit derselben Stärke und im gleichen *Takt* rudern. Das Grundprinzip beruht darauf, dass alle Gewerke mit dem gleichen Takt durch definierte Taktbereiche (Einheiten gleicher Größe und Abläufe) wie an einer Perlenschnur durchlaufen.

Ziehen
In einem „Pull-System", also durch *Ziehen*, werden die Pläne und die Baumaterialien nachfrageorientiert produziert. Das bedeutet, dass durch die Baustelle – bzw.

FLIESSEN	TAKTUNG NIVELLIERUNG	ZIEHEN	PERFEKTION
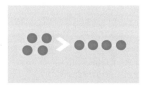	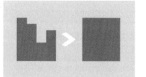		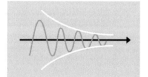

Abb. 5–91 Die vier Säulen des Lean-Prinzips

den geplanten Bauablauf – ein Nachfragesog erzeugt wird. Dieser „zieht" nur die Pläne und Baumaterialien, die auch wirklich für Produktion und Einbau benötigt werden, also eine Just-in-time-Lieferung von Plänen und Baumaterial.

Pläne werden damit zum spätesten möglichen Zeitpunkt erstellt, genau dann wenn sie von der Baustelle benötigt werden – natürlich mit einem angemessenen Zeitpuffer. Durch die ziehende Baustelle werden damit Pläne so erstellt, dass unnötiger Mehraufwand durch Änderungen und damit eine Überarbeitung der Pläne vermieden wird.

Eine Just-in-time-Bereitstellung der Pläne und des Materials ermöglicht eine stabile Austaktung der Bauabläufe und stellt sicher, dass die Gewerke im Takt bleiben und es keine Überschneidungen gibt. Ein solcher reibungsloser Ablauf trägt deutlich zur Qualitätssteigerung bei.

Perfektion

Das Null-Fehler-Prinzip, also die *Perfektion* der Planung und Bauausführung, soll auf Anhieb eine Kultur der Qualität anstatt eine Kultur der ewigen Nachbesserung schaffen. Dadurch können stabile und fehlerfreie Prozesse installiert werden, die die Planbarkeit erhöhen und die Verschwendung reduzieren. Qualität im ersten Anlauf.

5.3.2 Projektmanagement und Projektmanagement mit LCM im Vergleich

Der Einstieg in den Prozess ist bei beiden Verfahren derselbe: Es wird vom Projektmanagement ein Rahmenterminplan erstellt und daraus ein qualifizierter Generalablauf abgeleitet (siehe Abb. 5–92).

Beim klassischen Projektmanagement und vor allem bei der Projektsteuerung werden auf Basis des General-

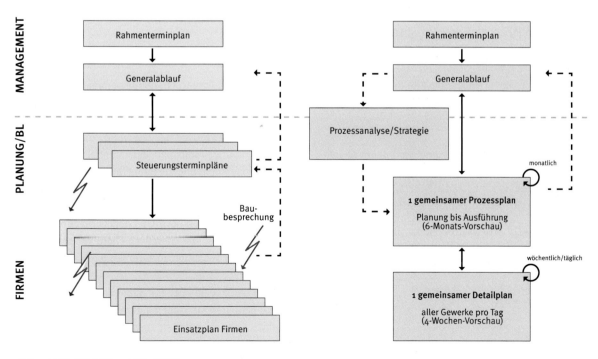

Abb. 5–92 Vergleich PM und PM mit LCM

ablaufs mit den Vertragsterminen die sogenannten Steuerungsterminpläne erstellt, die auch von der Bauleitung als Steuerungsinstrument verwendet werden.

Die Firmen erstellen ihre Einsatzpläne auf der Basis dieser Steuerungspläne (oder auch nicht), das heißt, die Steuerung erfolgt nach Vertragsterminen. Das wäre auch in Ordnung, wenn nicht häufig der Zustand auf der Baustelle oder die Plan- und Materiallieferung eine Termineinhaltung bei einzelnen Gewerken verhindern würde, was den gesamten Prozess durcheinanderbringt. Der Projektmanager und die Bauleitung haben dadurch alle Hände voll zu tun, um ein Chaos zu verhindern, und die Improvisation nimmt zu. Ein solch komplexes „Gebilde" ist aber mit Improvisation nur schwer oder gar nicht zu steuern. Ziel muss es also sein, eine belastbare Planung für alle Beteiligten zu erstellen, die sich auf aktuelle Gegebenheiten und notwendige Änderungen sehr flexibel einstellt, und das alles bei einem trotzdem getakteten Ablauf.

Das Lean Construction Management setzt genau hier an und verhindert damit diesen improvisierten und nicht mehr steuerbaren Zustand. Dies wird dadurch erreicht, dass auf der Basis des Generalablaufs eine Prozessanalyse unter Einbeziehung aller Prozessbeteiligten erstellt wird, in der auch die Daten des Rahmenplans nochmals gecheckt und gegebenenfalls angepasst werden. Daraus wird ein gemeinsamer Prozessplan für Planung und Bauausführung erstellt, aus dem dann die Detailpläne abgeleitet werden.

Das Lean Construction Management geht damit so vom Groben ins Feine, dass die Gesamtübersicht vorhanden ist und gleichzeitig ein belastbarer Detailterminplan für die nächsten Wochen bis auf Tages- oder Stundenbasis erstellt wird.

5.3.3 Konventionelles Ablauf- und Terminkonzept

Insgesamt läuft der Gesamtprozess des Lean Construction Managements auf der Basis des konventionellen Projektmanagements als kooperatives Prozessmanagement unter Einbeziehung aller Projektbeteiligten ab. Zunächst wird also wie üblich vom Projektmanagement in klassischer Form unter Verwendung von Erfahrungswerten ein Rahmenterminplan für die Planung und Bauausführung unter Berücksichtigung der Terminwünsche des Bauherrn erstellt.

Danach wird der Ablauf auf Schwachstellen und Risiken untersucht wie z. B.:

- Genehmigungs- und Einspruchsverfahren
- mögliche Baugrundprobleme
- die Verkehrs- und Anliefersituation
- die vorhandenen Baustelleneinrichtungsflächen etc.
- die ersten Überlegungen zur Taktung
- eine mögliche Vorproduktion
- der Bauablauf

Nach Bewertung dieser Punkte wird der Generalablaufplan für das Gesamtprojekt erstellt (siehe hierzu auch Kap. 2.6.1).

5.3.4 Der Lean-Construction-Management-Prozess

Das Thema Lean Construction Management wird als Methode von den Projektmanagern und Prozessberatern gemeinsam auf der Baustelle implementiert. Das Projektmanagement und die Bauleitung erhalten damit ein starkes, durchgängiges, einfaches und transparentes Werkzeug zur Steuerung der Abläufe. Hierbei wird die strategische Sicht (Top-down) mit dem vorhandenen Ausführungswissen der operativen Ebene (Bottom-up) zum optimalen Gesamtprozess verbunden.

Auf der Grundlage des Generalablaufplans arbeiten die Lean Construction Manager mit der Bauleitung und den einzelnen Firmen vor Ort eng zusammen. Das heißt auch, dass alle Gewerke schon früh als Partner ins Projekt einbezogen werden müssen, da eine enge Zusammenarbeit den Prozessablauf stabilisiert und die Chance auf gemeinsame Einsparpotenziale erhöht. Für alle Teilprojekte werden die Risiken frühzeitig definiert und vereinbart, wer–was–wann im Projektverlauf kontrolliert.

Der Prozess erfolgt in fünf Schritten, wie in Abb. 5–93 dargestellt. Er beginnt mit der kooperativen Gesamtprozessanalyse, auf deren Basis die Prozessplanung mit allen Beteiligten erfolgt. In der Detailebene wird die Tafelplanung durchgeführt und schließlich werden Kennzahlen erhoben, um die Verbesserungsschritte zu messen.

Abb. 5–94 Workshop zur Gesamtprozessanalyse

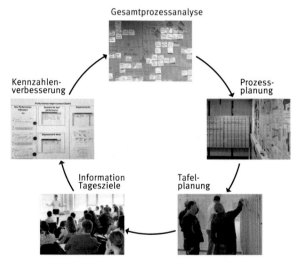

Abb. 5–93 Elemente des Lean Construction Managements

Ebenso intensiv werden die optimale Austaktung der Baustelle und des Gesamtablaufes zu einem konsistenten Ausführungskonzept überprüft und Schwachstellen oder Konflikte aufgezeigt und durch um 45 Grad gedrehte Anmerkungen dokumentiert (siehe Abb. 5–95). Die Gesamtprozessanalyse findet im Spannungsfeld zwischen Planung und Ausführung statt. Die Bauleitung hat damit die Möglichkeit, die Ideen der Planung zu verstehen und Optimierungen der Baustelle noch einfließen zu lassen. Nach diesem Schritt wird der Rahmenplan als Grundlage für die Prozessplanung aktualisiert.

Die kooperative Gesamtprozessanalyse
Den Beginn der kooperativen Steuerung bildet die Prozessanalyse des Generalablaufplans aus Prozesssicht mit allen beteiligten Planungsdisziplinen in Workshops (siehe Abb. 5–94).

Die Planung wird „reverse", also vom Ende des Prozesses her überprüft. Dies führt zunächst zum frühzeitigen Erkennen und Lösen von Konflikten in der Planungsphase.

Abb. 5–95 Ergebnis der Gesamtprozessanalyse

Die Prozessplanung

Zunächst wird das Projekt auf der Basis der Analyse in sinnvolle Teilprojekte zerlegt und bis auf einzelne Arbeitspakete untergliedert, für die dann später eine eigene Steuerung durch die entsprechenden Projektleiter erfolgen kann. Darauf aufbauend wird die Prozessplanung mit Austaktung der Gewerkefolge in den einzelnen Arbeitsbereichen/Taktbereichen erarbeitet.

Konkret wird zu Beginn jeder Projektphase (Rohbau, Ausbau, Inbetriebnahme) vorzugsweise auf einer 4- bis 6-Monats-Basis gemeinschaftlich definiert, wie die Prozessschritte ablaufen könnten. In jedem Taktbereich werden die Gewerke-Züge inklusive der erforderlichen Kapazität zur Austaktung definiert. Dabei werden die Ressourcen nivelliert, um Engpässe zu identifizieren und den Prozess zum Fließen zu bringen.

Die Prozessplanung wird als Gesamtplanung der Planungs-, Beschaffungs- und Bauaktivitäten (EPC-Planning – Engineering Procurement and Construction) für die nächsten vier bis sechs Monate einmal im Monat aktualisiert und fortgeschrieben (siehe Abb. 5–96).

Abb. 5–97 Entwicklung und Abstimmung des Prozessplans

Wichtig ist in diesem Stadium das Zusammenbringen von Planern, Projektmanagern, Bauleitern und Firmenvertretern mit einem geeigneten Kommunikationsmedium wie z. B. PKM. Nur so kann man die Hindernisse so früh wie möglich erkennen und Engpässe steuern. In gemein-

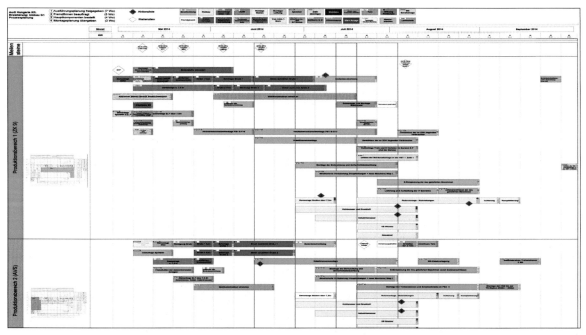

Abb. 5–96 Prozessplan

samen Workshops wird aus Sicht der Baustelle definiert,
welche Voraussetzungen wann erfüllt sein müssen,
damit die Baustelle reibungslos läuft (siehe Abb. 5–97).
Tafelplanung als Produktionsplan und visuelle Arbeitsvorbereitung:

Das sichtbarste Werkzeug des Lean Construction
Managements ist die Detailplanung auf einer Planungstafel auf der Baustelle. Dieser Produktionsplan auf
Tagesbasis für die nächsten vier Wochen wird als
aktives Steuerungswerkzeug auf der Baustelle von
der Bauleitung und den Unternehmen genutzt (siehe
Abb. 5–98 bis 5–100).

Abb. 5–98 Planraum mit Planungstafel und Ausführungsbereichen

Eine detaillierte und stabile Arbeitsvorbereitung wird
damit transparent und Schnittstellen, Abhängigkeiten
sowie Abläufe werden für jedermann klar erkennbar.
Die „Arbeitskarten" in der Plantafel stellen hierbei die
Arbeitsleistung eines Unternehmens für einen Tag in
einem definierten Arbeitsbereich dar. Probleme wie
z. B. fehlende Informationen werden auf der Tafel
durch Problemkarten visualisiert. Es ist damit auf
einen Blick ersichtlich, ob und wie viele Probleme für
einen reibungslosen Prozess gelöst werden müssen
und welche Anpassungen dafür erforderlich sind.

Identifizierte Engpässe wie Aufzüge, Kräne oder Lagerflächen können durch diese hohe Stabilität für die
nächsten Tage optimal ausgelastet werden. Eine Planung des Krans für die nächsten drei Tage auf Stundenbasis kann somit die Kranauslastung von einer
Produktivität von 35 % auf über 90 % steigern.

Abb. 5–99 Planungstafel im Detail

*Abb. 5–100 Nachverfolgen und Anpassen der gemeinsamen
Prozessplanung*

Inzwischen werden bei Drees & Sommer auch Online-Plantafeln eingesetzt, auf denen man die Plankarten digital verschieben und ändern kann (siehe Abb. 5–101).

Die Daten stehen damit auf unterschiedlichen mobilen Endgeräten zur Verfügung (Bsp. PC, iPad, iPhone etc.). Der Bauleiter kann somit vor Ort Aktivitäten prüfen oder die Tagesleistung kann dem Polier aufs Handy zugespielt und von ihm rückgemeldet werden. Aber auch – oder vor allem – bei der Nutzung einer digitalen Plattform ist das tägliche Meeting aller Beteiligten vor Ort an der Plantafel mit dem persönlichen Austausch und der notwendigen Abstimmung das wichtigste LCM-Element.

Der LCM-Raum auf der Baustelle wird damit zur Entscheidungszentrale auf der Baustelle. Alle nötigen Informationen wie der übergeordnete Prozess, die Planung der nächsten Monate, die Produktionsplanung der nächsten vier Wochen, offene bzw. zu lösende Probleme, Kennzahlen zu Stabilität und Qualität sowie

eine Visualisierung „wer arbeitet heute wo" werden damit für alle sichtbar. Der Prozess wird vom Groben ins Feine einfach visualisiert und ist damit so transparent, dass alle Beteiligten aktiv den Ablauf mitgestalten können. Der Anspruch ist, dass im LCM-Raum der Status der Baustelle, der letzten und der nächsten vier Wochen für jeden innerhalb von drei bis fünf Minuten ohne Erklärung ersichtlich ist.

Information über Tagesziele

Ein kurzes tägliches Update des Produktionsplans auf der Baustelle stellt die hohe Stabilität und Verlässlichkeit sicher.

Dabei ist es entscheidend, die beteiligten Arbeitskräfte in einer Art „Morgenappell" bereichsweise gemeinsam über das geplante und vereinbarte Tagessoll zu informieren (siehe Abb. 5–102). Dabei sollen auch erkannte Problemstellen und Schnittstellen im Prozess angesprochen und die Lösungsansätze allen mitgeteilt werden.

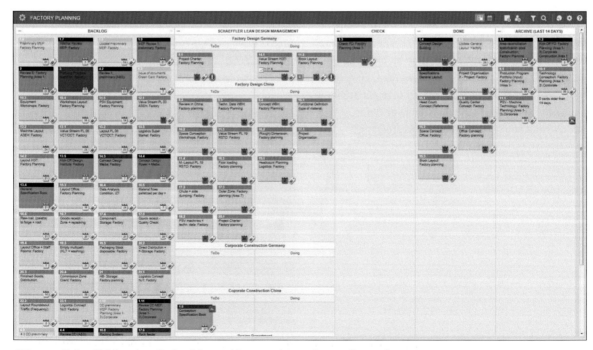

Abb. 5–101 Online-Whiteboard zum Nachverfolgen und Anpassen der gemeinsamen Prozessplanung

Abb. 5–102 Tägliche Information der Arbeitskräfte über den geplanten Tagesprozess

Aus dem Soll-Ist-Vergleich und den erbrachten Leistungen lassen sich sogenannte KPIs (Key Performance Indicators) ableiten, die die Abweichungen vom Leistungssoll in verschiedenen Bereichen/Gewerken darstellen. Dazu kommen die Gründe für eine schlechte Performance und Verbesserungsvorschläge. Außerdem werden bereits geschaffte Verbesserungen aufgezeigt.

Im Prozess wird zunächst das Tagesziel definiert und dieses dann anhand der Kennzahlen überprüft. Aus den Daten wird das Verbesserungspotenzial analysiert und in einem Verbesserungsworkshop so weit als möglich auf Realisierbarkeit gecheckt. Das Ergebnis fließt dann ins nächste Tagesziel ein, sodass ein kontinuierlicher Verbesserungsprozess ins Laufen kommt.

Effizienzmanagement und Verbesserung

Im System können verschiedene Kennzahlen erfasst werden, um die Stabilität zu messen und bei Bedarf aktiv gegensteuern zu können. Diese Kennzahlen können sein:

– die Termintreue pro Firma auf Tagesbasis
– die Qualität auf Tagesbasis
– die Nutzung der Engpassressourcen

Vorhandene Probleme werden so rechtzeitig für alle transparent und können gelöst werden (siehe Abb. 5–103).

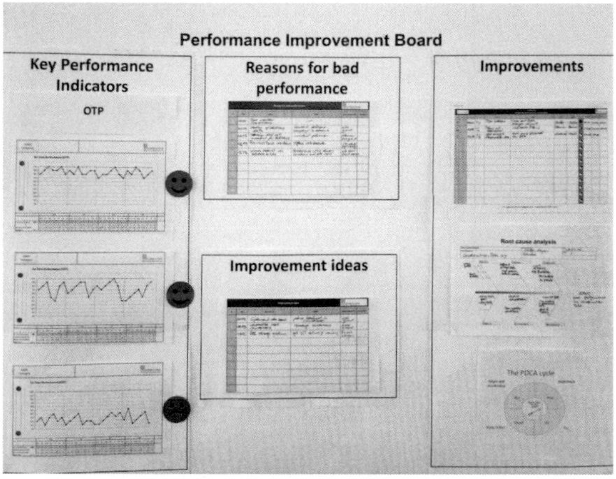

Diese Informationen werden auch häufig für eine Bonus-Malus-Regelung der Firmen genutzt.

Erfolgsfaktoren und Vorteile

Einschränkend muss angemerkt werden, dass zu Umsetzung von Lean Construction Management und KVP-Prozess doch sehr viel Prozesserfahrung sowie fachliche Kenntnisse und Moderationsgeschick erforderlich sind. Projektmanager, die dies beherrschen, werden den Bauherren allerdings sehr viel Geld einsparen und gute Qualität sicherstellen.

Im Einzelnen kann mit folgenden Vorteilen gerechnet werden:

– Einhaltung oder Unterschreitung des Projektbudgets
– Reduzierung von Qualitätsmängeln um über 30 %
– Wegfall von Behinderungsanzeigen
– Terminsicherheit bei Terminbeschleunigung um über zehn Prozent

Abb. 5–103 Erfassen und Darstellen von Performance-Kennzahlen

5.3.5 Verknüpfung von BIM und LCM

Durch die Lean-Methode kann in Verbindung mit BIM eine komplette Integration zwischen der „realen Welt" auf der Baustelle und der virtuellen Planung in BIM erfolgen. In BIM wird das digitale Gebäudemodell erstellt, das in Flächen-/Nutzungsmodule aufgeteilt wird. Auch die Gebäudeelemente werden zu definierten Modulen zusammengefasst. Die Flächenmodule sind die Basis für die späteren Montage- und Lieferbereiche, die von LCM in die Prozessplanung übernommen werden. Dies gilt ebenso für die Gebäudeelemente, deren Produktion und Anlieferung auf die Einbautermine von LCM abgestimmt werden.

Die Bauabläufe können so mit LCM und BIM in Varianten simuliert und optimiert werden. Dadurch bekommt die Ablaufplanung noch einen Verstärker, der bei allen äußeren Einflüssen auf der Baustelle einen sicheren Ablauf garantieren sollte.

Wenn man einen Blick in die Zukunft wagt, ist die Verbindung LEAN und BIM logisch und folgerichtig (siehe Abb. 5–104). BIM holt heraus, was lange in Plänen versteckt war und sich aus Listen nicht erschließen ließ: den ORT. Jedes Element hat in einem Modell eine Position und eine automatische Abhängigkeit zu anderen benachbarten Elementen. In einer fortgeschrittenen BIM-Umgebung haben die Elemente sogar noch eine Angabe zur Zeit, wissen also, wann sie nötig werden, welchen Weg sie nehmen müssen, um an den Bestimmungsort zu kommen, und wie lange dieser Weg dauert.

Daraus lassen sich spannende Spekulationen ableiten, was in Zukunft möglich wird. Dass wir Kosten aus Menge x Preis = Kosten mit präzisen Mengen aus einem Modell ableiten können, scheint schon fast banal. Die Menge/Produktivitätsrate und der Ort ergeben aber den Ablaufplan, was ungleich spannender ist.

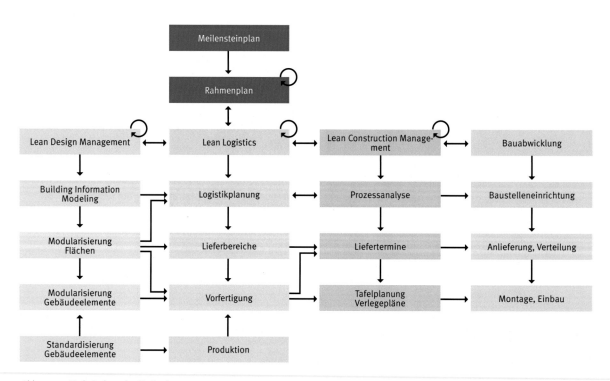

Abb. 5–104 Verknüpfung der Methoden

Durch BIM bekommt die Methode LEAN eine größere Genauigkeit und bessere Informationen und wird dadurch noch zusätzliche Potenziale heben können. Ebenso sichert Lean Construction Management die Umsetzung von BIM auf der Baustelle. Das Produktionssystem LCM übernimmt die BIM-Daten und kann bei einer Vernetzung mit Informationen der Logistikkette (Supply Chain Management) detaillierte Aussagen zur Baubarkeit und zum Ablauf auf der Baustelle geben. In Zukunft wird zudem über die Einbindung von Augmented Reality eine tatsächliche Vernetzung der realen und virtuellen Welt möglich sein. Der Blick durch das iPad verrät dann, ob die noch nicht vorhandene Tür rechtzeitig auf der Baustelle sein wird oder ob die eingebauten Lüftungskanäle die richtige Lage haben (siehe Abb. 5–105).

Abb. 5–105 BIM + Lean Management = professionelle Transformation des digitalen Gebäudes in die gebaute Realität

PROFESSIONELLER ÜBERGANG ZUM BETRIEB

Mag das Projekt noch so gut vorbereitet, geplant und ausgeführt sein – die Zufriedenheit des Bauherrn hängt letztlich davon ab, ob alles gut funktioniert, wenn die Nutzer bzw. die Mieter einziehen.

Um dies sicherzustellen, muss mit den Vorbereitungen bereits in der Planungsphase begonnen werden. Der Übergang muss minutiös geplant und so vorbereitet werden, dass dies alle Beteiligten als abschließenden Bestandteil des Bauprozesses verstehen. Dazu gehören auch die Mängelbeseitigung, die Sicherstellung des Betriebs- und Wartungspersonals sowie die Koordination der Nutzer bzw. der Mieter.

6.1 Inbetriebnahmemanagement, Abnahme, Übergabe (IAÜ)

Ein geordneter Gebäudebetrieb ist das Ziel des IAÜ-Prozesses. Der Projektmanager muss diesen Prozess organisieren und im Fall eines General Construction Managements auch inhaltlich verantworten. Es muss eine werkvertraglich definierte Leistung gegenüber dem Bauherrn abgeliefert werden, denn ein vollständig funktionierendes Gebäude ist wesentlicher Bestandteil der Planung und Objektüberwachung. Dabei gibt es verschiedene Übergabeziele (siehe Abb. 6–1).

Bei größeren Projekten sind die beteiligten Planer und Bauleiter in aller Regel mit einem qualifizierten Inbetriebnahmemanagement (nachfolgend IBM abgekürzt) überfordert. Es empfiehlt sich, zusätzlich und in Abstimmung mit dem Projektmanagement frühzeitig ein solches IBM – bestehend aus entsprechenden Fachleuten mit Managementerfahrung – zu beauftragen.

Dieses Inbetriebnahmemanagement sollte im Grunde schon in den HOAI-Phasen 1 und 2 beginnen, da eine reibungslose spätere Inbetriebnahme von einer vollständigen Durchplanung der späteren betrieblichen Organisation abhängt (siehe Abb. 6–2).

Spätestens im Rahmen der Entwurfsplanung aber müssen die IBM-Grundlagen erhoben werden, um anschließend die IBM-Planung durchführen zu können. Nach Abschluss der Bau- und Montagearbeiten beginnt die IBM-Durchführung bis zur Abnahme und danach der Abschluss mit Mängelbeseitigung und Dokumentation. Bei kritischen und nicht so professionell vorbereiteten Projekten empfiehlt sich gegebenenfalls in der Endphase die personelle Verstärkung des IBM durch eine „IBM-Task-Force".

Instanz	Ziele	Aufgaben
Landesbauordnung (LBO)	Bauordnungsrechtliche Nutzungserlaubnis gem. § 82 MBO (Musterbauordnung)	Fertigstellung Anlagen Funktionstests Interaktionstests Sachverständigenabnahmen Konformitätsbescheinigung
Betreiber	Betreiberverantwortung	Betriebsbereitschaft Energie-Monitoring Energiemanagementsysteme Einweisungen Betreiberhandbuch
Nutzer	Tatsächliche Nutzungsaufnahme	Mängelmanagement Optische Fertigstellung Arbeitsplatzanforderungen Nutzerfunktionen Nutzerhandbuch Umzugsmanagement
VOB	Rechtsgeschäftliche Abnahme durch den Bauherrn § 12 VOB, § 640 BGB	Mängelmanagement Bau-Soll/Ist-Abgleich Leistungsmessungen Funktionstests Energieeffizienz Emulation

Abb. 6–1 Ziele der Inbetriebnahme

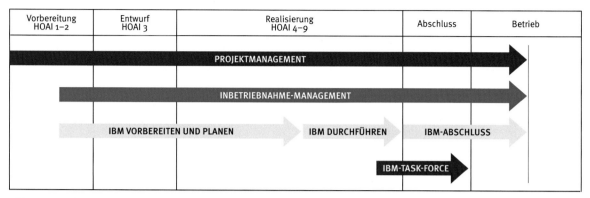

Abb. 6–2 Zeitlicher Ablauf des Inbetriebnahme-Managements

Bei komplexen Projekten, wie z. B. bei einem Kranken-haus, gibt es neben den IAÜ-Prozessen für den Bau und die Gebäudetechnik noch zusätzlich den Prozess für die Betreibertechnik. Im Falle des Krankenhauses ist das die komplexe Medizintechnik.

In Abb. 6–3 ist gut zu erkennen, wie die Prozesse der Inbetriebnahme von Bau, Gebäudetechnik und Medizin-technik versetzt ablaufen. Der Bau muss fertiggestellt

und abgenommen sein, bevor die Endmontagen der Gebäudetechnik und darauf folgend deren Prozess für die Inbetriebnahme beginnen.

Die Inbetriebnahme der Medizintechnik erfordert generell, dass die entsprechenden Schritte bei der Ge-bäudetechnik vorauslaufen, sodass das Gebäude nach Übergabe in die Betreiberverantwortung auch zügig in die Nutzerverantwortung übergeben werden kann.

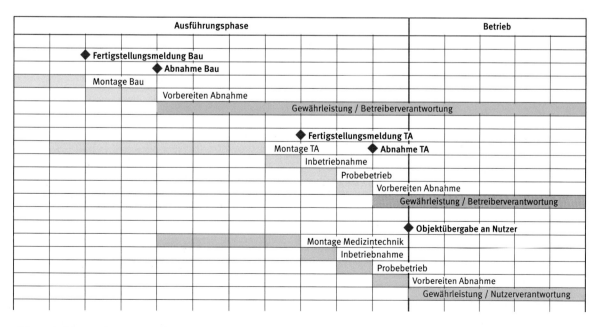

Abb. 6–3 IAÜ-Prozess bei einem Krankenhaus

6.1.1 Die Phasen des IAÜ-Prozesses

In Abb. 6–4 sind die drei Phasen des IAÜ im Zusammenhang und in vereinfachter Form dargestellt:

– Vorbereiten und Planen der Inbetriebnahme
– Durchführen der Inbetriebnahme und Übergeben
– Abschluss der Inbetriebnahme und Optimieren

Die drei Phasen sind wiederum in einzelne Schritte unterteilt, die in Abb. 6–4 stichwortartig bezeichnet sind.

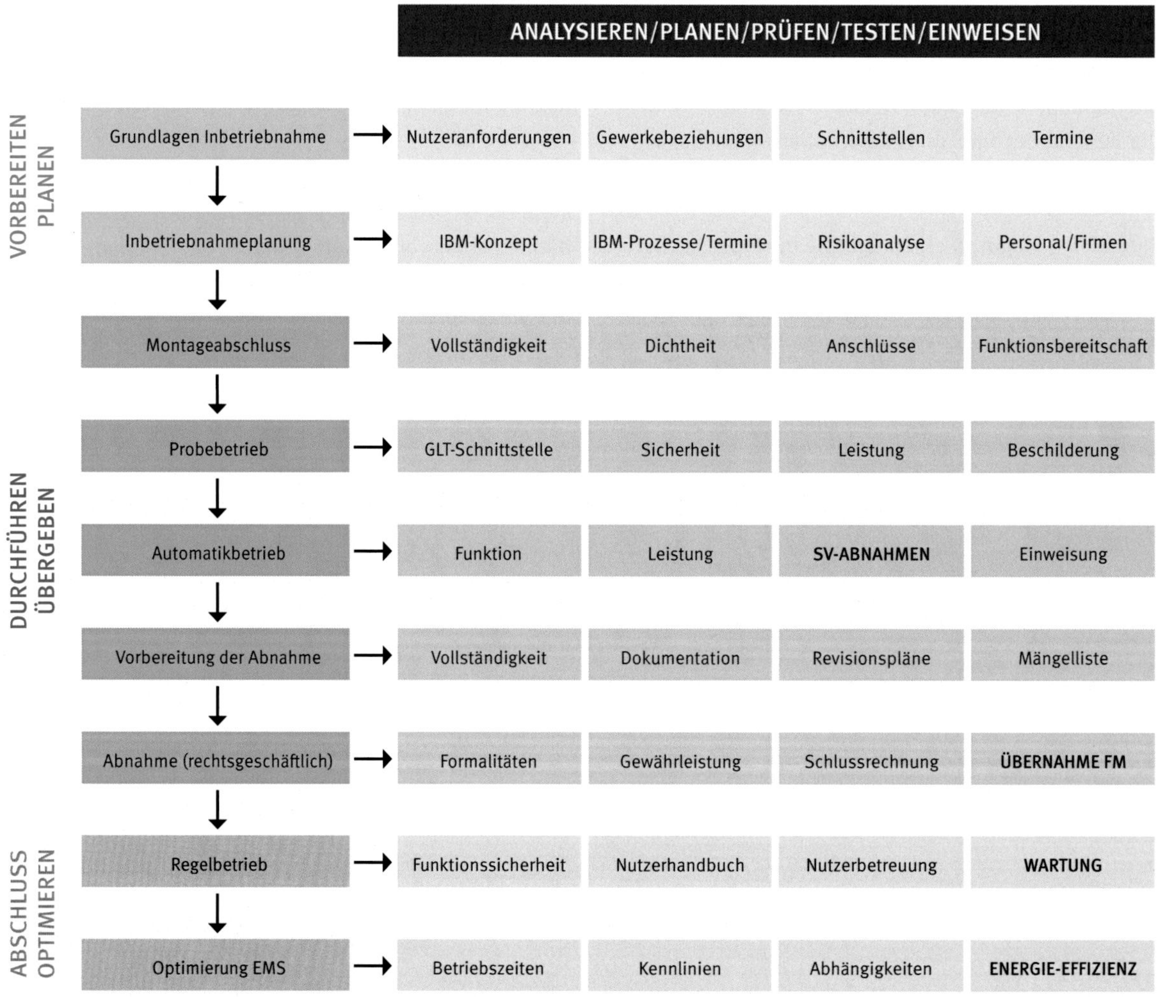

	ANALYSIEREN/PLANEN/PRÜFEN/TESTEN/EINWEISEN			
VORBEREITEN PLANEN				
Grundlagen Inbetriebnahme →	Nutzeranforderungen	Gewerkebeziehungen	Schnittstellen	Termine
Inbetriebnahmeplanung →	IBM-Konzept	IBM-Prozesse/Termine	Risikoanalyse	Personal/Firmen
DURCHFÜHREN ÜBERGEBEN				
Montageabschluss →	Vollständigkeit	Dichtheit	Anschlüsse	Funktionsbereitschaft
Probebetrieb →	GLT-Schnittstelle	Sicherheit	Leistung	Beschilderung
Automatikbetrieb →	Funktion	Leistung	**SV-ABNAHMEN**	Einweisung
Vorbereitung der Abnahme →	Vollständigkeit	Dokumentation	Revisionspläne	Mängelliste
Abnahme (rechtsgeschäftlich) →	Formalitäten	Gewährleistung	Schlussrechnung	**ÜBERNAHME FM**
ABSCHLUSS OPTIMIEREN				
Regelbetrieb →	Funktionssicherheit	Nutzerhandbuch	Nutzerbetreuung	**WARTUNG**
Optimierung EMS →	Betriebszeiten	Kennlinien	Abhängigkeiten	**ENERGIE-EFFIZIENZ**

Abb. 6–4 Die Phasen des Inbetriebnahme-Managements

6.1.2 Vorbereiten und Planen der Inbetriebnahme

Die unabdingbare Grundlage für ein erfolgreiches Inbetriebnahmemanagement ist eine professionelle Vorbereitung, die so früh wie möglich beginnen sollte.

Grundlagen der Inbetriebnahme

Zunächst sind die während der Grundlagenermittlung oder im Rahmen der Vorplanung definierten Nutzeranforderungen zu klären und zu katalogisieren. Diese können zum Teil aus dem Pflichtenheft des Projektmanagements für die Fachplaner (oder für eine Wettbewerbsaufgabe) entnommen werden.

Nach Analyse der beteiligten Gewerke wird eine Gewerkebeziehungs-Matrix auf Grundlage der Fachplanung und des freigegebenen Brandschutzkonzeptes erstellt und mit dem Projektmanagement, den Fachplanern und dem Brandschutzsachverständigen abgestimmt.

Bezogen auf diese Gewerkebeziehungs-Matrix wird ein Schnittstellenkatalog erstellt und fortgeschrieben. In ihm werden die Verantwortlichkeiten einzelner Beteiligten definiert. Es wird analysiert, inwieweit diese Schnittstellen und die Beziehungen der Gewerke untereinander für den Betrieb des Gebäudes technisch, organisatorisch, sicherheits- und verbrauchsrelevant sind.

Das Schlüsselgewerk für einen erfolgreichen IAÜ-Prozess ist dabei die Gebäudeautomation, da hochvernetzte Anlagenkomponenten zusammenwirken müssen. Dies erfordert aber vom Inbetriebnahme-Manager neben den Kenntnissen der Prozesse auch eine entsprechende Kompetenz in Mechanik, Hydraulik und IT.

Im Rahmen der Grundlagenermittlung werden außerdem die vorliegenden Projektunterlagen auf relevante Themen wie Rahmentermine, Bauabschnitte und besondere betriebliche Einflüsse durchforstet und diese dokumentiert.

Schließlich wird ein Pflichtenheft mit Festlegung der Aufgaben der Beteiligten im Rahmen des Inbetriebnahmemanagements, der vorgesehenen EDV-Werkzeuge sowie der Datenstruktur erstellt und gemeinsam verabschiedet.

Planung der Inbetriebnahme

Das Inbetriebnahmekonzept wird im Verlauf der Planung unter Berücksichtigung der Fachplanung der Gewerke, der Abhängigkeiten der Gewerke voneinander erstellt und fortgeschrieben. Dazu werden die einzelnen Prozesse mit ihren Abhängigkeiten ermittelt und dargestellt. Das Inbetriebnahmekonzept umfasst alle für den Betrieb der Liegenschaft technisch, organisatorisch, verbrauchs- und sicherheitsrelevant notwendigen Anlagen.

Auf der Grundlage von Gesamtterminplan und Inbetriebnahmekonzept wird der IBM-Terminplan inklusive der Darstellung der erforderlichen Meilensteine erarbeitet. Dazu gehört auch die Darstellung der Aufgaben und Verantwortlichkeiten für die am Bau Beteiligten sowie deren logischen Verknüpfungen, am besten in einem vernetzten Balkenplan.

Die Abnahmeverfahren müssen vereinheitlicht werden durch:

- Entwicklung und Dokumentation von Szenarien
- Prozesse für die Funktionsprüfungen der Anlagensysteme unter verschiedenen Betriebsbedingungen und Abhängigkeiten
- Entwickeln von Funktionstests
- Abstimmen mit den Beteiligten
- Checklisten für die Abwicklung von Prozessen
- Formulare für Prüfergebnisse

Da bei komplexen Prozessen immer Störungen auftreten, muss eine Risikoanalyse mit Abschätzung der Auswirkungen bei Fehlern und Verzögerungen erstellt werden. Auf der Grundlage der Ergebnisse werden Verfahrensweisen für die Behebung von Störungen festgelegt und dokumentiert.

Für die Abnahme und Übernahme werden Mitarbeiter und externe Unterstützung disponiert und ihre Verantwortlichkeiten geklärt, visualisiert und die Umsetzung terminiert. Dabei muss auch die Koordination der Gewerke inhaltlich und vertraglich klar geregelt und im Projekthandbuch festgehalten werden.

Leistungen ausführende Firmen						Einzeltermine				
						Fertigstellung	Inbetriebnahme	Abnahme	VOB	GWL
Vergabeeinheit	Beteiligte IAÜ					Teilschritte	Teilschritte	Teilschritte	Teilschritte	Teilschritte
Gewerk 1	x	b	c	d	e					
Gewerk 2	x	b	c	d	e					
Gewerk 3	x	b	c	d	e					
Gewerk 4	y	b	c	d	e					
Gewerk 5	y	b	c	d	e					
Gewerk 6	z	b	c	d	e					
Gewerk 7	z	b	c	d	e					
Gewerk 8	z	b	c	d	e					
Gewerk 9										
Gewerk N										

Abb. 6–5 IAÜ-Matrix

Für die Durchführung wird die sogenannte IAÜ-Matrix als zentrales Steuerungselement für den IAÜ-Prozess entwickelt. Diese ist nach Vergabeeinheiten und dem zeitlichen Verlauf des IAÜ-Prozesses gegliedert (siehe Abb. 6–5).

Die Meilensteine können über Ampelstellung und Wochentag definiert werden. Der Abgleich erfolgt in der Regel wöchentlich.

Mithilfe der im Projektmanagement üblichen P-I-Matrix (Probability-Impact-Matrix) können später die einzelnen Schritte im IAÜ-Prozess bewertet und gesteuert werden (siehe Abb. 6–6).

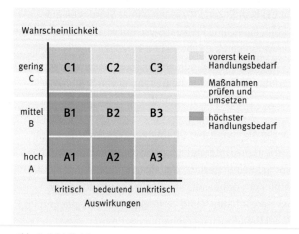

Abb. 6–6 P-I-Matrix

6.1.3 Durchführen der Inbetriebnahme

Dazu gehören die Durchführung, Überwachung der Umsetzung und Fortschreibung aller geplanten Inbetriebnahme- und Abnahmeprozesse auf der Basis des Inbetriebnahmekonzeptes. Z. B.:

– wöchentliche Jour-fixe-Termine (IBM-Jour-fixe) zur Koordination und Nachverfolgung der Inbetriebnahme-Prozesse
– Regelmäßige Statuskontrolle des Inbetriebnahme-Terminplans
– Übergreifende Koordination der Fachgewerke für die Abnahmen
– Management der Inbetriebsetzung der einzelnen Anlagen
– Prüfen der Inbetriebsetzung entsprechend vorbereiteten Formularen und Checklisten
– Sicherstellung der Einbeziehung von Zulassungs- und Genehmigungsbehörden
– Feststellung der Übergabe der Dokumentation
– Vorbegehungen zur Feststellung der Abnahmereife
– Einbindung und Koordination der Fachstellen des Auftraggebers in allen für die Inbetriebnahme des Gebäudes relevanten Punkten

Die einzelnen Schritte der Inbetriebnahme beginnen mit dem Montageabschluss und enden mit der rechtsgeschäftlichen Abnahme.

Sie sind in der Folge kurz stichpunktartig beleuchtet.

Montageabschluss

Zunächst muss über Sichtkontrollen überprüft werden, ob alle erforderlichen Anlagen fertig montiert sind, Druck- und Dichtheitsprüfungen durchgeführt und die Verkabelung komplett ist.

Probebetrieb 2 (Automatikbetrieb)

Die Anlagen werden vom Handbetrieb auf Automatikbetrieb umgeschaltet und es erfolgen die Funktionstests sowie stichprobenartige Leistungsmessungen mit dem Betreiber. Nachdem auch die Datenpunktprüfung stichprobenartig durchgeführt wurde, erfolgen die Sachverständigenabnahmen entsprechend den bau-

Abb. 6–7 Prüfen von Datenpunkten

Abb. 6–8 Einregulierung

Nach dem Schaltschrankeinbau (MSR/ELT) werden die Datenpunkte geprüft und die Informationsschwerpunkte (ISP) auf das Gebäudeleittechnik (GLT)-Netz aufgeschaltet (siehe Abb. 6–7). Schließlich wird eine mechanisch-elektrische Funktionsprüfung durchgeführt. Das IBM-Management protokolliert die Funktionsbereitschaft und meldet die Bereitschaft zum Probebetrieb.

Probebetrieb 1 (Handsteuerung)

Die Anlagen werden im Handbetrieb angefahren und zugeschaltet. Danach wird geprüft, ob die GLT auf die Anlage zugreifen kann. Nach Überprüfung aller Sicherheitskomponenten und Abläufe beginnt die hydraulische und elektrische Einregulierung der Anlagen mit Leistungsmessung (siehe Abb. 6–8).

Bei der Dokumentation muss das Inbetriebnahme-Management die Vorgaben aus der Ausschreibung beachten und Form/Inhalt mit dem Betreiber abstimmen.

rechtlichen Vorgaben. Dies bezieht sich vor allem auf sicherheitsrelevante Einrichtungen wie z. B. CO-Warnanlagen, Brandmeldeanlagen, Feuerlöschanlagen und Sicherheitsbeleuchtung. Aber auch auf Elektroanlagen zur Aufrechterhaltung des Betriebes in Krankenhäusern oder geschlossenen Großgaragen. Die Einzelprüfungen und die jeweiligen Qualitätsanforderungen für die Prüfer sind in der sogenannten ZÜS-Liste definiert (ZÜS = Zugelassene Überwachungsstelle für die Prüfung von überwachungsbedürftigen Anlagen).

Die Einweisung der Betreiber erfolgt zum Abschluss an den laufenden Anlagen anhand der Pläne und Bedienungsanleitungen. Dazu gehören insbesondere auch die Erläuterungen zur Störungsanalyse und zu den Maßnahmen im Störfall.

Vorbereiten der Abnahme

Im Anschluss an die vorbereitende Begehung von Objektüberwachung und Auftragnehmern erfolgen Begehungen mit Bauherr, Nutzer und Betreiber zur Feststellung der erbrachten Leistungen, des Zustands der Anlagen und des Status der Mängellisten (siehe hierzu auch Kap. 6.2).

Parallel dazu überprüft die Objektüberwachung der Fachplaner die von den Auftragnehmern übergebene Dokumentation und Revisionspläne auf technisch-fachliche Vollständigkeit und übergibt diese an das Facility Management des Bauherrn bzw. Betreibers/Nutzers. Nach Freigabe der Dokumentation durch den Bauherrn wird die Abnahmebereitschaft gemeldet.

Abb. 6–9 Abnahmesituation

Abnahme (rechtsgeschäftlich)

Nach Abschluss der vorstehend aufgeführten Prozess-Schritte erfolgt nun die rechtsgeschäftliche Abnahme im Sinne des Werksvertragsrechts nach VOB B § 12 oder BGB § 640. Der Bauherr ist zu diesem Zeitpunkt zur Abnahme verpflichtet, wenn alle Leistungen ordnungsgemäß erbracht und die Funktionsfähigkeit gegeben ist (siehe Abb. 6–9). Eine Ausnahme besteht dann, wenn die Revisionspläne noch nicht oder nicht vollständig von den Auftragnehmern übergeben wurden. In diesem Falle kann eine Abnahme verweigert werden. An der Abnahme sollten im Übrigen neben dem Bauherrn noch folgende Beteiligte informell bzw. zur Klärung von Fragen teilnehmen:

– Die Fachverantwortlichen des Bauherrn
– Die Fachplanung und ihre Objektüberwachung
– Der Betreiber der Anlagen (FM)
– Die Nutzer, soweit vorhanden

Nach der Abnahme werden die Gewährleistungsfristen für jede Vergabeeinheit definiert, verbindlich mit den Auftragnehmern vereinbart und dokumentiert. Dann erfolgt die Prüfung und Freigabe der Schlussrechnungen, soweit nicht Einbehalte für weitere Mängelbeseitigungen während des Betriebs erforderlich sind.

Der Betrieb wird nun durch das Facility Management des Bauherrn übernommen und geht in den Regelbetrieb.

6.1.4 Begleiten des Betriebs im 1. Betriebsjahr

Die Nutzer kommen und das Gebäude wird vollständig besiedelt. Das ist für den Betrieb in aller Regel eine kritische Situation, denn zu diesem Zeitpunkt verlassen so gut wie alle Planer und ausführenden Firmen das Projekt, da es ja in die Hand des Bauherrn und des Facility Managements übergeben ist. Damit gehen in der Regel all diejenigen von Bord, die das Gebäude erdacht, die Konzepte entwickelt, Simulationen durchgeführt und Anlagen installiert haben. Jetzt gilt es, den reibungslosen Betrieb zu sichern und die Nutzer so zu informieren, dass sie mit dem komplizierten System richtig umgehen lernen.

Regelbetrieb

Gerade energieeffiziente Gebäude werden mithilfe von dynamischen Simulationen oft sehr präzise auf bestimmte Nutzungsszenarien und Betriebsweisen ausgelegt. In der Nutzung ist eine entsprechend sorgfältige Betriebsführung von ebenso großer Bedeutung. Hierbei muss das Gebäudemanagement vom Inbetriebnahme-Management in der Anfangsphase der Nutzung weiter unterstützt werden, um die Funktionssicherheit zu erreichen – am besten im ganzen ersten Betriebsjahr. Nachregulierungen sind unter Betrieb immer erforderlich und die Grundlage für die Zufriedenheit des Bauherrn.

In den ersten Monaten nach dem Bezug eines Gebäudes müssen sich aber neben dem Betriebspersonal auch die Nutzer zunächst mit dem Gebäude und seinen – möglicherweise ungewohnten – Funktionen vertraut machen. Hinzu kommen in der Anfangsphase oft Probleme mit zu kalten Heizkörpern, falsch gesteuertem Sonnenschutz, missverständlichen Bedienpaneelen und allgemeinem Unwohlsein in neuer Umgebung. Um die Nutzer mit den spezifischen Konzeptmerkmalen des Gebäudes vertraut zu machen, sollten diese in Form einer kompakten Nutzer-Informationsbroschüre vermittelt werden können.

Trotz Nutzerhandbuch bleibt das Gebäudemanagement der erste Ansprechpartner bei Problemen und muss die Nutzer entsprechend betreuen. Hierbei können entsprechende Schulungen durch das IBM unterstützen. Ebenfalls in dieser Phase müssen die Wartung und Instandhaltung der Anlagen sowie die Restmängelbeseitigung vom IBM überwacht werden (siehe auch Kap. 6.2 und 6.3).

Optimierung EMS

Auch wenn komplexe Gebäude wie z. B. Krankenhäuser mit hohen Komfort- und Nutzungsansprüchen sehr professionell und integriert geplant und in Betrieb genommen wurden, müssen sie nach der Inbetriebnahme intensiv einreguliert und optimiert werden. Häufig zeigt sich dabei, dass viele Gebäude im Betrieb hinter den Zielvorgaben und Planwerten zurückbleiben – auch weil die Zeit der Einregulierung oft zu knapp bemessen ist. Denn oftmals besteht gerade in dieser Phase keine Möglichkeit, die Einhaltung der gesetzten Energieeffizienz-Ziele zu überprüfen. Somit besteht die Gefahr, dass Unzulänglichkeiten in den Anlagen erst nach Jahren – oder auch gar nicht – entdeckt werden. Bis dahin führen sie zu unnötig hohen Energiekosten und spürbaren Einbußen beim Nutzerkomfort. Die umfassende Optimierung der Betriebsführung beinhaltet unter anderem:

– Überprüfung der Planungsvorgaben, insbesondere der Funktionsbeschreibung, wie z. B. Soll-Ist-Werte, Zeitprogramme, Kennlinien;
– Prüfung der Einhaltung der Komfortziele, z. B. Raumtemperaturen, Luftwechsel;

– Überprüfung und Optimierung der Funktionen einzelner Anlagenteile, z. B. Kältemaschinen, freie Kühlung etc. sowie ihrer Energieeffizienz.

Verbrauchswerte zu überprüfen ist schwer möglich, denn anhand der jährlichen Abrechnung lässt sich lediglich der Gesamtenergieverbrauch ermitteln. Ob dieser jedoch durch Heizen, Kühlen, Lüften oder Beleuchten verursacht wird – und wie effizient dieses vonstattengeht –, das kann nicht oder nur mit erheblichem Aufwand ermittelt werden.

Abhilfe schafft ein Energiemanagementsystem (EMS), das in der Lage ist, ein virtuelles Vergleichsmodell des realen Gebäudes inklusive seiner Technik abzubilden. Gleichzeitig werden die Sollwerte für die verschiedenen gebäudetechnischen Anlagen parallel abgebildet. Damit lassen sich die gemessenen Verbrauchswerte kontinuierlich mit den berechneten Referenzwerten vergleichen. Der Betreiber erhält so fortlaufend Auskunft darüber, ob sein Gebäude energieeffizient betrieben wird oder nicht. Vor allem bei Gebäuden, in denen für die Konditionierung der Nutzungsbereiche erhebliche Energie aufwendet werden muss, wie z. B. Krankenhäuser, Flughäfen, Einkaufscenter, Rechenzentren, ist der Einsatz eines EMS sinnvoll.

Das System besteht aus zwei Komponenten: zum einen den Messgeräten, die an die wesentlichen Energieverbraucher – wie z. B. Heizungsanlagen, Kältemaschinen etc. – angeschlossen werden, zum anderen der Software – mit der integrierten Simulation der gebäudetechnischen Anlagen –, die die Daten empfängt und mit Referenzwerten vergleicht. Dadurch werden automatisch Energieeinsparpotenziale sichtbar. Energiemanagementexperten werten diese regelmäßig aus und beraten bei Bedarf zu Optimierungsmaßnahmen oder Gewährleistungskonsequenzen. Anhand von Wirtschaftlichkeitsanalysen werden rentable Optimierungsmaßnahmen aufgezeigt und umgesetzt.

Das Ergebnis sind 10 bis 20 % Energieeinsparungen – bei den meisten Projekten noch mehr. In der Regel amortisiert sich die Investition in ein bis drei Jahren. Zudem fördert das Bundesamt für Wirtschaft und Ausfuhrkontrolle (BAFA) die Implementierung eines EMS.

6.2 Mängelbeseitigung

Mit der immer weiter zunehmenden Komplexität der Bauvorhaben sowie der immer schneller werdenden Bauabwicklung mit hohen Gleichzeitigkeitsfaktoren sind Fehlerroutinen in der Regel nicht mehr möglich. Damit kommt es zwangsläufig zu einer massiven Häufung von Mängeln, die oft nur in mehreren Runden abgestellt werden können (siehe Abb. 6–10).

Die Mängelerfassung, -verwaltung sowie -bewertung gewinnt daher in der Schlussphase des Bauprozesses eine maßgebliche Bedeutung.

Eine effiziente und transparente Steuerung der Mängelbeseitigung ist Voraussetzung, um eine möglichst reibungslose und für den Nutzer verträgliche Inbetriebnahme/Übernahme sicherzustellen.

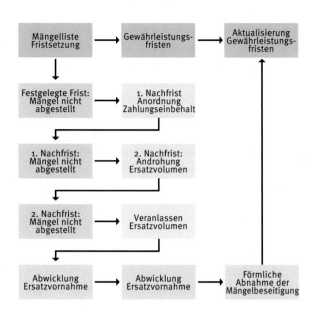

Abb. 6–10 Mängelbeseitigung als langwieriger Prozess

Hauptgewerke	Standard							Bewertung bez. Eröffnung	Status Mängelbeseitigung				Qualität Mangel					
													Beseitigung erforderlich			Minderung möglich		
													Auswirkung auf					
	Nummer	Codierung für genaue Lageverortung	Beschreibung Mängel	Frist	monetäre Bewertung 1fach / 3fach	Terminkritisch in Bezug auf 30.06.07	Bemerkung	von AN freigemeldet	von AG bestätigte Freimeldung	von AN strittig gestellt	von AN als nicht beseitigbar gestellt (Minderung)	Funktions- und Nutzungstauglichkeit	Unterhalt/Wartung	starke optische Beeinträchtigung	mit 1. Wartungs-/Instandhaltungsintervall zu beseitigen	leichte optische Beeinträchtigung
Rohbau																	
FAS/Stahlbau																	
Dach																	
Ausbau																	
TGA																	
Freianlagen																	
Summe																	

Abb. 6–11 Beispiel Mängel-Clustering

Es ergeben sich somit folgende wesentliche Anforderungen an das Mängeltool:

- Erfassung aller notwendigen Daten im Beseitigungsprozess (Lage, Wert, Frist, abnahmehemmend)
- leichte Sortier- und Filtermöglichkeiten
- Definition von Rechten für einzelne Nutzergruppen (AG, BL AG, AN, NU)
- leichte Zugänglichkeit für alle Beteiligten

Neben den vertraglichen Voraussetzungen ist zwingend erforderlich, die notwendige zu erfassende Datenbasis zu definieren und in einem Pflichtenheft zu fixieren. Bei den Daten ist vor allem darauf zu achten, dass später ein leichtes Filtern und Sortieren möglich ist. Man unterscheidet hierbei zwischen Standardeingaben (Nummer, Lage, Beschreibung, Frist, monetäre Bewertung), Auswirkungen auf Inbetriebnahme, Status der Beseitigung, schwerwiegende oder leichte Mangel. Zudem ist es sinnvoll, ein Clustern nach Hauptgewerken (Rohbau, Dach, FAS, TGA, Ausbau etc.) und nach Bereichen oder Bauteilen vorzunehmen (siehe Abb. 6–11).

Um geringe Mängel bei der Übergabe an den Nutzer zu ermöglichen, muss der Prozess von der Leistungsfeststellung (Mängelerfassung) bis zur eigentlichen Abnahme gut strukturiert und terminlich detailliert durchgeplant werden (siehe Abb. 6–12).

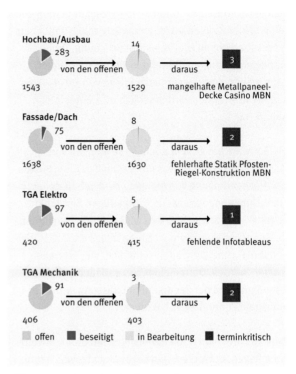

Abb. 6–13 Berichtsstruktur für die Mängelbeseitigung

Abb. 6–12 Prozess der Mängelbeseitigung

Dieser Prozess sollte in der Terminplanung mit sechs bis zwölf Kalenderwochen veranschlagt und vor allem konsequent umgesetzt werden.

Neben der Prozesssteuerung der Mängelerfassung und Verfolgung der Abarbeitung ist ein einfaches und möglichst stark verdichtbares Berichtswesen essenziell, um eine Akzeptanz beim Auftraggeber und Nutzer zu ermöglichen. Vor allem die Mängel auf dem kritischen Weg, welche eine Abnahme bzw. Inbetriebnahme verhindern, müssen hervorgehoben und separat verfolgt werden (Task Force) (siehe Abb. 6–13).

Für die Abwicklung des Mängelmanagements bietet sich der Einsatz eines geeigneten EDV-Programms an. Die Mängelmanagementlösung CONTRACE ist eine internetbasierte Datenbank, entwickelt auf der Grundlage des Mängelmanagements bei Drees & Sommer. Unter Verwendung von Smartphones, Tablets oder Excel-Listen werden die Mängel erfasst und im System verfolgt.

Mangelrügen werden automatisch erzeugt und den einzelnen Firmen zugewiesen. Ermöglicht man sämtlichen Prozessbeteiligten wie Objektüberwachung, Projektmanagement und ausführenden Firmen den Zugriff, dann ersetzt dies die manuelle Pflege von Excel-Listen und die Abwicklung wird erheblich effizienter (siehe Abb. 6–14).

Die Software beherrscht auch große Mengen von Mängeln und Firmen. Erfassung, Qualifizierung, Fristen und Nachverfolgung von Mängeln sind neben der automatischen Generierung von Mängelrügen Kernfunktionalitäten. Der Mängelprozess wird gestrafft. Ausführende Firmen werden in die Plattform integriert. Auf Mängel und ihre Freimeldung kann somit sehr viel schneller reagiert werden. Doppeleingaben entfallen bei allen Beteiligten und bei der digitalen Erfassung entfällt die mühsame Zuordnung von Bildern.

Zwischen der Aufnahme der Mängel und deren Beseitigung liegen oft Wochen und sogar Monate, was häufig zu großem Stress und Nutzerunzufriedenheit bis hin zu erheblichen Rechtsstreitigkeiten führt (siehe Abb. 6–15).

Mit den oben beschriebenen Maßnahmen kann ein stringentes und baubegleitendes Mängelmanagement aufgesetzt und die Mängelbeseitigung bis zum Abnahmetermin deutlich beschleunigt werden. Dabei muss vor

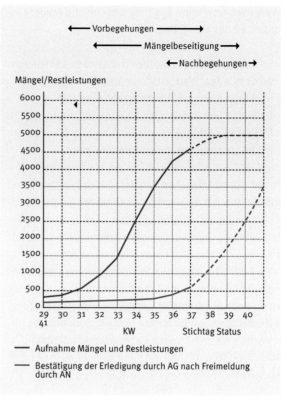

Abb. 6–15 Verlauf der Mängelbeseitigung

allem der störende Nachlauf nach dem Bezug durch die Nutzer so gering wie möglich gehalten werden.

Abb. 6–14 Mängelmanagement mit CONTRACE

6.3 Beschaffung von Dienstleistungen

Parallel zum Prozess der Inbetriebnahme ist zu definieren, wie im späteren Betrieb die operativen Dienstleistungen organisiert werden sollen. Dabei bleiben beim Betreiber neben der generellen Verantwortung immer die Verantwortung für Organisation und Koordination, die Selektion der operativen Dienstleister sowie die Aufsichtspflicht.

6.3.1 Art der erforderlichen operativen Dienstleistungen

In Abb. 6–16 sind die wesentlichen Aufgaben beschrieben, die vom Betreiber in unterschiedlichem Umfang an externe Dienstleister vergeben werden.

Diese Dienstleistungen kann man übergeordnet in vier Gruppen einteilen:

Reinigung: Die Reinigungsarbeiten sind in der Regel gebäudebezogen in drei unterschiedliche Bereiche getrennt:

- Die Reinigung innerhalb des Gebäudes (Fußböden, Sanitäranlagen, Einrichtung), wobei diese Reinigung je nach Nutzung sehr unterschiedlich ist. So sind in einem Krankenhaus oder in Laboreinrichtungen erhebliche Hygiene- und Reinheitsstandards zu beachten, während in einem Bürogebäude sehr viel einfachere Standards genügen. Entsprechend müssen die Dienstleister über sehr unterschiedliche Qualifikationen verfügen.
- Die Glas- und Fassadenreinigung von außen und innen, deren Aufwand teilweise sehr stark von baulichen Maßnahmen bis hin zur Fassadenbefahranlage abhängt.
- Die Reinigung und Pflege des gesamten Außenbereichs inkl. Wegen, Plätzen und Grünanlagen. Evtl. separat ist der Winterdienst zu sehen.

Insgesamt handelt es sich zum Teil um spezialisierte Aufgaben mit unterschiedlichen Anbietern.

Entsorgung: Die Entsorgung von Müll, Papierabfällen etc. liegt in der Regel bei einem Auftragnehmer, der alle erforderlichen Einrichtungen zur Verfügung stellt und auch betreibt.

Empfangs- und Sicherheitsdienste: Bei größeren Gebäuden steigen die Ansprüche an Empfang und Sicherheit je nach Umfang des Kundenverkehrs und der allgemeinen Sicherheitsstufe der Gebäudenutzung. In der Regel sind Empfang und Sicherheitsdienst dabei unterschiedliche Dienstleister.

Technisches Gebäudemanagement: Hierbei geht es um den technischen Gebäudebetrieb, das heißt Sicherstellen der vorgesehenen Funktion der gebäudetechnischen Anlagen und deren stetige Funktionsbereitschaft.

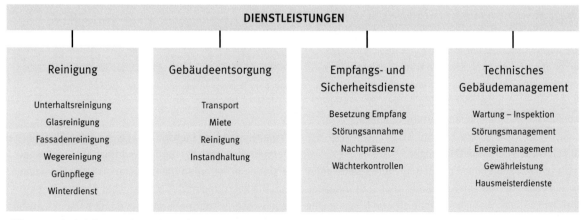

Abb. 6–16 Erforderliche Dienstleistungen für den Gebäudebetrieb

- Die Bedienung der Anlagen liegt nach der Inbetriebnahme normalerweise beim Betreiber nach entsprechender Einweisung.
- Die Inspektion und Wartung der Anlagen wird meist
  schon im Rahmen der Vergabe der Bauleistungen mit
  ausgeschrieben und zum Teil auch vergeben. Allerdings gibt es auch auf diese Leistungen spezialisierte
  Dienstleister, die die Anlagen selbst nicht erstellt
  haben. Deren Einsatz erfolgt aber in der Regel erst
  nach Ablauf der Gewährleistungsfrist der ausführenden Firmen.
- Das Störungsmanagement liegt in der Regel beim
  selben Dienstleister wie für Inspektion und Wartung
  oder aber beim Betreiber.
- Das Energiemanagement ist Betreibersache, wobei
  auch hierfür Dienstleister (EMS) eingeschaltet werden,
  die eine Optimierung der Anlagen durch Messungen
  und Vorschläge zu Einstellungen und Betriebszeiten
  unterstützen.
- Das Gewährleistungsmanagement ist Betreibersache.
- Die Hausmeisterdienste sind ebenfalls normalerweise
  beim Betreiber, können aber auch an Dienstleister
  vergeben werden.

6.3.2 Unterschiedliche Vergabestrategien für Dienstleistungen

Wie eingangs erwähnt sind die strategische und die
koordinierende Facility-Management-Ebene normalerweise beim Bauherrn bzw. dem Betreiber angesiedelt.
Für die Vergabe der operativen Dienstleistungen –
soweit diese extern vergeben werden – gibt es unterschiedliche Vergabestrategien. Diese hängen generell
von der Komplexität der Nutzung und des Gebäudes
ab, aber natürlich auch sehr stark von der generellen
Strategie des Betreibers. Der eine möchte die eigenen
Personalkosten möglichst niedrig halten, der andere
möglichst viel eigene Verantwortung behalten.

Einzelvergabe der Dienstleistungen

In diesem Falle übernimmt der Betreiber die Koordination
für alle einzelnen Dienstleister direkt. Dies wird vor allem
dort der Fall sein, wo eine sehr spezifische Nutzung eine
sehr starke koordinierende und überwachende FM-Ebene

auf der Betreiber/Nutzer-Seite erfordert, um den Betrieb
absolut sicherzustellen (siehe Abb. 6–17). Diese Variante
erfordert natürlich einen sehr hohen Personalaufwand.

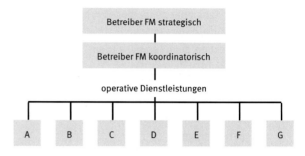

Abb. 6–17 Einzelvergabe operativer Dienstleistungen

Teilweise Bündelung der Dienstleistungen

Der Betreiber schaltet für die Koordination einzelner
Gruppen von Dienstleistern eine Zwischenebene ein,
also beispielsweise für alle Arten von Reinigungsleistungen. Dies erfordert immer noch eine starke
koordinierende und überwachende FM-Ebene auf der
Betreiber/Nutzer-Seite (siehe Abb. 6–18).

Abb. 6–18 Teilweise Bündelung operativer Dienstleistungen

Vergabe operativer Dienstleistungen an einen Dienstleister

Der Betreiber schaltet für die Koordination aller Dienstleister einen externen Dienstleister als Zwischenebene
ein. Die koordinierende FM-Ebene hat damit nur noch
einen Ansprechpartner und kann damit personell etwas
schlanker aufgestellt werden (siehe Abb. 6–19). Da

die Verantwortung aber beim Betreiber verbleibt, ist zumindest der Kontrollaufwand noch relativ hoch.

Abb. 6–19 Vergabe operativer Dienstleistungen an einen Dienstleister

Komplettvergabe der Dienstleistungen an einen Dienstleister

Handelt es sich um eine einfache Nutzung und der Betreiber möchte für die Koordination und Aufsicht der gesamten operativen Dienstleistungen gar kein eigenes Personal einstellen, dann gibt es die Variante des Komplett-Dienstleisters. Diese Variante erfordert allerdings sehr genaue und weitgehende vertragliche Regelungen, damit dieser Dienstleister auch im Interesse seines Auftraggebers handelt, da dieser die Kontrollfunktion ja weitgehend abgibt (siehe Abb. 6–20).

Abb. 6–20 Komplettvergabe Dienstleistungen an einen Dienstleister

Welche Variante letztendlich gewählt wird, hängt von einer genauen Analyse der Nutzererfordernisse und der Gesamtstrategie des Bauherrn/Betreibers ab.

6.4 Nutzer- und Mieterkoordination

Reibungslose und langfristig erfolgreiche Vertragsabschlüsse zwischen Bauherr/Investor und Mieter sind leider keine Selbstverständlichkeit. Für böse Überraschungen gibt es eine ganze Reihe von Ursachen:

– Mit dem Mietermanagement wird oft zu spät begonnen.
– Mieter können meist keine wirklich präzisen Anforderungen an ein Gebäude formulieren.
– Mietverträge sind rechtliche Konstruktionen, in denen sich der tatsächliche Bauprozess für ein Gebäude nicht widerspiegelt.
– Bauliche, technische und organisatorische Konsequenzen vertraglicher Zusagen werden leicht unterschätzt. Dabei drohen unkalkulierbare Termine und Kosten.

Eine erfolgreiche Vermietung beginnt deshalb mit der Vorbereitung. So muss das Mietermanagement bereits dann einsetzen, wenn die Baubeschreibung für den Grundausbau beginnt (siehe Abb. 6–21).

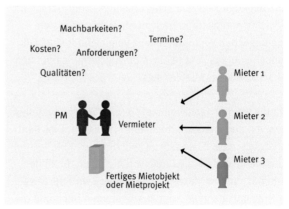

Abb. 6–21 Nutzer- und Mieterkoordination

Zu diesem Zeitpunkt, solange noch die größten Entscheidungsfreiheiten bestehen, trifft das Mietermanagement bereits Vereinbarungen mit den Planern und legt Rollen und Aufgaben bei der Vermietung und Vermarktung fest. Damit entstehen Organisationsstrukturen, die für konsistente Prozesse und Abläufe sorgen (siehe Abb. 6–22).

Diese Organisationsstrukturen bewähren sich, sobald die ersten Mieter anfragen. Die schnell wachsende Komplexität mehrerer Anforderungsprofile, Terminwünsche und Know-how-Levels auf Mieterseite lassen sich ab diesem Zeitpunkt nur noch mit einer professionellen Mieterkoordination effizient beherrschen:

- Erfassen der genauen Spezifikation der Anforderungen
- Klären, was technisch und baulich realisierbar ist
- Mietersonderwünsche prüfen
- Logistische Konsequenzen analysieren
- Groben Zeitrahmen abschätzen
- Kosten abgrenzen und Konsequenzen für den Vermieter aufzeigen
- Grundlagen für Terminzusagen schaffen (inkl. Genehmigungsfähigkeit und Bauantragserfordernissen)
- Inhaltlich und terminlich abgesicherte Mietverträge gewährleisten

Das wesentliche Ziel des Vermieters besteht in der Regel darin, durch die Unterstützung des Mietermanagements Ausbauleistungen für einen Mietinteressenten in der kürzestmöglichen Zeit sicherzustellen. Damit verschafft er sich einen Wettbewerbsvorteil, wenn ansonsten die baulichen Voraussetzungen vergleichbar sind. Oft entscheidet die Zusage eines Umzugstermins über den Abschluss eines Mietvertrags.

Häufig werden nahezu unrealisierbare Terminvorstellungen von den interessierten Mietern genannt. Dies liegt oft daran, dass diese sich zu spät um neue Mietflächen kümmern, weil sie die Dauer von Ausbaumaßnahmen erheblich unterschätzen. In diesem Fall wird der Mietvertrag gekündigt und der Auszugstermin bestimmt die Zeit, die noch für die Ausbaumaßnahmen zur Verfügung steht. Wenn dann doch ein Mietvertrag mit solchen Rahmenbedingungen unterzeichnet wurde, muss der Mietermanager beim Mieter dafür sorgen, dass die für den Ausbau relevanten Entscheidungen rechtzeitig getroffen werden. Dazu gehören auch die mietereigenen Leistungen wie Datenverkabelung etc., die rechtzeitig geplant, ausgeschrieben und beauftragt werden

müssen. Auch müssen diese Leistungen mit den Vermieterleistungen eng koordiniert und abgestimmt sein.

Insgesamt gibt es folgende Erfolgsfaktoren für das Mietermanagement des Bauherrn:

- Termingerechte Fertigstellung des Mietbereiches
- Positives Verhältnis zum Mieter aufbauen durch Einhalten von Zusagen und Vereinbarungen
- Transparente Abwicklung als Grundlage zur Vertrauensbildung
- Kommunikation in der Sprache der jeweiligen Parteien
- Klare und eindeutige Formulierungen im Mietvertrag
- Klare Verfolgung von Änderungswünschen mit Zuordnung der Kostenträgerschaft

So sind durch gute Koordination und straffes Projektmanagement schließlich wesentlich frühere Bezugstermine machbar als bei weniger koordinierten Abläufen. Entscheidend für die Rendite ist (neben der kosten- und termintreuen Erstellung eines Gebäudes), dass das Gebäude schnell und anforderungsgenau zu den vertraglich vereinbarten Konditionen für die Mieter beziehbar ist.

6.5 Einsatz von Lean Management und BIM

Auch über alle Phasen und Bereiche des Übergangs vom Bauen zum Betrieb empfiehlt es sich, die Prozesse nach den Prinzipien des Lean Managements zu organisieren. Das heißt, dass neben einer frühzeitigen und gewissenhaften Planung der Prozesse dieses Übergangs das gemeinsame Durchdenken und Vereinbaren im Detail letztlich den Erfolg sicherstellt (siehe Abb. 6–22). Denn gerade in dieser Phase ist täglich mit unerwarteten Störungen zu rechnen, die sich nur durch eine flexible Tafelplanung und ständigen Informationsaustausch ausgleichen lassen. Im Grundsatz gilt das gleiche Verfahren wie in Kap. 5.3 beschrieben. Auch die Verknüpfung zu BIM bietet für die Bestands- und Revisionsplanung unschätzbare Vorteile, ganz zu schweigen von denen für den späteren Betrieb.

Abb. 6–22 Teamarbeit ist das Erfolgsrezept – auch beim Projektabschluss

Index/Register